海绵城市设计
实操指南

黄 欣 师晓洁 桑 敏 刘硕诗 编著

机械工业出版社
CHINA MACHINE PRESS

海绵城市建设通过模拟自然水循环、结合智慧城市理念、完善城市基础设施等手段，能够显著提升城市的韧性和智慧化水平。这对于应对气候变化、缓解城市内涝、改善生态环境、提升居民生活质量等都具有重要意义。

本书将海绵城市设计分解为七个部分，包括思考、解读、策划、计算、协同、编制和案例。从我国海绵城市的政策背景和建设项目在设计过程中常常出现的误区出发，梳理了海绵城市设计的流程，介绍了各阶段的工作内容及要点，并结合实际案例对设计要点进行了系统且深入的解读。

本书结构清晰、知识点明确、案例丰富，适用于建筑工程领域设计师入门学习或进一步提升。

图书在版编目（CIP）数据

海绵城市设计实操指南 / 黄欣等编著. — 北京：机械工业出版社, 2024.6

ISBN 978-7-111-75861-7

Ⅰ. ①海… Ⅱ. ①黄… Ⅲ. ①城市规划—建筑设计—指南 Ⅳ. ①TU984-62

中国国家版本馆CIP数据核字（2024）第100017号

机械工业出版社（北京市百万庄大街22号 邮政编码100037）

策划编辑：时 颂　　　责任编辑：时 颂

责任校对：王荣庆 张 薇　　　责任印制：李 昂

北京捷迅佳彩印刷有限公司印刷

2024年9月第1版第1次印刷

184mm×260mm · 15.25印张 · 279千字

标准书号：ISBN 978-7-111-75861-7

定价：99.00元

电话服务	网络服务
客服电话：010-88361066	机 工 官 网：www.cmpbook.com
010-88379833	机 工 官 博：weibo.com/cmp1952
010-68326294	金 书 网：www.golden-book.com
封底无防伪标均为盗版	机工教育服务网：www.cmpedu.com

前　言

伴随着城镇化进程加快、城市功能日趋复杂，城市在水安全、水环境、水资源和水生态等方面面临着问题。海绵城市建设是缓解城市内涝的重要举措之一，使城市在适应气候变化、应对暴雨灾害等方面具有良好的“弹性”。海绵城市是指通过加强城市规划建设管理，充分发挥建筑、道路和绿地、水系等生态系统对雨水的吸纳、蓄渗和缓释作用，有效控制雨水径流，实现自然积存、自然渗透、自然净化的城市发展方式。

2013 年，习近平总书记在中央城镇化工作会议上首次提出海绵城市建设的任务，通过 2015 年和 2016 年的两批试点完成了一系列工程，取得了明显成效。2021 年财政部、住建部、水利部印发《关于开展系统化全域推进海绵城市建设示范工作的通知》，展开了海绵城市建设的系统化全域推进工作。

在海绵城市建设快速推进的过程中，由于对海绵城市开发理念理解不到位，出现了设计理论片面化、设计目标单一化、设计策略同质化、设计措施碎片化等问题。本书将海绵城市设计分解为七个部分，包括思考、解读、策划、计算、协同、编制和案例，从我国海绵城市的政策背景和建设项目在设计过程中常常出现的误区出发，梳理了海绵城市设计的流程，介绍了各阶段的工作内容及要点，并结合实际案例对设计要点进行了系统且深入的解读。本书结构清晰、知识点明确、案例丰富，适用于建筑工程领域设计师入门学习或进一步提升。

《中共中央关于制定国民经济和社会发展第十四个五年规划和二〇三五年远景目标的建议》提出“增强城市防洪排涝能力，建设海绵城市、韧性城市”。编制《海绵城市设计实操指南》，旨在为国家扎实推进海绵城市建设发挥积极作用，为海绵城市设计提供有益借鉴。希望本书的出版能对相关从业人员的工作有所裨益。

中国建筑科学研究院有限公司
2024 年 7 月

海绵城市设计云资源

名称	简介	二维码资源
海绵城市设计的方方面面	基于海绵城市的背景，从海绵城市设计的误区出发，介绍海绵城市设计流程和关键要点	
海绵城市设计典型案例深度解析	通过典型案例介绍了海绵城市设计的全过程，并分析了协同工作、政府审查、施工交底及验收的典型问题	

目　录

第1章 思 考

我国城市水问题的发生和治理是随着我国城镇化进程而逐步演变的。从新中国成立初期到20世纪80年代，主要是“以需定供”的保障式供水管理，一大批骨干供水工程得以修建，同时城市给水排水网络也逐渐健全；改革开放以后，城市化快速发展，城市用水日趋紧张，城市水资源管理逐渐转变为面向高效利用的“需水管理”；随着城市化的不断发展，进入新时代，城市开始进行多维度的比较健全的综合管理。面向城市水问题治理实践的深入和高质量发展的需要，很多新的理念被提出，如海绵城市、韧性城市、生态城市等。同时，城市水问题也日益显现。城市水问题的表现多种多样，本书主要从水安全、水环境、水资源和水生态四个最主要的方面，简要梳理我国城市水问题及治理的基本现状。

水安全危害，城市内涝已成常态。过去几十年的城市化进程中，城市内涝成为一种新的城市病，2006年以来，我国每年受淹城市均在100座以上，2008—2010年全国有62%的城市发生过内涝，内涝超过3次的有137座。在城市洪涝灾害防治方面，我国已逐步构建起了以“预防为主、预报预警、应急调度、抢险救灾”为主线的城市洪涝防治体系，特别是深圳、福州等地，开展智慧洪涝管理等新技术的先行先试，取得了较好效果。

水环境污染，许多城市不同程度存在黑臭水体。由于城市化、工业化和老旧城市排水体制不健全等一系列历史遗留问题，导致许多城市不同程度存在黑臭水体。2015年国务院印发《水污染防治行动计划》，向黑臭水体宣战，经过近年的大力治理，我国地级以上城市建成区黑臭水体治理取得重大进展，基本构建了黑臭水体治理的体制机制、标准规范和运作模式等体系，为全面消除黑臭水体、构建优美的城市水环境打下了坚实基础。

水资源短缺，水资源利用效率低。我国水资源总量排名世界前列，但人均水资源仅为世界平均值的1/4。除了水污染造成可用水资源减少，还有一个重要原因是利用效率低。近年国家提出了“节水优先”，把节水摆在空前高的位置，为推进城市节水和水资源综合管理提供了重要指引。2019年，国家发展改革委、水利部印发《国家节水行动方案》，规定到2022年和2035年，全国用水总量分别控制在6700亿m^3

和 7000 亿 m^3 以内。近年水利部大力推动节水型社会建设，已有 266 个县区建成节水型县区。这些都说明我国城市节水和水资源综合管理总体上处于快速发展阶段，未来仍有较大上升空间。

水生态破坏，城市建设破坏了水的自然循环。城市开发建设带来的城市下垫面过度硬化，城市的“地穿甲”割裂了山水林田湖草的生态系统，改变了原有的自然生态本底和水文特征，切断了水的自然循环过程，破坏了城市水文径流特征的原真性；同时，城市建设高强度开发、填湖（塘）造地、伐林减绿、忽略或任意调整竖向关系等粗放做法，在加快降水产汇流的同时，也加大了降雨径流量和汇流峰值。

1.1 海绵城市背景

我国地域辽阔，南北差异大，城市水文各有特点，城市建设尤其是大面积高强度的城市开发建设对区域水文循环的影响，主要表现为城市热岛效应、城市径流面源污染、城市内涝等一系列问题。

（1）城市热岛效应的加剧导致雨水转移，逢雨必涝，边“涝”边“旱”。我国显著的季风气候与地理位置导致国内多水患。当暴雨来临时，自然环境内，因为土壤的涵水和缓冲作用，大量的雨水在短时间内并不会迅速汇入地表水系，河流的水位也不会在短时间内大起大落；而在城市环境中，大面积的土壤被硬质铺装覆盖，使雨水无法下渗，形成地表径流，本应成为地下水水源的大量降雨反而成为城市排水的巨大负担，导致城市内涝。在过去的 3 年里，中国有超过 360 个城市遭遇内涝，其中 1/6 单次内涝淹水时间超过 12 小时，淹水深度超过半米。

“逢雨必涝”已逐渐成为我国城市的痼疾，与此同时，干旱和缺水的问题也愈演愈烈。边涝边旱的“涝”“旱”矛盾凸显了我国城市雨水利用率普遍偏低的现象，如北京城区一年流走的雨水径流总量超过 3 亿 m^3，整个北京全部流失的雨水一年超过 10 亿 m^3。

（2）水资源过度开发和生态污染。随着城镇化的快速建设，我国对水资源的过度开发导致河流、湿地和湖泊大面积消失，并引发生态污染。北方的许多地下水资源面临枯竭危机，全国约有 50% 的城市地下水污染较为严重。地表水质状况也不容乐观，全国 103 个主要湖泊中，Ⅰ～Ⅲ类水质的湖泊只有 32 个，劣Ⅴ类水质的湖泊有 25 个，水质的污染带来严重的富营养化现象，水生物生存环境质量下降，直接导致生态环境遭到破坏。

（3）不科学的工程措施破坏了城市的水文条件。城市化和各项灰色基础设施的建设导致植被破坏、水土流失、不透水面增加、河湖水体破碎化、地表水与地下水连接中断，极大地改变了城市的水文条件。

北京建筑大学李俊奇教授曾提到，我国城市对雨水追求“一排了之”。然而单一目标的工程措施无法解决复杂、系统的水问题，结果导致城市生态进入恶性循环。如“缩河造地”，盲目围垦湖泊、湿地和河漫滩等行为，使河道行洪、蓄洪能力下降。这样简单粗暴的工程措施不但未能给城市带来良好的蓄洪能力，反而加速了城市生态的破坏，带来城市内涝、干旱、动植物多样性减少等一系列问题。

1. 2013 年海绵城市的首次提出

2013 年习近平总书记在中央城镇化工作会议上，针对中国城镇化过程中出现的城市病，尤其是城市水少、水脏的资源环境问题直接影响到城镇化建设质量和居民美好生活品质，首次提出“在提升城市排水系统时要优先考虑把有限的雨水留下来，优先考虑利用自然力量排水，建设自然积存、自然渗透、自然净化的‘海绵城市’”，之后，又在 2014 年京津冀协同发展座谈会、中央财经领导小组第 5 次会议、2016 年中央城市工作会议等场合，反复多次强调要建设海绵城市。

海绵城市，是生态文明建设背景下，基于城市水文循环，重塑城市、人、水新型关系的新型城市发展理念，具体是指通过加强城市规划建设管理，充分发挥建筑、道路和绿地、水系等生态系统对雨水的吸纳、蓄渗和缓释作用，有效控制雨水径流，实现自然积存、自然渗透、自然净化的城市发展方式。

2. 2014 年首个指南发布

为贯彻落实习近平总书记讲话及中央城镇化工作会议精神，大力推进建设自然积存、自然渗透、自然净化的“海绵城市”，节约水资源，保护和改善城市生态环境，促进生态文明建设，依据国家法规政策，并与国家标准规范有效衔接，住房和城乡建设部组织编制了《海绵城市建设技术指南——低影响开发雨水系统构建（试行）》，并于 2014 年 10 月正式发布。

该指南提出了海绵城市建设——低影响开发雨水系统构建的基本原则，规划控制目标分解、落实及其构建技术框架，明确了城市规划、工程设计、建设、维护及管理过程中低影响开发雨水系统构建的内容、要求和方法，并提供了我国部分实践案例。该指南旨在指导各地新型城镇化建设过程中，推广和应用低影响开发建设模式，加大城市径流雨水源头减排的刚性约束，优先利用自然排水系统，建设生态排水设施，充分发挥城市绿地、道路、水系等对雨水的吸纳、蓄渗和缓释作用，使城市开发建设后的水文特征接近开发前，有效缓解城市内涝、削减城市径流污染负荷、节约水资源、保护和改善城市生态环境，为建设具有自然积存、自然渗透、自然净化功能的海绵城市提供重要保障。

3. 2015 年海绵城市的首个发文

海绵城市是一种城市发展理念，不单单是指水务工程，是需要我们在城市建设方方面面的项目中落实海绵城市理念和要求。因此国务院办公厅〔2015〕75 号文《关于推进海绵城市建设的指导意见》中明确指出："海绵城市是指通过加强城市规划建设管理，充分发挥建筑、道路和绿地、水系等生态系统对雨水的吸纳、蓄渗和缓释作用，有效控制雨水径流，实现自然积存、自然渗透、自然净化的城市发展方式。"海绵城市的建设目标用通俗易懂的话表示，就是"小雨不积水、大雨不内涝、水体不黑臭、热岛有缓解"。

海绵城市是一个系统工程，是综合的城市绿色发展理念。对于内涝问题或者面源污染更加突出的城市尤其需要。可以这么说，海绵城市是城市涉水事务的大统筹，协同推进水安全、水生态、水环境、水资源、水文化。海绵城市倡导更多利用自然的力量渗水、滞水、净水；倡导尊重自然生态，减轻人类活动对自然水文循环的破坏；倡导加强对湖泊、河道等水体的保护；倡导雨水和中水的综合利用；倡导对污水实施生态化处理；倡导水文化的传承与保护等。通过改善周边的人居环境，提升我们的获得感，提升城市的生态文明。

海绵城市是新时代城市建设理念的转变，在城市开发建设过程中应当应做尽做。国家相关政策文件也要求，新老城区因地制宜地推进；全国各城市的新区、各类园区、成片开发区都要全面落实海绵城市建设要求；老城区，要结合城镇棚户区和城乡危房改造、老旧小区有机更新等工作加以落实。建设生态文明是中华民族永续发展的千年大计。坚持绿色发展、人与自然和谐共生，就要将生态文明建设放在更加突出位置，推动形成绿色发展方式和生活方式。积极践行"海绵城市"建设理念，就是在推动自然水循环和人工水循环的协调发展，从而实现城市、人、水的和谐共生。

4. 2015 年首批海绵城市试点

2015 年 3 月，开始了国家第一批海绵城市试点的申报和评选工作，有 16 个城市入选。2016 年，又有 14 个城市入选国家第二批海绵城市试点。这些试点城市，具有很强的地域代表性，其中第一批试点城市分布在华东地区（6 个，具体是江苏镇江、浙江嘉兴、安徽池州、福建厦门、江西萍乡、山东济南）、华北地区（1 个，具体是河北迁安)、华南地区(1个，具体是广西南宁)、华中地区(3个，具体是河南鹤壁、湖北武汉、湖南常德)、东北地区(1个，具体是吉林白城)、西南地区(3个，具体是重庆、四川遂宁、贵州贵安新区)、西北地区(1个，具体是陕西西咸新区)各个区域，同时，也体现了不同城市规模，有直辖市、计划单列市、省会城市、地级市、县级市，基本涵盖了我国不同类型、不同区域的城市。可以说，海绵城市建设正在我国如火如荼地推进，已经成为今后城市建设的统领，是今后城市建设的发展趋势。

5. 2016年海绵城市专项规划编制暂行规定发布

2016年3月，住房和城乡建设部发布《海绵城市专项规划编制暂行规定》要求各地抓紧编制海绵城市专项规划，并明确了海绵城市专项规划应当包括的内容。

(1)综合评价海绵城市建设条件。分析城市区位、自然地理、经济社会现状和降雨、土壤、地下水、下垫面、排水系统、城市开发前的水文状况等基本特征，识别城市水资源、水环境、水生态、水安全等方面存在的问题。

(2)确定海绵城市建设目标和具体指标。确定海绵城市建设目标(主要为雨水年径流总量控制率)，明确近、远期要达到海绵城市要求的面积和比例，参照住房和城乡建设部发布的《海绵城市建设绩效评价与考核办法(试行)》，提出海绵城市建设的指标体系。

(3)提出海绵城市建设的总体思路。依据海绵城市建设目标，针对现状问题，因地制宜确定海绵城市建设的实施路径。老城区以问题为导向，重点解决城市内涝、雨水收集利用、黑臭水体治理等问题；城市新区、各类园区、成片开发区以目标为导向，优先保护自然生态本底，合理控制开发强度。

(4)提出海绵城市建设分区指引。识别山、水、林、田、湖等生态本底条件，提出海绵城市的自然生态空间格局，明确保护与修复要求；针对现状问题，划定海绵城市建设分区，提出建设指引。

(5)落实海绵城市建设管控要求。根据雨水径流量和径流污染控制的要求，将雨水年径流总量控制率目标进行分解。超大城市、特大城市和大城市要分解到排水分区；中等城市和小城市要分解到控制性详细规划单元，并提出管控要求。

(6)提出规划措施和相关专项规划衔接的建议。针对内涝积水、水体黑臭、河湖水系生态功能受损等问题，按照源头减排、过程控制、系统治理的原则，制定积水点治理、截污纳管、合流制污水溢流污染控制和河湖水系生态修复等措施，并提出与城市道路、排水防涝、绿地、水系统等相关规划相衔接的建议。

（7）明确近期建设重点。明确近期海绵城市建设重点区域，提出分期建设要求。

（8）提出规划保障措施和实施建议。

6. 2018 年海绵城市建设评价标准发布

为规范海绵城市建设效果的评价、提升海绵城市建设的系统性，住房和城乡建设部于 2018 年发布了国家标准《海绵城市建设评价标准》（以下简称《标准》）。

《标准》分为总则、术语、基本规定、评价内容、评价方法及附录 6 项内容，对海绵城市建设的评价内容、评价方法等作了规定。《标准》适用于海绵城市建设效果评价，评价对象为城市。

《标准》明确了海绵城市建设的宗旨：应保护山水林田湖草等自然生态格局，维系生态本底的渗透、滞蓄、蒸发（腾）、径流等水文特征的原真性，保护和恢复降雨径流的自然积存、自然渗透、自然净化。

传统城市开发建设模式，由于下垫面的过度硬化，破坏了水的循环路径，使水文特征发生变化，对城市水生态、水环境、水资源等造成巨大影响，放大了灾害风险。通过海绵城市建设，在维系山水林田湖草生态格局的基础上，强化雨水径流管控，最大限度维持城市开发前后水文特征不变，修复水生态、保护水环境、涵养水资源、提高城市防灾减灾能力。

《标准》同时规定了海绵城市建设的技术路线与方法：应按照“源头减排、过程控制、系统治理”理念系统谋划，因地制宜、灰绿结合，采用“渗、滞、蓄、净、用、排”等方法综合施策。

传统做法过度依靠管网进行排水，切断了雨水的径流过程，使城市下垫面对雨水径流的滞蓄、渗透和净化的功能丧失，自然的海绵体功能消失。海绵城市建设改变了传统的技术路线和方法，充分发挥自然下垫面海绵体功能，既能缓解生态、环境、资源的压力，又能通过灰绿结合，降低工程造价和运维成本。

技术路线由传统的“末端治理”转为“源头减排、过程控制、系统治理”；管控方法由传统的“快排”转为“渗、滞、蓄、净、用、排”，通过控制雨水的径流冲击负荷和污染负荷等，实现海绵城市建设的综合目标。

《标准》还明确，海绵城市建设效果要从项目建设与实施的有效性、能否实现海绵效应等方面进行评价。其中，“地下水埋深变化趋势”“城市热岛效应缓解”为考察内容，其他为考核内容。

7. 2021 年系统化全域推进海绵城市建设示范

“十四五”期间，财政部、住房和城乡建设部、水利部通过竞争性选拔，确定部分基础条件好、积极性高、特色突出的城市开展典型示范，系统化全域推进海绵城市建设，中央财政对示范城市给予定额补助。示范城市应充分运用国家海绵城市试点工作经验和成果，制定全域开展海绵城市建设工作方案，建立与系统化全域推进海绵城市建设相适应的长效机制，统筹使用中央和地方资金，完善法规制度、规划标准、投融资机制及相关配套政策，结合开展城市防洪排涝设施建设、地下空间建设、老旧小区改造等，全域系统化建设海绵城市。力争通过 3 年集中建设，示范城市防洪排涝能力及地下空间建设水平明显提升，河湖空间严格管控，生态环境显著改善，海绵城市理念得到全面、有效落实，为建设宜居、绿色、韧性、智慧、人文城市创造条件，推动全国海绵城市建设迈上新台阶。

中央财政按区域对示范城市给予定额补助。其中，地级及以上城市：东部地区每个城市补助总额 9 亿元，中部地区每个城市补助总额 10 亿元，西部地区每个城市补助总额 11 亿元。县级市：东部地区每个城市补助总额 7 亿元，中部地区每个城市补助总额 8 亿元，西部地区每个城市补助总额 9 亿元。资金根据工作推进情况分 3 年拨付到位。

首批的 20 个城市包括唐山市、长治市、四平市、无锡市、宿迁市、杭州市、马鞍山市、龙岩市、南平市、鹰潭市、潍坊市、信阳市、孝感市、岳阳市、广州市、汕头市、泸州市、铜川市、天水市、乌鲁木齐市。

8.2022 年关于进一步明确海绵城市建设工作有关要求的通知

为落实“十四五”规划有关要求，指导各地科学、扎实、有序推进海绵城市建设，增强城市防洪排涝能力，住房和城乡建设部印发《关于进一步明确海绵城市建设工作有关要求的通知》(以下简称《通知》)，提出 20 条海绵城市建设具体要求。

《通知》要求，按照习近平总书记关于海绵城市建设的重要指示精神，进一步明确海绵城市建设的内涵和主要目标，强调问题导向，当前以缓解极端强降雨引发的城市内涝为重点，使城市在适应气候变化、抵御暴雨灾害等方面具有良好的“弹性”和“韧性”。

《通知》确定了海绵城市建设的实施路径，突出系统性、整体性的要求，坚持全域谋划、系统施策、因地制宜、有序实施。

《通知》明确了规划、建设、管理的底线要求。在规划环节，要求以问题为导向合理确定规划目标，合理确定技术路线，多目标融合、多专业协同、全生命周期谋划；在建设环节，要求把海绵城市建设要求纳入工程设计、施工许可、竣工验收等环节，强调对工程质量的把控；在管理环节，要求落实城市政府主体责任，明确部门分工，科学开展评价，实事求是宣传，鼓励公众参与。

1.2 设计误区

近年来，各地海绵城市建设如火如荼地展开，采取多种措施推进海绵城市建设，在快速推进的过程中，由于一些城市存在对海绵城市建设认识不到位、理解有偏差、实施不系统等问题，出现了建设理论片面化、建设目标单一化、建设策略同质化、建设措施碎片化等问题，影响海绵城市建设成效。主要体现在以下方面。

1. 误区 1：关于海绵城市的内涵

问：海绵城市就是建设雨水调蓄池吗？

海绵城市是指通过城市规划、建设的管控，从“源头减排、过程控制、系统治理”着手，综合采用“渗、滞、蓄、净、用、排”等技术措施，有效控制城市雨水径流，最大限度地减少城市开发建设对原有自然水文特征和水生态环境造成的影响，使城市在适应环境变化、抵御自然灾害等方面具有良好的“弹性”，实现自然积存、自然渗透、自然净化的理念和方式。

其重要的内涵是希望开发建设项目能充分利用自然生态控制雨水径流，在绿色条件不足的情况下，可通过灰色的设施进行辅助。所以建设调蓄池并不是海绵城市的必要环节。

2. 误区 2：关于海绵城市设计的分工

问：海绵城市设计只需要给水排水专业就够了吗?

海绵城市设计需要建筑、结构、给水排水、景观等多个专业，在方案设计、初步设计、施工图设计等各个阶段协同工作，将海绵技术措施落实到各专业的设计图纸中，从而共同推进海绵技术措施的落实，包括在方案设计阶段，和各专业沟通海绵城市技术路线和技术措施的可行性等；在初步设计和施工图设计阶段，各专业依据海绵方案将海绵技术措施落实到设计图纸中等。

3. 误区 3：关于汇水分区的划分

问：汇水分区的划分只是简单的平面分割吗？

汇水分区的划分不是简单的平面分割，而是需要根据场地竖向、雨水管网布置、市政雨水排口分布及建筑屋面排水形式等多方面综合考虑进行划分，具体划分方法详见 3.2 节。

一般情况下，一个汇水分区对应一个市政雨水排口。图 1-1 显示场地北侧分布 2 个市政雨水排口，南侧分布 1 个市政雨水排口。而设计将场地划分为三个汇水分区，其中汇水分区 1 有 2 个市政雨水排口，汇水分区 3 有 1 个市政雨水排口，这两个汇水分区内的雨水径流可从市政雨水排口安全排放，但汇水分区 2 无市政雨水排口，导致该分区内的雨水径流没有排放出口。故此项目汇水分区划分不合理，场地雨水径流未能按照所划分的汇水分区进行有效的收集和排放。

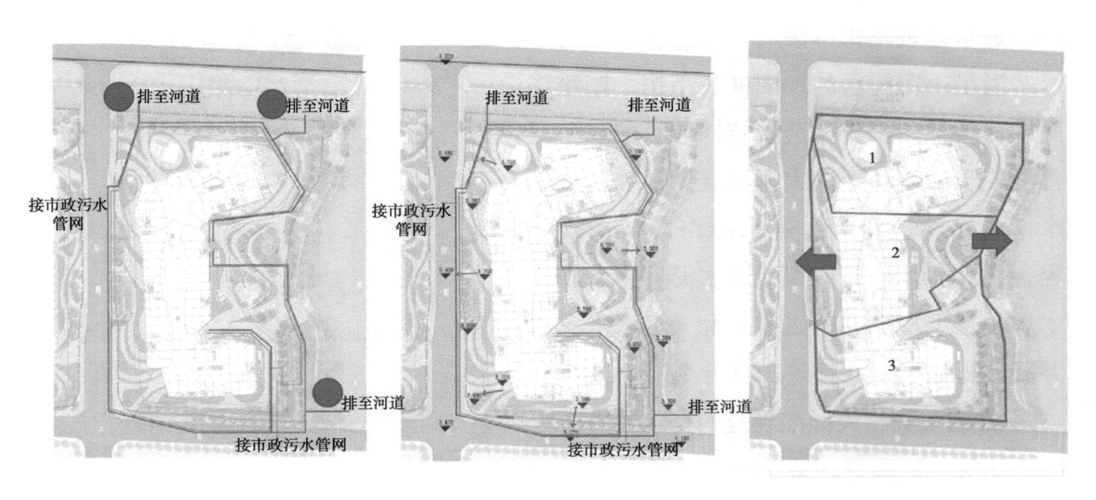

图 1-1　汇水分区划分示意图

4. 误区 4：关于海绵设施的设置

一问：下凹式绿地发挥作用了吗？

下凹式绿地是指低于周边汇水地面，且可渗透、滞蓄和净化雨水径流的绿地。其周边地势较高处下垫面的雨水径流往往通过重力流方式汇入设施内，因此在布置下凹式绿地时，应合理设计场地竖向、选择路缘石形式，并科学策划设施规模等，从而保障下凹式绿地发挥其对雨水径流的滞蓄和净化功能。然而，某些海绵城市建设项目在设置海绵设施时，存在场地竖向设计不合理、设施规模与服务范围不匹配等问题，导致海绵设施无法发挥其功能，应在设置海绵设施时注意避免（图 1-2、图 1-3）。

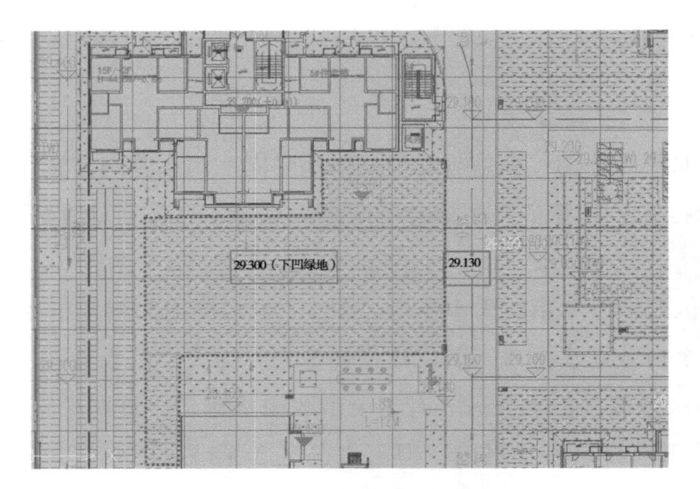

图 1-2 下凹式绿地错误做法示例 1

图 1-3 下凹式绿地错误做法示例 2

二问：透水铺装发挥作用了吗？

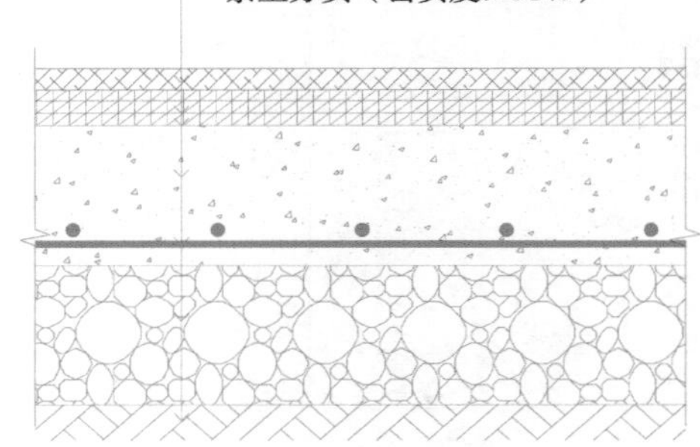

图 1-4 透水沥青道路做法错误示例

透水铺装是指可渗透、滞留和渗排雨水并满足一定要求的地面铺装结构，按照面层材料不同可分为透水砖铺装、透水沥青混凝土铺装和透水水泥混凝土铺装。透水铺装结构应符合《透水砖路面技术规程》（CJJ/T 188—2012）、《透水沥青路面技术规程》（CJJ/T 190—2012）和《透水水泥混凝土路面技术规程（2023 年版）》（CJJ/T 135—2009）等相关标准规范的要求，其面层、基层、垫层等均应具有透水性，具体要求可根据铺装类型查阅相关标准规范。图 1-4 显示的透水沥青道路的垫层为 200mm 厚不透水的混凝土垫层，导致雨水无法自然下渗。

此外，某些项目将透水砖铺设在除人行道及广场外的机动车道、消防车道等区域，导致透水砖使用寿命短、破损严重。

为避免上述问题，在设置透水铺装时，应考虑不同区域下垫面的荷载需求、当地气候条件等多方面，选择适宜的透水铺装类型，如在停车场设置嵌草转、人行道设置透水砖等。

三问：雨水断接发挥作用了吗？

对屋面或者路面雨水进行断接时，应将断接的雨水优先引至周边绿地或地面生态设施内，充分发挥生态设施对雨水径流的积存、滞蓄和净化功能。

示例 1（图 1-5）显示建筑雨水立管低位断接后，雨水直接排入附近的雨水口，并没有将雨水引至周边生态设施内，无法充分发挥地面生态设施的滞蓄功能。

图 1-5 建筑雨水立管断接错误示例 1

示例 2（图 1-6）显示场地内设置了多个渗透式蓄水模块，场地内雨水径流经雨水管网转输至渗透式蓄水模块内从而形成“断接”。此做法没有理解雨水断接的要点，雨水断接实际上是将雨水优先断接至绿色设施内进行滞蓄，而非灰色设施。

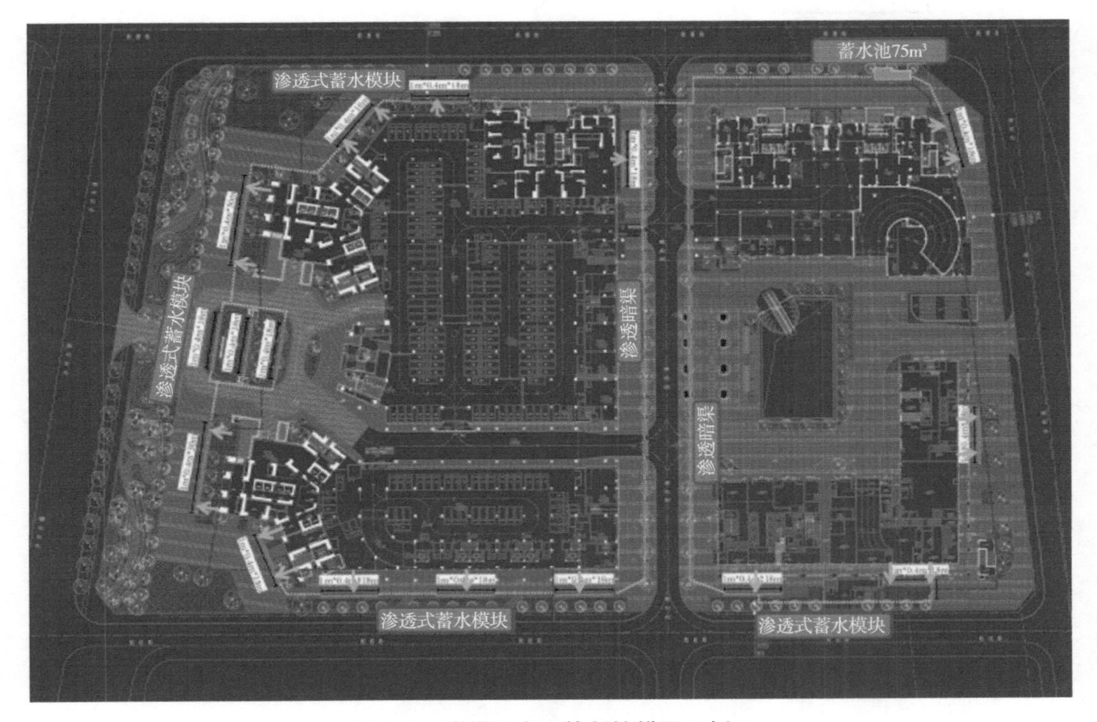

图 1-6 建筑雨水立管断接错误示例 2

1.3 设计流程

我国各地区在气候、环境、资源、经济、文化等方面差异巨大，海绵城市设计应充分梳理当地海绵城市建设要求，诊断评估项目建设条件，因地制宜地制订技术路线，并结合科学的计算，系统化合理地布局海绵设施，形成以目标为导向、有效落地的设计流程（图 1-7）。

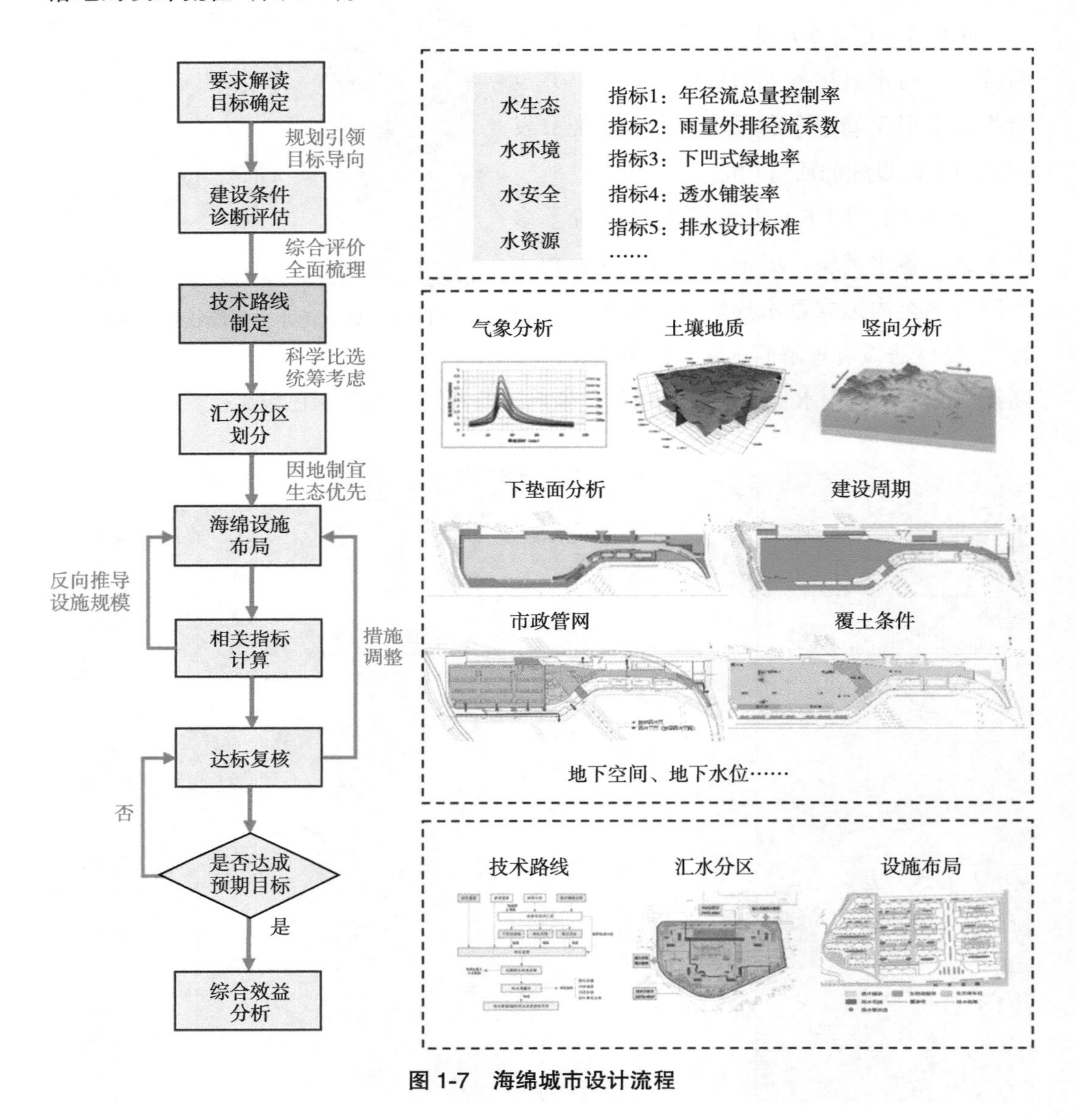

图 1-7　海绵城市设计流程

1.4　关键设计要点

海绵城市设计是由多专业协同完成的系统性设计工作，科学分工和设计原则是关键。

1. 科学分工

海绵城市设计需要建筑、结构、给水排水、景观等多专业人员协作完成，各专业在海绵城市设计中承担的任务不同（图 1-8），具体分工应根据设计团队的人员配置等情况确定。

一般情况下，建筑专业负责总图、建筑屋面平面图、绿化屋面结构做法及材料的设计等；结构专业需考虑设置屋面绿化时建筑屋面荷载以及设置透水铺装等生态设施时地下室顶板荷载是否满足要求等；给水排水专业负责室外雨水管线和雨水调蓄池的设计、低影响开发设施溢流雨水口的布置、汇水分区的划分及海绵城市相关计算等；景观专业负责景观总平面图、场地竖向设计、低影响开发设施的布局以及植物配置等。

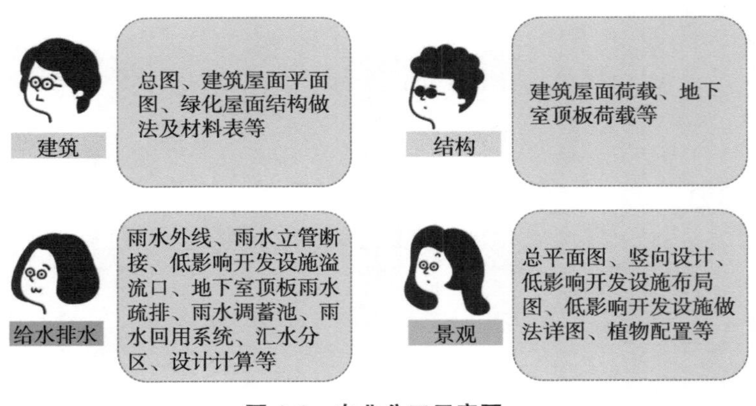

图 1-8 专业分工示意图

2. 设计原则

海绵城市设计应遵循合理性、生态性、经济性和安全性等原则。

（1）合理性。海绵城市设计应有效衔接场地竖向，因地制宜选取技术路线和措施。对场地进行整体统筹，依据竖向条件组织径流、铺设管网等，使雨水通过重力流有组织地被收集和利用、海绵设施真正地发挥作用；充分梳理建设条件，选取适宜的技术路线和措施，避免照搬照抄和碎片化建设。

（2）生态性。海绵城市设计应优先利用自然排水系统与低影响开发设施，实现雨水的自然积存、自然渗透、自然净化和可持续水循环。通过将雨水径流优先引至下凹式绿地等生态设施内进行滞蓄和净化，过量的雨水径流再通过溢流方式进入管网安全排放，从而构建绿色生态的低影响开发雨水系统。

（3）经济性。低影响开发设施的规模并不是越大越好，要综合考虑有效性、经济性和美观性。应依据低影响开发设施的服务范围，设置与之相适应的设施规模，避免盲目建设，造成建设浪费。

（4）安全性。低影响开发设施受降雨频率与雨型、低影响开发设施建设与维护管理条件等因素影响，对中、小降雨事件的峰值削减效果较好，对特大暴雨事件，虽仍可起到一定的错峰、延峰作用，但其峰值削减幅度往往较低。因此，应以安全为出发点，在低影响开发设施的建设区域，雨水管渠等的设计重现期、径流系数等设计参数仍然应当按照《室外排水设计标准》（GB 50014—2021）等相关标准执行。

第2章 解 读

在海绵城市方案设计策划之初，需广泛收集基础资料，通过查阅基础资料，梳理海绵城市设计条件，确定海绵城市建设目标，从而更好地指导海绵城市设计。基础资料主要包括上位规划文件、标准规范、设计文件及其他文件。

2.1 基础资料清单

我国地域辽阔，南北差异大，城市水文各有特点，城市建设尤其是大面积高强度的城市开发建设对区域水文循环的影响，主要表现为城市热岛效应、城市径流面源污染、城市内涝等一系列问题。因此，在对某地区建设项目进行海绵城市设计前，需要梳理海绵城市设计所需基础资料清单，收集资料，充分分析海绵城市设计条件（表 2-1）。

表 2-1 海绵城市设计所需基础资料清单

文件类型	序号	文件名称	
上位规划文件	1	项目规划条件书	
	2	海绵城市专项规划	
标准规范	3	海绵城市建设技术导则	
	4	海绵城市建设相关标准规范	
设计文件	5	总图设计	总平面图
	6		室外管线综合图
	7	建筑设计	建筑首层平面图
	8		建筑屋顶平面图
	9		场地剖面图
	10	给水排水设计	雨水管线图
	11		雨水调蓄池及回用系统图
	12	景观设计	景观总平面图
	13		竖向设计图

（续）

<table>
<tr><th>文件类型</th><th>序号</th><th colspan="2">文件名称</th></tr>
<tr><td rowspan="2">设计文件</td><td>14</td><td rowspan="2">景观设计</td><td>铺装设计图</td></tr>
<tr><td>15</td><td>种植设计图</td></tr>
<tr><td rowspan="3">其他文件</td><td>16</td><td colspan="2">地质勘查文件</td></tr>
<tr><td>17</td><td colspan="2">周边市政、水系条件相关文件</td></tr>
<tr><td>18</td><td colspan="2">项目绿色建筑相关文件等</td></tr>
</table>

（1）上位规划文件。上位规划文件包括项目规划条件书和海绵城市专项规划等，以确定项目海绵城市建设目标及相关建设要求。

（2）标准规范。标准规范包括海绵城市建设技术导则及其他相关的标准规范等，以确定项目海绵城市建设目标及相关建设要求。

（3）设计文件。项目设计文件包括总图、建筑、给水排水、景观等专业相关设计文件，以掌握项目建设特性及愿景，因地制宜地选择海绵技术措施、确定技术路线等。

（4）其他。其他文件包括项目场地地质勘查文件、周边市政、水系条件等，用以评估项目建设条件。除此以外，绿色建筑方案也是海绵城市设计的重要基础文件，其中有与海绵城市建设相关的技术措施。应以项目建设条件分析为基础，获取绿色建筑相关文件，用以评估绿色建筑相关技术措施的可行性。

2.2 设计条件梳理

海绵城市设计条件梳理是进行海绵城市设计的基础。海绵城市设计条件主要包括自然条件、市政条件和项目条件三方面。

2.2.1 自然条件

进行海绵城市设计前，需要了解项目所在区域的自然条件，包括降雨条件、地质条件和地下水位等。

1. 降雨条件

了解项目所在地区的降雨特点、暴雨分区及年径流总量控制率对应的设计降雨量等情况，其中年径流总量控制率对应的设计降雨量是计算设计调蓄容积的重要参数。

以北京市某项目为例，通过查阅北京市《海绵城市雨水控制与利用工程设计规范》(DB11/685—2021)，获取北京市全年降雨量（584.7mm）及北京市逐月降雨量数据（图 2-1）。分析逐月降雨量数据可知北京市降水季节分配不均，多集中在夏季 6 ~ 8 月。

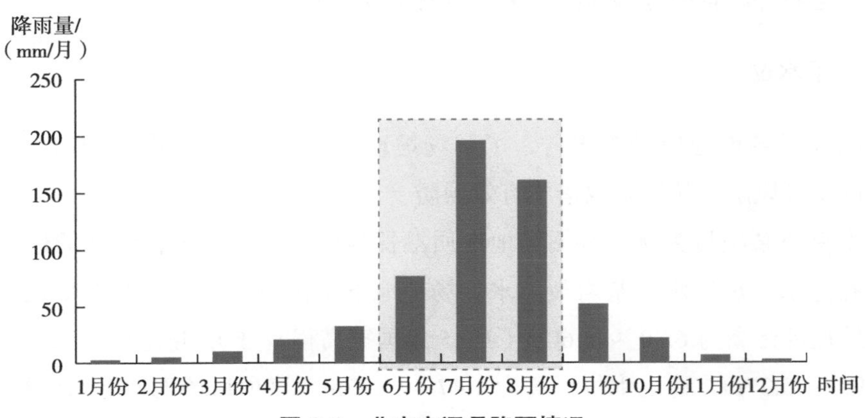

图 2-1 北京市逐月降雨情况

北京市分为 2 个暴雨分区，本项目位于丰台区，属于暴雨Ⅱ区（图 2-2)，依据《海绵城市雨水控制与利用工程设计规范》(DB11/685—2021)，暴雨强度按照第Ⅱ区设计暴雨强度公式计算。

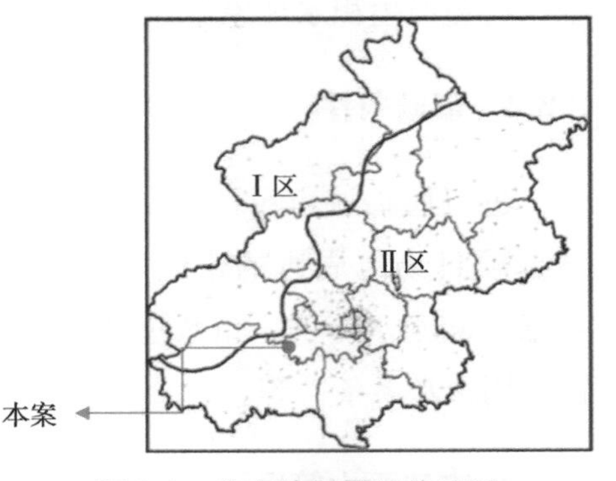

图 2-2 北京地区暴雨分区图

查阅《海绵城市雨水控制与利用工程设计规范》(DB11/685—2021) 可获得北京市年径流总量控制率对应的设计降雨量数据（表 2-2)。本项目年径流总量控制率目标为 85%，对应的设计降雨量为 32.50mm，可用于计算设计调蓄容积。

表 2-2 北京市年径流总量控制率对应的设计降雨量

年径流总量控制率 / (%)	55	60	70	75	80	85	90
设计降雨量 /mm	11.50	13.70	19.00	22.50	26.70	32.50	40.80

2. 地质条件

查阅项目场地地质勘探报告，了解场地工程地质条件，包括场地地基的稳定性、各主要土层的渗透性等情况，用以判断是否需要采取措施促进雨水渗透和排放、防止塌陷等次生灾害的发生等。

以南京市某项目为例，查阅项目场地地质勘探报告可知，项目场地内以黏性土、粉土为主，土壤渗透性能一般，但区域稳定性较好，不良地质作用不发育，在海绵设计时，应做好渗排措施确保海绵措施设置的安全和稳定。

3. 地下水位

查阅项目场地地质勘探报告，了解场地地下水位情况，判断雨水下渗不及时、地下水反渗等风险，从而采取措施有效预防。

以南京市某项目为例，查阅场地地质勘探报告可知，该工程涉及的地下水类型主要为孔隙水、承压水及基岩裂隙水。场地地下水位较高且随季节性变化。该工程设计室外地坪标高为 6.30 ~ 6.60m（1985 年国家高程基准），场地内潜水初见水位标高为 0.92 ~ 5.77m，稳定水位标高为 1.47 ~ 5.57m。该项目场地地下水位相对较高，在进行海绵城市设计时，应做好反渗等措施或保障海绵设施滞蓄的雨水径流及时排空，避免产生积水现象等。

2.2.2 市政条件

进行海绵城市设计前，需要掌握项目场地周边的市政条件，包括市政雨水管网、市政道路竖向、周边水系条件等。

1. 市政雨水管网

了解项目场地周边市政雨水管网条件，有助于对场地进行汇水分区的划分。通过分析场地周边市政雨水管网条件，了解场地周边预留市政雨水排口数量及位置，以策划场地汇水分区的划分。

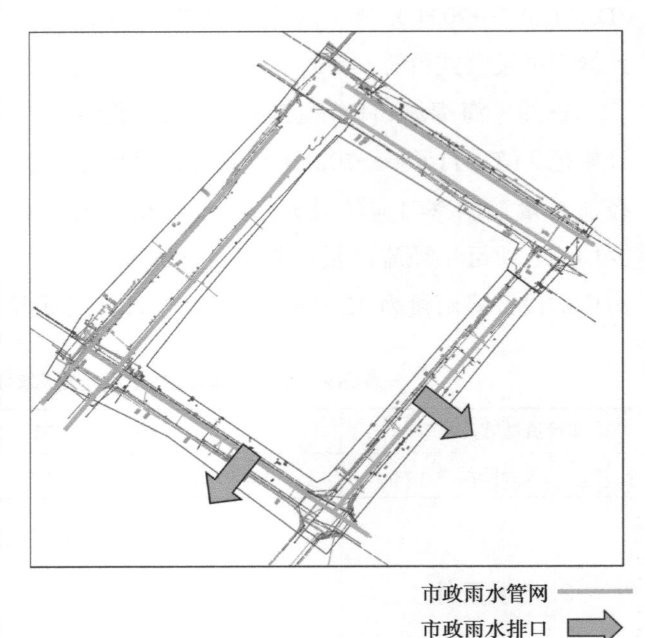

图 2-3 某项目场地周边市政雨水管网条件图

图 2-3 所示为某项目场地周边市政雨水管网条件图，该项目

场地四周均有市政雨水管线，有利于雨水管线及调蓄池等灵活布置，并且场地东南侧和西南侧各预留 1 个雨水排口，由此可将项目场地划分为 2 个汇水分区。

2. 市政道路竖向

掌握场地周边市政道路竖向高程情况，并结合场地内竖向设计情况，可评估该项目场地是否存在客水汇入的风险，以便采取相应的措施。

以南京市某项目为例，通过查阅项目场地内及周边道路竖向设计图可知，场地周边地势较为平坦，整体呈东南低西北高，周边市政道路竖向高程略低于本项目用地红线边界高程，可排除市政道路等客水流入场地内的风险（图 2-4）。

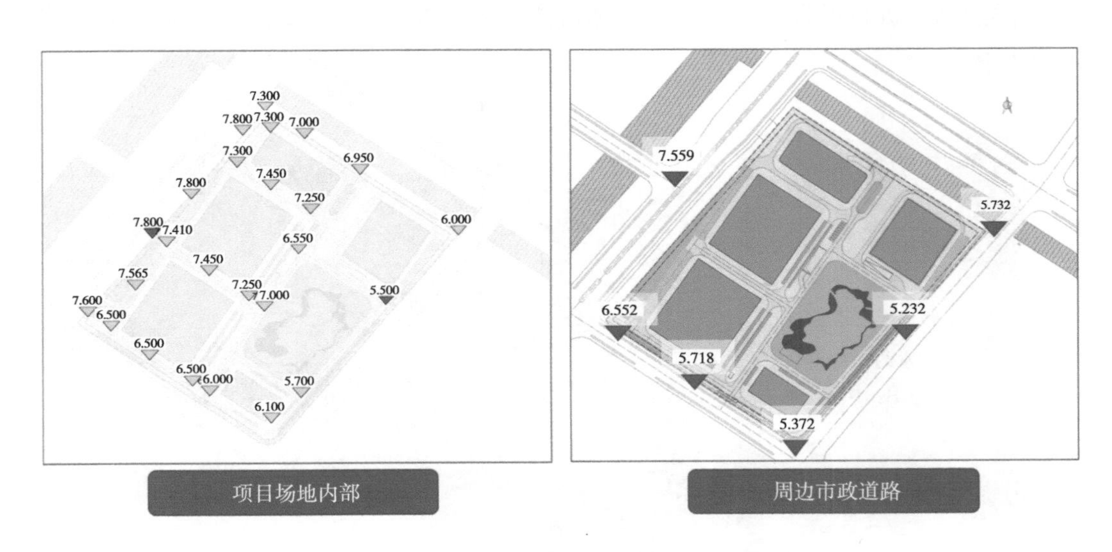

图 2-4 某项目场地内部及周边市政道路竖向

3. 其他市政条件

其他市政条件包括场地周边水系及山体等的情况。如掌握周边水系的水质情况是否属于黑臭水体等，应加强外排雨水的控制；如山体分布情况，应评估山洪是否会对项目场地造成的危害程度等。

如图 2-5 所示，某项目红线西侧紧临着黄土岗灌渠，在 2018 年前黄土岗灌渠水环境质量较差，属于黑臭水体，正在进行黑臭水体治理。进行海绵城市设计时，应做好措施避免将场地内雨水径流排入该灌渠影响其水体水质。

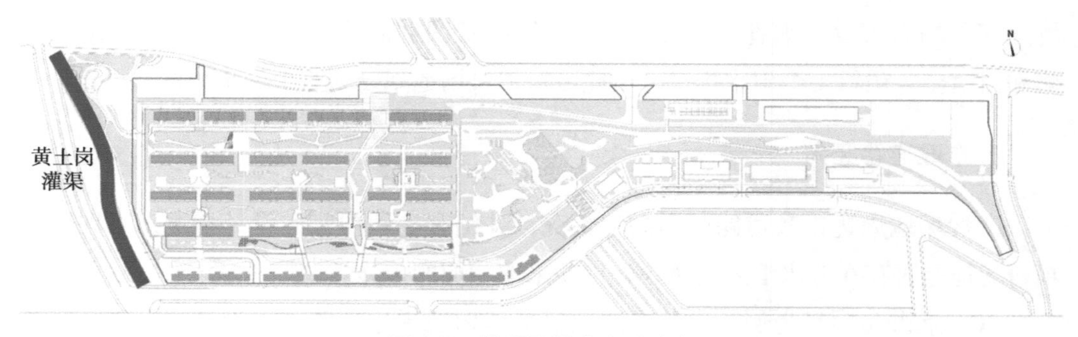

图 2-5　某项目周边水系分布

如图 2-6 所示，某项目北侧、西侧均有山体，且山体较高大，对本项目造成一定的山洪隐患。进行设计时，应评估山体可能带来的客水，并采取相应措施化解山洪灾害风险。

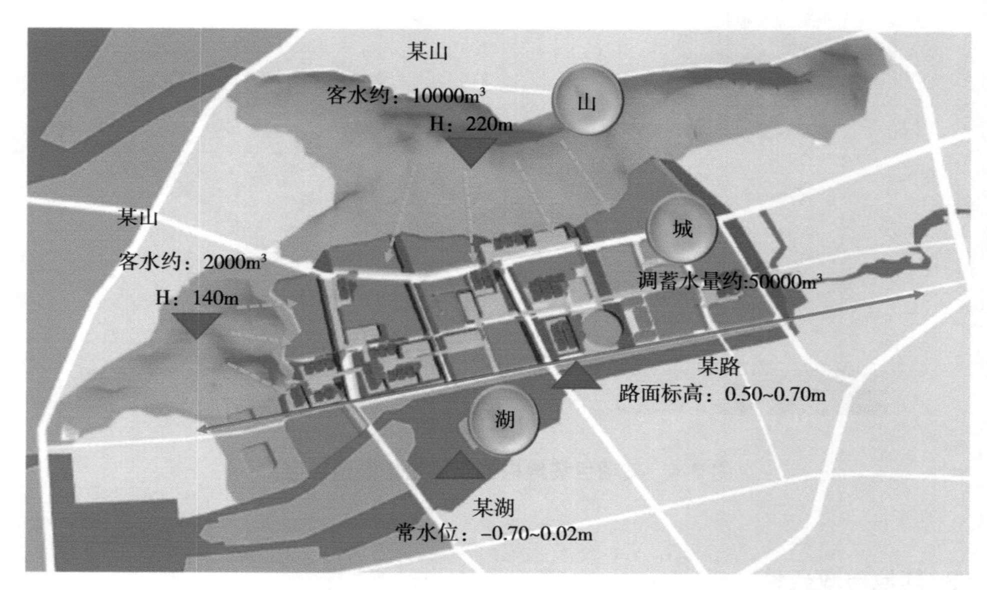

图 2-6　某项目周边山体分布

2.2.3　项目条件

进行海绵城市设计前，需掌握项目条件，包括项目概况、建筑条件、场地条件等。

1. 项目概况

项目概况包括项目建设时序、进度安排、项目地理位置及经济技术指标等。

（1）项目建设时序会直接影响海绵城市设计工作的进度安排和设计方案。进行海绵城市设计前，应充分了解项目建设时序，与业主沟通关于分期建设项目进行海绵城市专项设计报审工作的安排，如，是否分期建设、若分期建设是否分期报政府审查等。

（2）了解项目整体进度安排，以便根据项目整体进度安排制订海绵城市专项设计工作计划。海绵城市设计流程包括资料获取、要求解读、建设条件评估、技术路线制订等环节，每个环节的工作开展及完成时间都应与项目整体进度安排相匹配。同时，根据项目进度应及时与各方做好配合工作，保证海绵技术措施的有效落地。

（3）了解项目地理位置，查找当地适用于本项目的海绵城市建设相关标准规范，以便明确海绵城市建设目标及相关要求，同时有利于因地制宜地选择海绵设施。

2. 建筑条件

了解建筑条件，包括建筑立面形式、建筑屋面形式、屋面雨水排放情况等，并以此为依据评估建筑是否适宜采用屋顶绿化、雨落管断接等技术措施。

以武汉某项目为例，从图 2-7 可知，两侧塔楼较高且采用玻璃幕墙，不适宜采取雨落管断接措施，而周边裙房屋面则可以考虑设置屋顶绿化为办公人员或访客提供室外休憩场地，同时可局部采取雨落管断接措施，将屋面雨水引至建筑周边的生态设施内进行滞蓄和净化。

图 2-7 武汉某项目效果图

以南京某项目为例，查阅建筑屋面设计图纸可知，该项目 1、2、4 号建筑的屋面雨水系统均采用内排水系统，屋面雨水直接经雨水管网转输并排放，此部分雨水径流不能计入海绵设施调蓄量。3 号楼采用外排水系统，可采用雨落管断接，将屋面雨水断接至周边的生态设施内进行滞蓄，此部分雨水径流可计入海绵设施调蓄量。项目建筑分布及屋面雨水排放方式示意如图 2-8 所示。

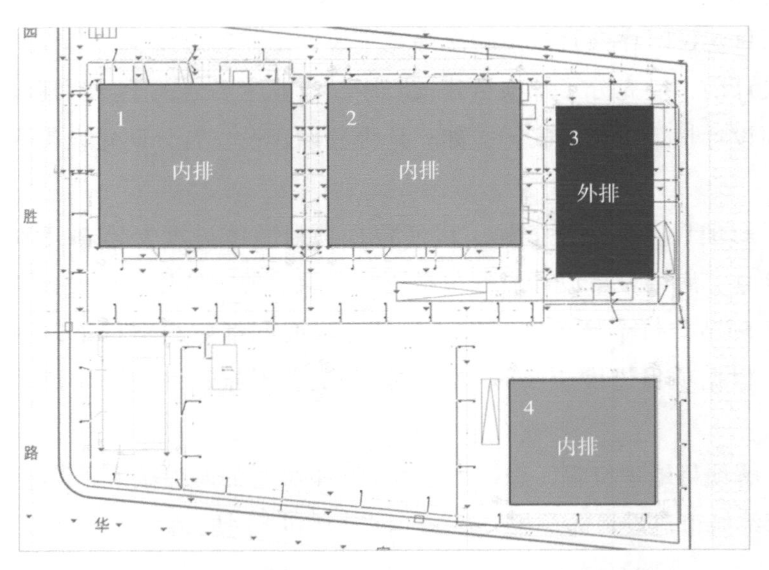

图 2-8　某项目建筑分布及屋面雨水排放方式示意

3. 场地条件

场地条件包括地下空间开发情况、下垫面组成情况、绿地分布情况及室外场地景观设计情况等。

（1）地下空间开发情况包括地下空间开发范围、覆土厚度等。部分地区对海绵设施设置区域的覆土厚度有要求。查阅项目总平面图明确地下空间开发范围，同时查阅建筑剖面图获取覆土区域的覆土厚度，以便评估覆土区域是否具备设置海绵设施的覆土条件。

（2）下垫面组成情况包括各类下垫面面积及其面积占比，其是计算综合雨量径流系数的重要参数。以总平面图或景观总平面图（如有）为基础，按照建筑屋面、绿地、道路及广场等不同类型下垫面分别统计面积并进行相关计算。

（3）关注绿地分布情况，以便了解场地内可设置生态设施的区域，预判可设置生态设施的规模等。绿地分布位置和规模决定了生态设施设置的主要位置和规模。

（4）了解景观设计情况，以此为依据进行海绵城市设计，以便将海绵技术措施更好地融入景观设计。若道路周边绿地设置了下凹式绿地、雨水花园等海绵设施时，应采用平缘石或开口路缘石，保障道路雨水径流通过重力流方式有效汇入海绵设施内；若场地内设置了挡墙，应注意其附近场地竖向的设计情况，合理组织雨水径流使其可以有效收集至海绵设施内等。

2.3 建设目标确定

海绵城市建设目标是海绵城市设计的重要依据，可通过查阅上位规划文件、标准规范及其他相关文件，获取项目海绵城市建设目标。

2.3.1 上位规划文件

上位规划文件包括项目规划条件书和海绵城市专项规划等。

1. 项目规划条件书

项目规划条件书会包含项目名称、用地位置、用地强度指标等多方面内容。随着海绵城市建设的不断推进，项目规划条件书也会涉及海绵城市建设相关要求。可通过查阅项目规划条件书，了解项目概况，查找海绵城市建设相关要求。

2. 海绵城市专项规划

随着国家对海绵城市专项规划编制工作的推动，全国各地，尤其是海绵试点城市和系统化全域推进海绵城市建设示范城市，纷纷开展海绵城市专项规划编制工作。海绵城市专项规划作为建设海绵城市的重要依据，其内容会涉及区域海绵城市建设条件综合评价、海绵城市建设指标体系、海绵城市建设总体思路等多个方面。可通过项目所在地的人民政府、住房和城乡建设局、水务局等部门的官方网站查询海绵城市专项规划文件，用以确定项目海绵城市建设目标。

2.3.2 标准规范

国家及地方发布的海绵城市建设相关标准规范是进行海绵城市设计的重要依据。应查阅相关标准规范确定海绵城市建设目标。可购买纸质文件或通过住房和城乡建设部等部门官方网站或工程建设标准服务平台等标准化信息平台查询海绵城市建设相关标准规范。

2.3.3 其他文件

绿色建筑相关文件是确定海绵城市建设目标的依据之一，其中包含海绵城市建设相关的技术措施，涉及景观水体设置、非传统水源利用、雨水控制与利用、年径流总量控制及绿色雨水基础设施等方面（表 2-3）。这类文件往往容易被忽略。应查阅项目绿色建筑相关文件，评估绿色建筑相关技术措施的可行性，并与海绵方案相结合。

表 2-3　绿色建筑评价中与海绵城市建设相关条文

<table>
<tr><th>类别</th><th>条文编号</th><th colspan="3">标准条文</th><th>条文分值</th></tr>
<tr><td rowspan="8">资源节约</td><td rowspan="2">7.2.12</td><td rowspan="2">结合雨水综合利用设施营造室外景观水体，室外景观水体利用雨水的补水量大于水体蒸发量的 60%，且采用保障水体水质的生态水处理技术</td><td colspan="2">对进入室外景观水体的雨水，利用生态设施削减径流污染</td><td>4</td></tr>
<tr><td colspan="2">利用水生动、植物保障室外景观水体水质</td><td>4</td></tr>
<tr><td rowspan="6">7.2.13</td><td rowspan="6">使用非传统水源</td><td rowspan="2">绿化灌溉、车库及道路冲洗、洗车用水采用非传统水源的用水量占其总用水量的比例不低于</td><td>40%</td><td>3</td></tr>
<tr><td>60%</td><td>5</td></tr>
<tr><td rowspan="2">冲厕采用非传统水源的用水量占其总用水量的比例不低于</td><td>30%</td><td>3</td></tr>
<tr><td>50%</td><td>5</td></tr>
<tr><td rowspan="2">冷却水补水采用非传统水源的用水量占其总用水量的比例不低于</td><td>20%</td><td>3</td></tr>
<tr><td>40%</td><td>5</td></tr>
<tr><td rowspan="8">环境宜居</td><td>8.1.4</td><td colspan="3">场地的竖向设计应有利于雨水的收集或排放，应有效组织雨水的下渗、滞蓄或再利用；对大于 10hm^2 的场地应进行雨水控制利用专项设计</td><td>控制项</td></tr>
<tr><td rowspan="2">8.2.2</td><td rowspan="2">规划场地地表和屋面雨水径流，对场地雨水实施外排总量控制</td><td colspan="2">场地年径流总量控制率达到 55%</td><td>5</td></tr>
<tr><td colspan="2">场地年径流总量控制率达到 70%</td><td>10</td></tr>
<tr><td rowspan="5">8.2.5</td><td rowspan="5">利用场地空间设置绿色雨水基础设施</td><td rowspan="2">下凹式绿地、雨水花园等有调蓄雨水功能的绿地和水体的面积之和占绿地面积的比例达到</td><td>40%</td><td>3</td></tr>
<tr><td>60%</td><td>5</td></tr>
<tr><td colspan="2">衔接和引导不少于 80% 屋面雨水进入地面生态设施</td><td>3</td></tr>
<tr><td colspan="2">衔接和引导不少于 80% 道路雨水进入地面生态设施</td><td>4</td></tr>
<tr><td colspan="2">硬质铺装地面中透水铺装面积的比例达到 50%</td><td>3</td></tr>
</table>

第3章　策　划

策划应基于对项目所在区域的自然条件、市政条件及项目特性等多方面的综合评估，以海绵城市建设目标为导向展开。其内容包括初步方案策划、汇水分区划分及海绵设施布局等。

3.1　初步方案策划

海绵城市初步方案策划包括适宜性评估、技术路线策划和多方案比选。通过科学合理的策划，形成满足规划要求、符合项目特性、契合建设方意愿的海绵城市初步方案。

1. 适宜性评估

适宜性评估包括非工程性和工程性两方面。其中，非工程性方面包括审查要点、建设愿景、经济投入，工程性方面包括适宜技术和限制因素。

（1）审查要点。不同城市的审查部门对海绵城市建设项目审查的要点不同，如部分城市要求场地汇水分区的划分，应按照每个海绵设施的服务范围进行细化。应充分了解项目所在地政府审查部门对海绵城市的审查要点，可通过项目所在地的人民政府、住房和城乡建设局、水务局等部门的官方网站查询海绵城市建设管理办法或海绵城市建设项目审查要求等，还可以联系当地审查部门获取相关信息。

以某项目为例，海绵城市专项设计以目标为导向，因地制宜地选取了海绵技术措施、制订了技术路线（图 3-1）。采取“绿、灰结合”的方式，实现对场地雨水径流的控制，满足海绵城市建设指标要求。

此方案在初步设计阶段未通过审查，审查部门提出“建议充分利用生态设施，减少雨水调蓄池的使用”。基于审查意见，项目调整了技术路线（图 3-2），扩大生态设施的规模，100% 利用生态设施控制雨水径流。

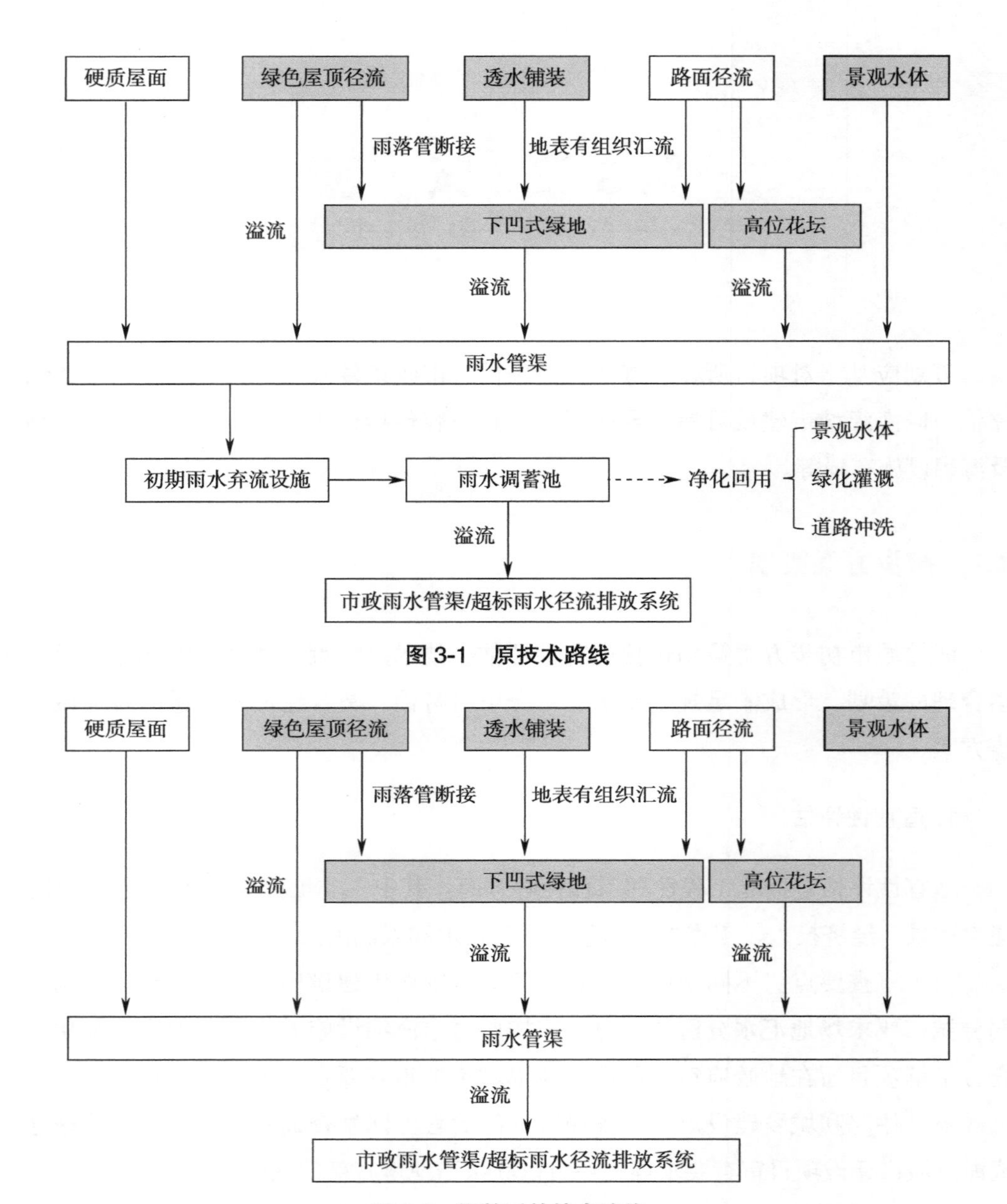

图 3-1　原技术路线

图 3-2　调整后的技术路线

（2）建设愿景。不同建设方对工程项目的建设品质及建设目标等要求不同，应充分了解建设愿景。部分建设方可能以项目通过相关审查为目标；部分建设方以打造行业标杆项目为目标，希望海绵城市设计为项目建设增添亮点等。应与建设方积极沟通，了解建设愿景，以便形成契合建设方意愿的海绵城市方案。

（3）经济投入。不同的海绵技术措施会影响建设投资，方案策划应对造价进行充分评估。可通过国务院办公厅、住房和城乡建设部等部门官方网站或项目所在地的人民政府、住房和城乡建设局、水务局等部门官方网站查询海绵城市建设相关经济指标，其中可能涉及低影响开发设施造价估算指标。

（4）适宜技术。海绵城市设计中的“渗、滞、蓄、净、用、排”技术措施具有不同的特性及适用性。方案策划应对自然条件、市政条件及项目情况等进行诊断评估（表 3-1），因地制宜地选择海绵技术措施。关于各类海绵设施效果及功能等的介绍详见 3.3 节。

表 3-1 海绵技术措施适宜性评估

类别	序号	技术措施	评估内容
渗	1	透水铺装	道路功能、路面荷载、地下水位、气候条件、竖向条件、土壤渗透性能等
	2	下凹式绿地	竖向条件、服务范围、下渗能力等
	3	屋顶绿化	屋面荷载、屋面坡度、空间条件等
滞	4	高位花坛	场地空间、覆土条件、竖向条件等
	5	生态树池	场地空间、覆土条件、竖向条件等
	6	雨水花园	场地空间、覆土条件、竖向条件等
蓄	7	雨水调蓄池	地质条件、设施衔接、场地空间、雨水回用需求等
净	8	植被缓冲带	是否有水景等
	9	梯级花坛	场地空间、竖向高差等
用	10	雨水回用系统	雨水回用需求、气候条件等
排	11	雨落管断接	屋面雨水排水系统、设施衔接等
	12	植草沟	地形坡度、设施衔接等

（5）限制因素。项目建设条件关系着初步方案的可行性，包括地下空间开发强度、绿地分布及雨水管线布置等。以某住宅项目为例，其室外管线综合示意图如图 3-3 所示，由于室外场地实土空间有限，雨水调蓄池的设置规模受限。

绿色建筑也是影响初步方案的因素之一，其中有海绵城市建设相关的技术措施，需以项目建设条件分析为基础，评估技术措施的可行性。若存在项目不适宜采取的技术措施，应及时与各方沟通关于海绵城市专项设计的情况。

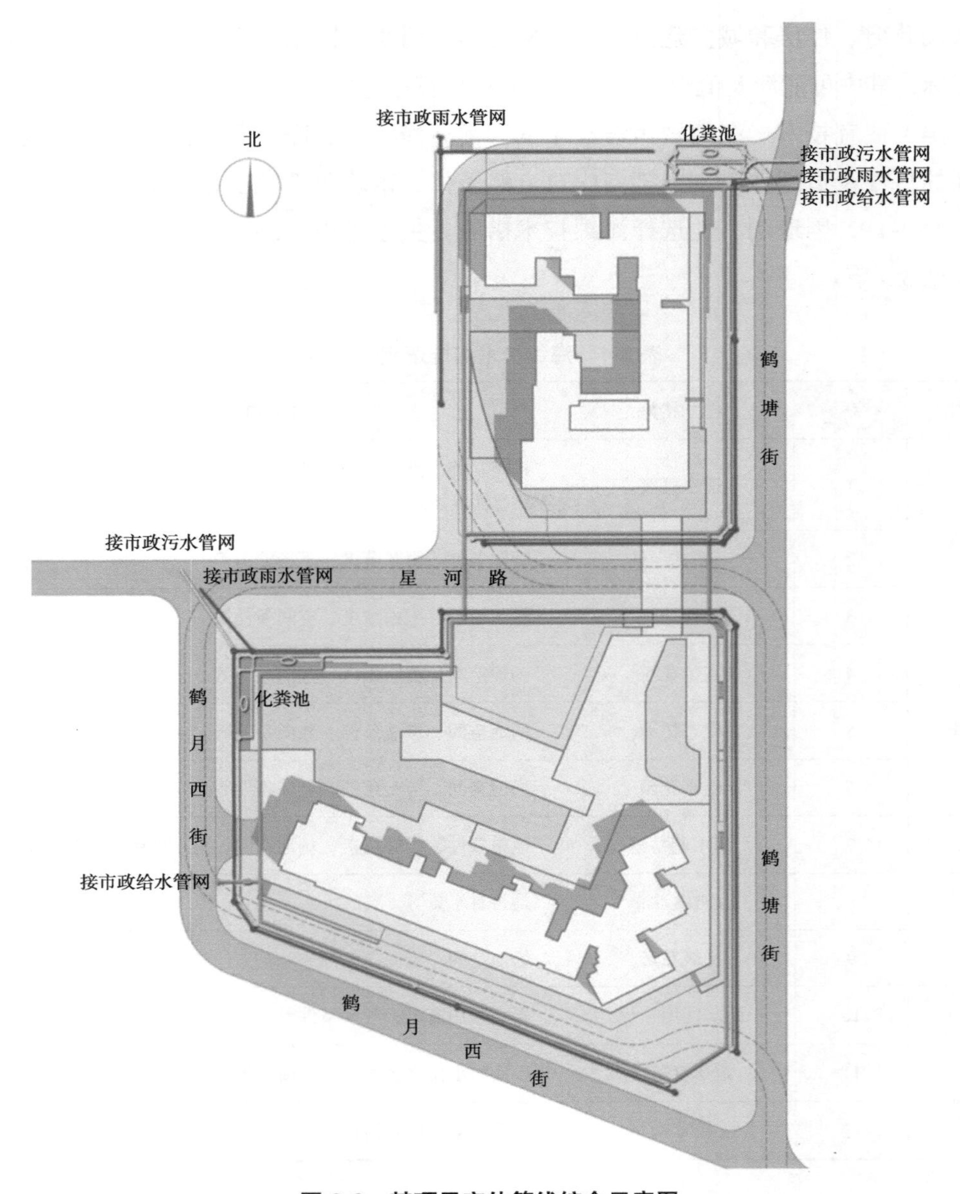

图 3-3　某项目室外管线综合示意图

2. 技术路线策划

通过适宜性评估，因地制宜地制订技术路线。现以典型项目为例，展示不同类型项目的海绵技术路线。

（1）“纯生态型”技术路线。某项目具有场地内实土空间较多、绿地面积较大、部分建筑层高较低等特点，有利于设置下凹式绿地、绿色屋顶等生态设施。当地审查部门要求项目充分利用生态设施消纳场地雨水径流。经评估，本项目 100% 选用绿色生态设施控制场地雨水径流，在建筑层高较低的建筑屋面设置屋顶绿化并采取雨落管断接措施，将屋面雨水引入周边生态设施内；在人行道设置透水砖，将停车场设置为生态停车场，从源头削减雨水径流；在绿地内设置下凹式绿地和高位花坛，收集周边道路及广场的雨水径流；过量的雨水则通过雨水溢流口溢流至雨水管渠进行安全排放（图 3-4）。

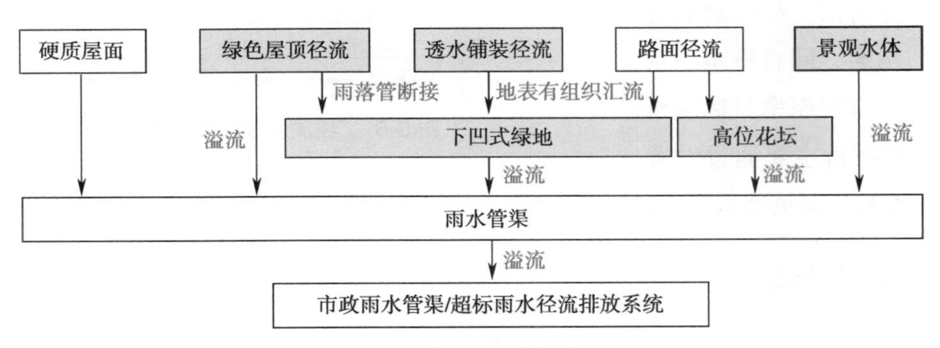

图 3-4 “纯生态型”技术路线

（2）“绿、灰结合型”技术路线。某项目场地内车行道及广场有重荷载车辆通行及布展需求，无法大面积设置透水铺装，仅在人行出入口区域 100% 设置透水铺装；绿地面积少且分散，充分利用绿地设置下凹式绿地，收集周边道路及屋面的雨水径流；建前为金属屋面且面积较大，占用地面积的比例达 70%，无法设置屋顶绿化；在雨水管渠末端设置雨水调蓄池，并且基于当地对雨水资源化利用的要求设置雨水回用系统将雨水进行净化处理后回用于室外绿化浇灌、道路及车辆冲洗等（图 3-5）。

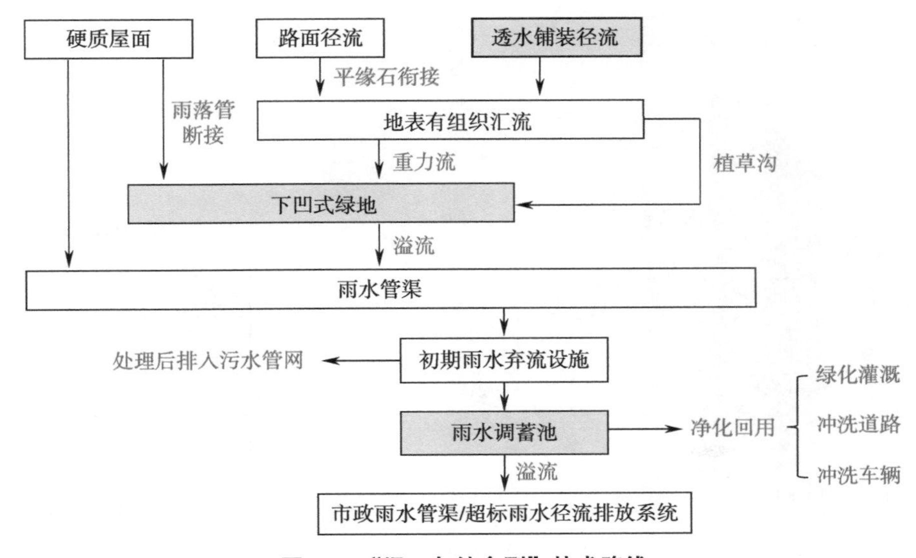

图 3-5 “绿、灰结合型”技术路线

（3）“纯灰色型”技术路线。某既有更新项目场地地下空间开发强度较大，有地铁在下部穿行；绿地面积较小，且几乎无实土绿地；除裙房屋面设置屋顶绿化外，其余可用于设置生态设施的空间十分有限。经与政府有关部门沟通，同意将本项目年径流总量控制率目标降至50%。本项目主要通过设置雨水调蓄池控制场地雨水径流（图 3-6）。

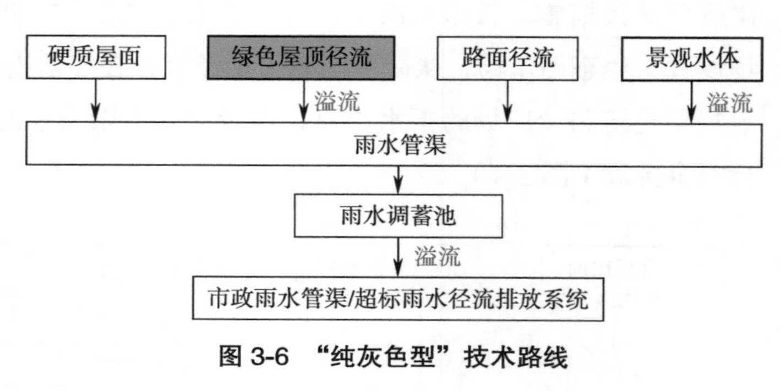

图 3-6 “纯灰色型”技术路线

3. 多方案比选

初步方案策划阶段应提出多个海绵方案并进行优劣势比选，进而确定最优方案。下面以典型项目为例，展示方案比选过程。某办公园区项目，总用地面积约为 $6.26hm^2$。通过对场地竖向标高设计、室外雨水管网布置及下垫面分布等多方面分析，将场地划分为两个汇水分区（图 3-7）。基于项目建设条件和海绵设施适宜性等多方面，海绵城市专项策划了两个海绵方案，具体如下。

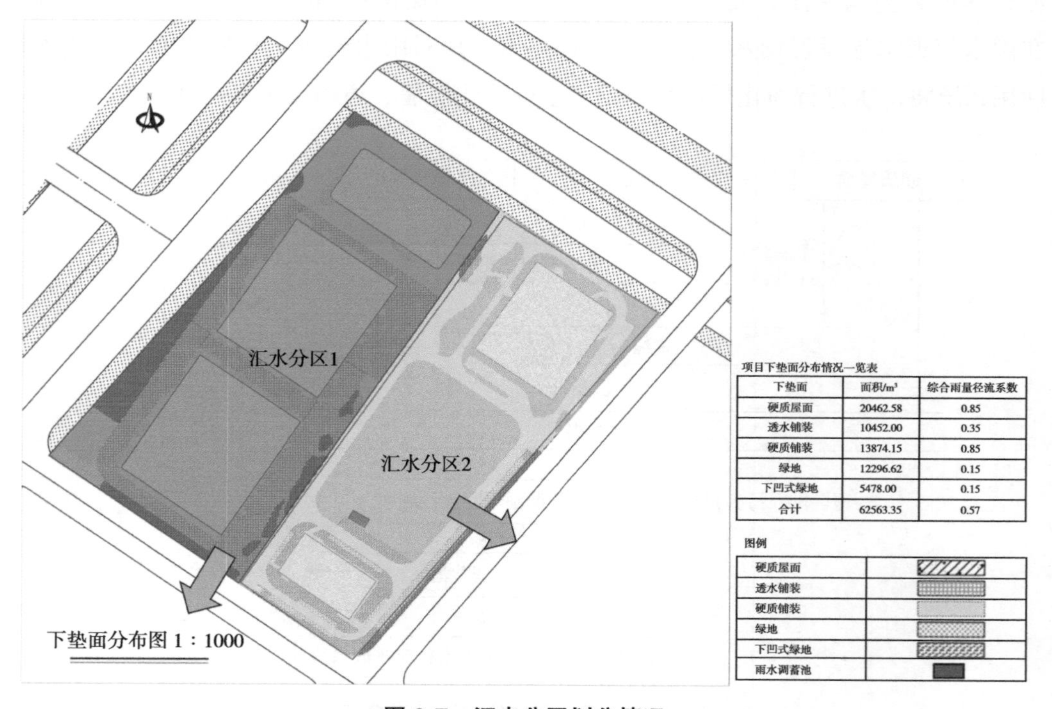

项目下垫面分布情况一览表

下垫面	面积/m^3	综合雨量径流系数
硬质屋面	20462.58	0.85
透水铺装	10452.00	0.35
硬质铺装	13874.15	0.85
绿地	12296.62	0.15
下凹式绿地	5478.00	0.15
合计	62563.35	0.57

图 3-7 汇水分区划分情况

方案一：最大限度地将绿地设置为下凹式绿地，以收集周边道路及广场的雨水径流，并且在雨水管网末端设置雨水调蓄池，收集的雨水经净化处理后回用于绿化浇灌、道路冲洗等（图 3-8）。

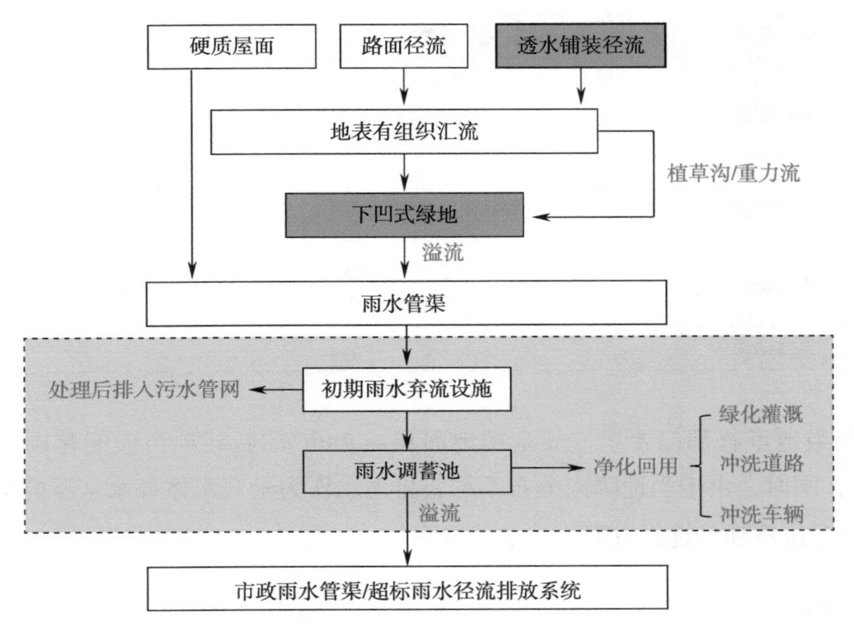

图 3-8 方案一技术路线

方案二：100% 采用生态设施削减雨水径流，充分利用绿地设置下凹式绿地，同时设置具有调蓄功能的生态水景，综合实现对雨水径流的控制（图 3-9）。

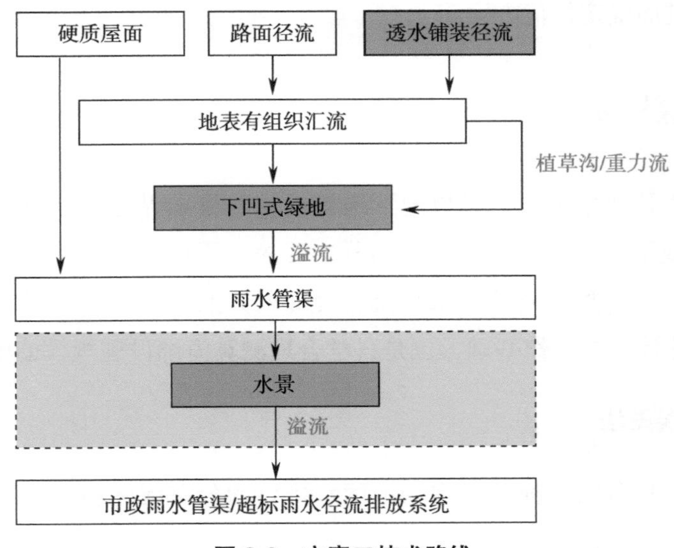

图 3-9 方案二技术路线

本项目从实施代价、设施维护及雨水资源化利用效率等多方面对两个方案进行优劣势分析（表 3-2）。

表 3-2　方案比选

方案比选	方案一	方案二
具体措施	透水铺装 下凹式绿地 雨水调蓄池	透水铺装 下凹式绿地 生态水景
方案优势	提高雨水资源利用率	减少项目建设初投资 易与景观相结合
方案劣势	设施需定期维护管理 挤压地下管网铺设空间	雨水资源未得到高效利用
最终结果	√	×

由于当地审查部门要求“规划用地面积≥ $2hm^2$ 的新建项目应配建雨水收集回用系统”，同时，由于当地降雨分布不均，将雨水作为景观水体补水水源的可靠性较差，综合分析本项目选择方案一为最佳方案。

4. 小结

通过适宜性评估、技术路线策划和多方案比选等，选择因地制宜的技术措施，制订科学合理的技术路线，形成海绵城市初步方案。应从工程性和非工程性两方面进行适宜性评估，并以此为基础因地制宜制订技术路线，提出多个海绵方案并进行优劣势比选，进而确定最优方案。

3.2　汇水分区划分

汇水分区也称排水分区，是以地形地貌或排水管渠界定的，地面径流及管道排放雨水的集水或汇水范围。汇水分区划分主要的作用包括组织场地径流，科学合理布局排水设施，有效控制场地雨水径流。合理划分汇水分区是海绵城市设计中的重要一环，是设计计算的工作基础，也是科学合理测算海绵设施规模的前提条件。

3.2.1　常见错误做法

汇水分区的划分需要充分考虑场地雨水排口的分布情况和场地雨水径流的汇流路径等因素。

错误示例 1

问：雨水径流真的能够按照汇水分区划分排放吗？

在此案例中，场地南北两侧共分布有 3 个雨水排口，场地竖向较为平整。如图 3-10 所示，场地被划分为北侧、中部和南侧三个汇水分区。其中汇水分区 1 内有两个雨水排口，雨水无法从唯一末端排放，此区域内雨水未得到有效控制；汇水分区 2 内无雨水排口，此区域内雨水无法安全溢流排放。故此项目汇水分区划分不合理，场地雨水径流未能按照所划分的汇水分区进行收集和排放。

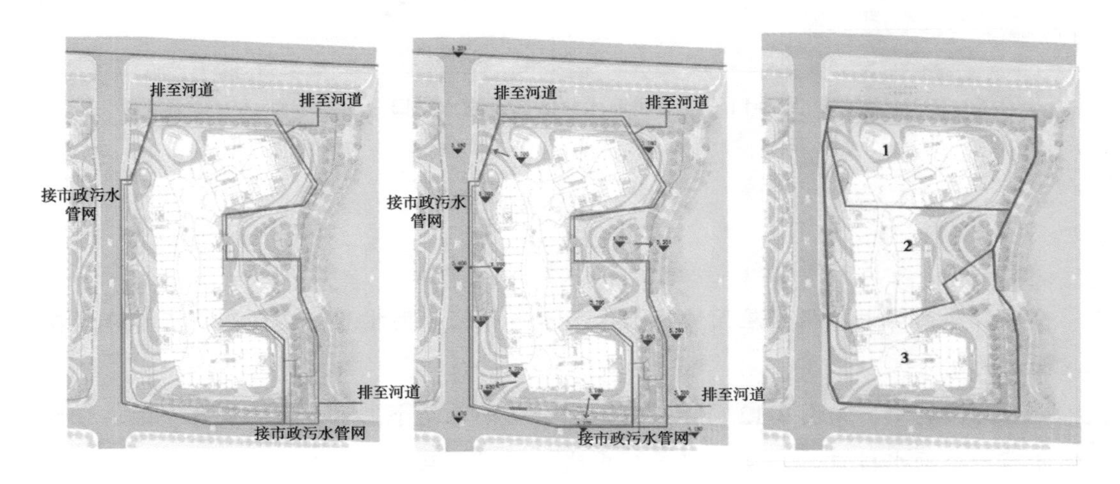

图 3-10 某项目汇水分区图

错误示例 2

问：汇水分区的划分与市政排口分布相一致吗？

一个汇水分区往往对应一个市政排口，汇水分区内的超量雨水经过雨水调蓄池，由市政雨水排口安全排放。

在此案例中，场地北侧、东侧共分布有 2 个雨水排口。如图 3-11 所示，目前场地划分为南北两个汇水分区，汇水分区 1 内设置了两个雨水调蓄池，分布 2 个雨水排口；汇水分区 2 内设置了 1 个雨水调蓄池，但无雨水排口。汇水分区 1 内雨水未能从一个末端进行排放；汇水分区 2 内的雨水可收集，但却不能安全排放。故此项目汇水分区不合理，未能有效组织场地雨水径流。

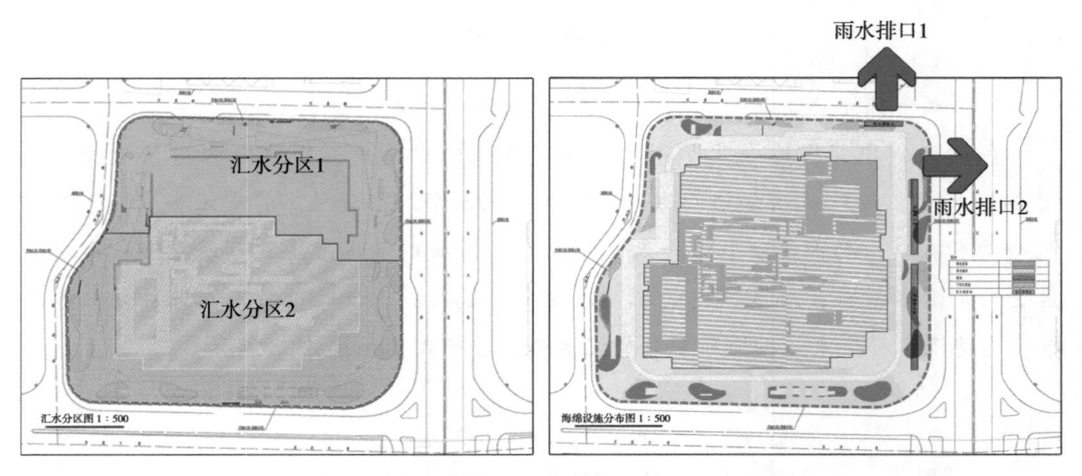

图 3-11 某项目汇水分区图及雨水排口分布图

错误示例 3

问：汇水分区的划分和建筑设计“交圈”了吗？

建筑屋面的雨水根据屋面坡度汇入雨水口并经管网排放，坡向影响汇水分区在屋面上的划分。

在此案例中，如图 3-12 所示，场地划分为南北两个汇水分区，且每个汇水分区内分布一个雨水排口。建筑 A 沿屋顶中线，被划分至两个汇水分区内。根据建筑设计图纸可知，建筑 A 为坡屋顶，但其屋顶雨水通过坡度汇集至北侧的雨落管内，进

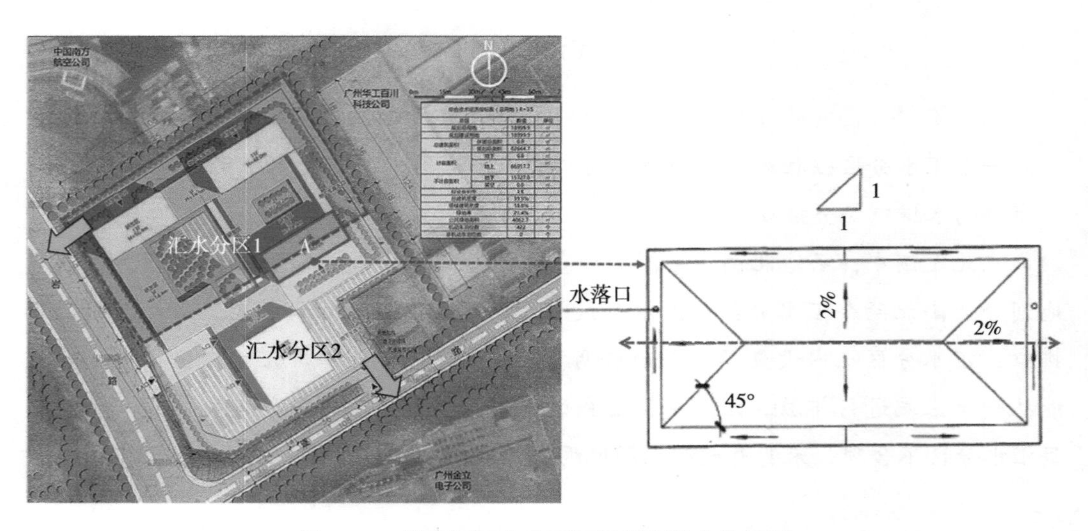

图 3-12 某项目汇水分区图及屋顶坡度分析图

行收集和安全排放。汇水分区划分时，应将整个建筑屋面整体考虑，不可沿屋顶中线进行划分。因此各汇水分区未能按照此汇水分区线划分的方式收集区域内的雨水，汇水分区划分不合理。

错误示例 4

问：汇水分区的划分和场地设计一致吗？

道路横坡是容易被忽略的划分因素，应根据道路及场地的横纵坡设计情况合理划分汇水分区，有效组织、控制场地雨水径流。

在此案例中，如图 3-13 所示，场地划分为东西两个汇水分区，且每个汇水分区内分布一个雨水排口。汇水分区线沿场地内道路中线进行划分。根据景观设计的混凝土路面结构图可知，此道路设计为单向横坡，雨水由东向西排向道路一侧，应依据道路横坡合理划分汇水分区。

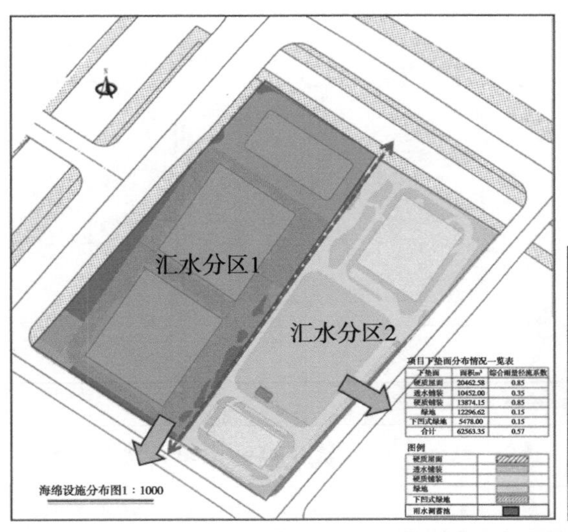

项目下垫面分布情况一览表

下垫面	面积m²	综合雨量径流系数
硬质屋面	20462.58	0.85
透水铺装	10452.00	0.35
硬质铺装	13874.15	0.85
绿地	12296.62	0.15
下凹式绿地	5478.00	0.15
合计	62563.35	0.57

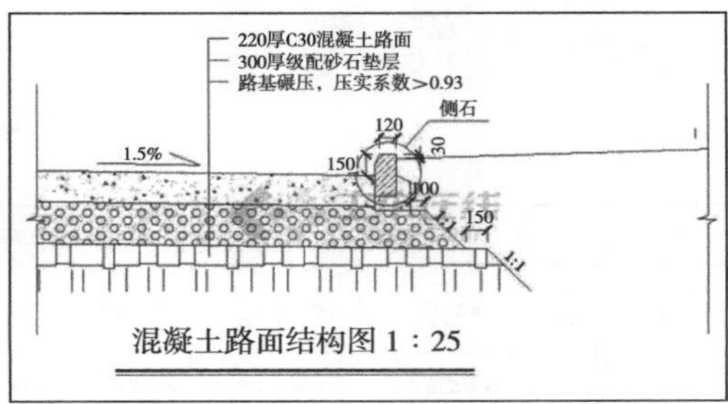

图 3-13 某项目汇水分区图及混凝土路面结构图

3.2.2 相关影响因素

汇水分区的划分，应根据审查要求、自然条件、市政条件、项目场地竖向标高设计、道路分割、屋脊线（雨落管位置）、雨水管网布置、绿化景观布局、海绵设施初步布置意向等场地汇水条件，以及其他相关影响因素，科学合理划分海绵城市汇水分区。

1. 审查要求的影响

汇水分区划分首先应符合项目所在地的审查要求。不同的城市，以及城市的不同分区，对于汇水分区划分的尺度、精细程度要求不同。

典型案例 1

项目位于重庆市，为驾驶培训学校项目（图 3-14）。重庆市是首批海绵城市建设试点城市，海绵城市审查为“三审一验”。在初步设计阶段，开展专家评审会，审查海绵设施设计、技术选择、达标计算等。初步设计专家评审会上，海绵城市审查部门提出：“应依据海绵设施划分服务范围，在原有 3 个汇水分区的基础上，进一步划分子汇水分区，应保证每个子汇水分区均设置海绵设施来调蓄此分区的雨水，且海绵设施设置规模应与其服务范围相适应。”

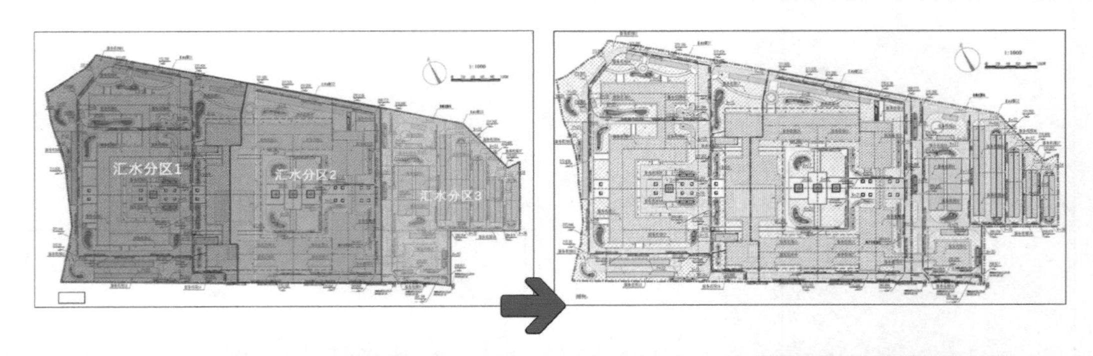

各 LID 设施服务面积一览表																
类别	编号	服务面积 /m²	服务分区	类别	编号	服务面积 /m²	服务分区	编号	服务面积 /m²	服务分区	编号	服务面积 /m²	服务分区	编号	服务面积 /m²	服务分区
下凹式绿地	L-01	777.80	服务范围 06	雨水花园	Y-06	3391.20	服务范围 07	Y-14	2648.40	服务范围 16	Y-22	2228.75	服务范围 25	Y-30	2563.67	服务范围 33
	L-02	1027.42	服务范围 08		Y-07	2954.40	服务范围 09	Y-15	4774.23	服务范围 17	Y-23	1717.88	服务范围 26	Y-31	1442.70	服务范围 34
高位花坛	G-01	1796.6	服务范围 19		Y-08	2954.37	服务范围 10	Y-16	4300.65	服务范围 18	Y-24	1737.00	服务范围 27	Y-32	1548.67	服务范围 35
雨水花园	Y-01	4300.65	服务范围 01		Y-09	1619.00	服务范围 11	Y-17	4043.75	服务范围 20	Y-25	911.00	服务范围 28	Y-33	901.35	服务范围 36
	Y-02	1796.75	服务范围 02		Y-10	2277.00	服务范围 12	Y-18	3606.70	服务范围 21	Y-26	2465.27	服务范围 29	Y-34	1445.53	服务范围 37
	Y-03	4043.75	服务范围 03		Y-11	2061.80	服务范围 13	Y-19	2147.75	服务范围 22	Y-27	1244.72	服务范围 30	Y-35	1355.36	服务范围 38
	Y-04	3852.90	服务范围 04		Y-12	2393.60	服务范围 14	Y-20	4008.65	服务范围 23	Y-28	2367.60	服务范围 31	Y-36	1804.25	服务范围 39
	Y-05	1740.90	服务范围 05		Y-13	2618.40	服务范围 15	Y-21	3670.80	服务范围 24	Y-29	2107.20	服务范围 32			

图 3-14　某建筑与小区类项目汇水分区图及子汇水分区图

典型案例 2

项目位于苏州市，为建筑与小区类新建建筑小区项目（图 3-15）。苏州市为第二批海绵城市建设试点城市，根据《苏州市海绵城市建设管理暂行办法》，海绵城市审查实行“三审一验”。基于场地竖向条件、建筑设计以及绿地分布等条件，并根据市政雨水接口条件，场地划分为南北 2 个汇水分区。

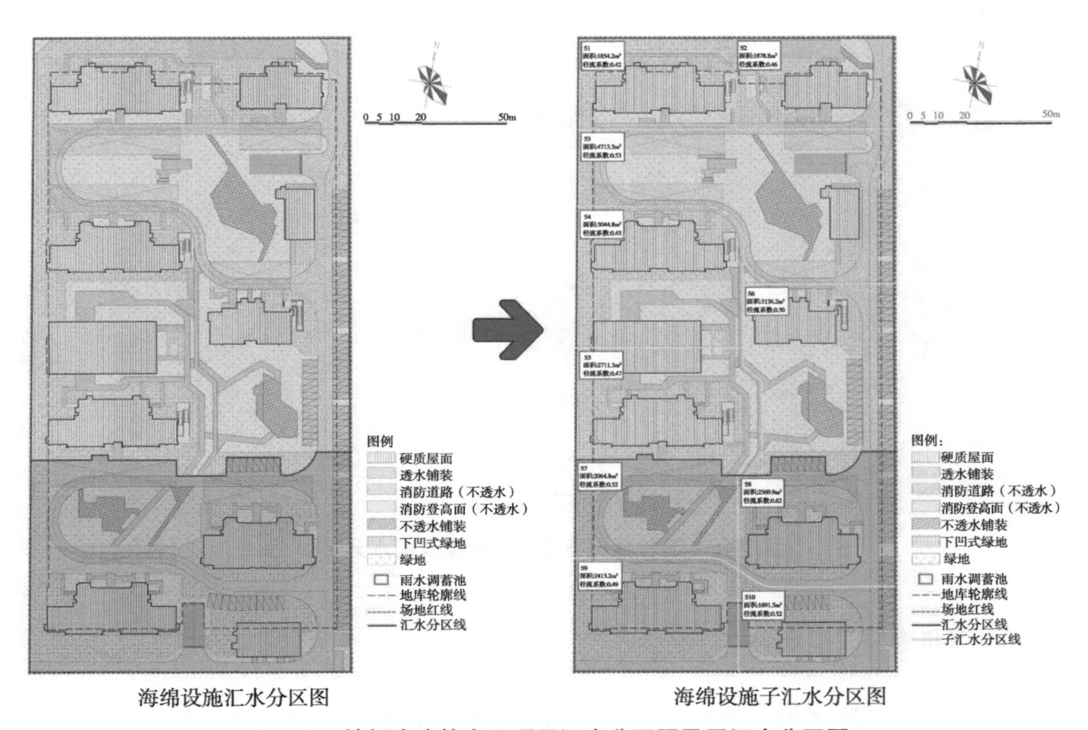

图 3-15 某新建建筑小区项目汇水分区图及子汇水分区图

在方案设计阶段，审查部门提出：“应依据海绵设施划分服务范围，进一步划分子汇水分区，应保证每个子汇水分区均设置海绵设施来调蓄此分区的雨水，且海绵设施设置规模与其服务范围相一致；并计算各子汇水分区的年径流总量控制率、综合雨量径流系数和设计调蓄容积等海绵指标。”

2. 自然条件的影响

部分项目场地内含有天然水系，需综合考虑海绵城市计算范围及天然水系所承载的调蓄雨量等因素，合理划分汇水分区。

典型案例 3

项目位于池州市，为建筑与小区类的校园项目（图 3-16）。项目红线范围内有一个天然湖体“东观湖”，此湖体不纳入海绵城市建设范围，但可承载场地雨水调蓄功能。

在项目海绵城市设计中应减去湖体面积，同时考虑将湖体的调蓄能力纳入到方案的因素中。

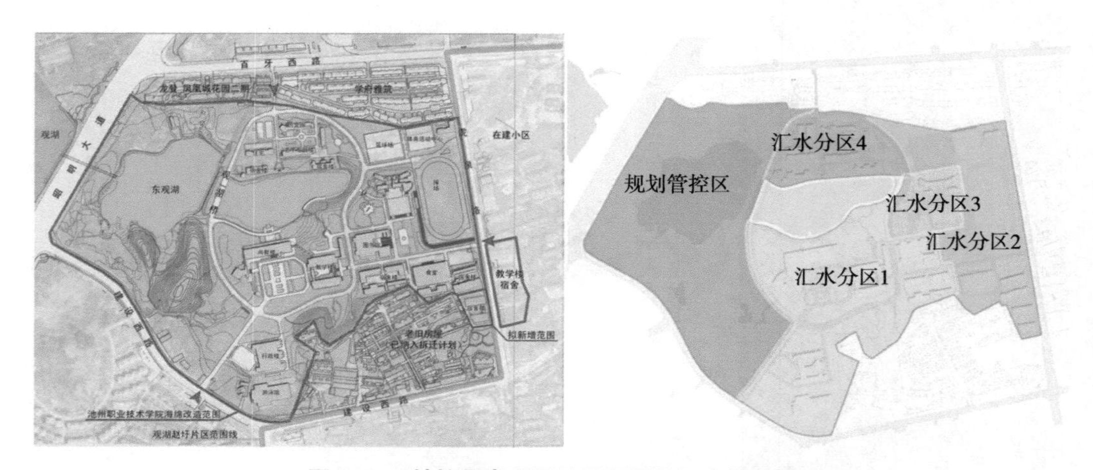

图 3-16 某校园类项目总平面图及汇水分区图

3. 市政条件的影响

场地汇水分区应依据市政排口进行划分，每个汇水分区应保障超标雨水可安全排放，同时，需校核各汇水分区对应的市政排口的承载力，保障各市政排口可满足其对应的汇水分区的雨水峰值流量的承载要求。

典型案例 4

项目位于北京市，为轨道交通类综合利用开发项目。项目开发强度大，无法通过生态设施达到海绵城市建设要求。场地西南侧、东侧分布有 3 个市政雨水排口，场地划分为 3 个汇水分区（图 3-17），每个汇水分区的末端均设有雨水调蓄池，建筑及场地雨水经由雨水管网收集至雨水调蓄池，最后由雨水排口进行安全排放。

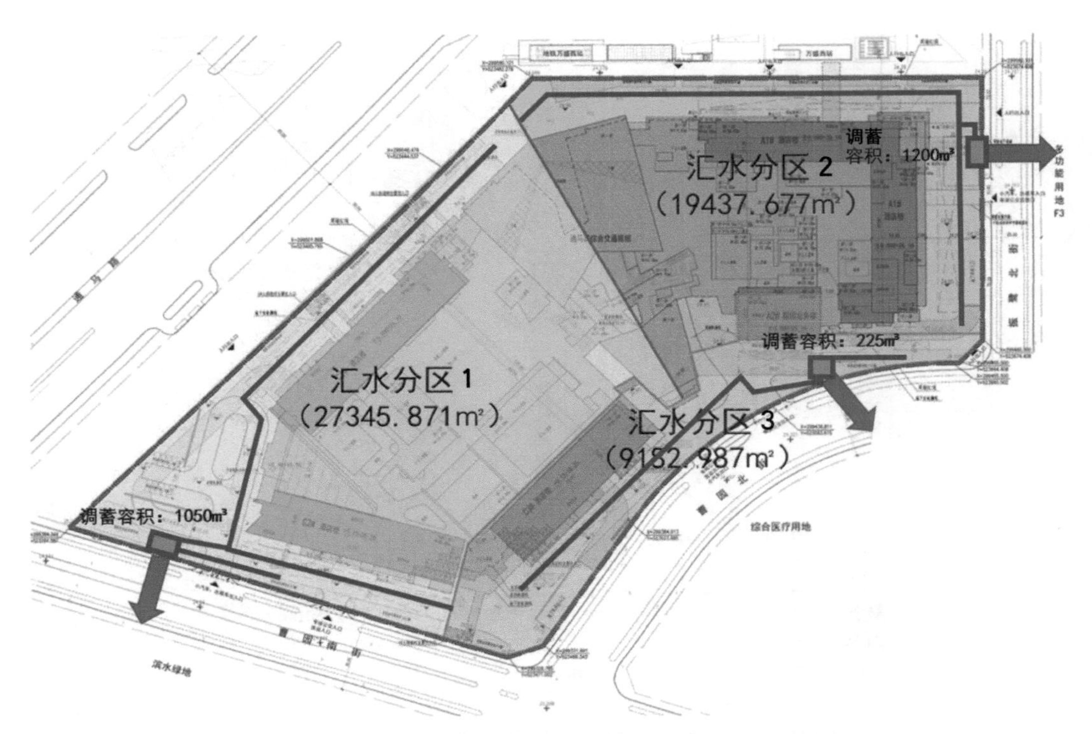

图 3-17　某轨道交通综合利用开发类项目汇水分区图

汇水分区的划分与市政雨水排口高度一致，满足雨水管网的负荷能力。

4. 场地条件的影响

市政排口分布情况是划分汇水分区的重要限制因素，此外场地内的竖向设计、道路设计、地下空间分布、屋面排水组织以及绿地分布情况同样影响着汇水分区划分的细节。

（1）道路设计的影响。当在道路上划分汇水分区时，应考虑横坡方向。汇水分区线一般为道路中线或边线以及铺装场地的边界线，但还应根据项目场地设计的具体情况进行调整。

典型案例 5

项目位于池州市，为建筑与小区类校园项目。根据市政排口、场地竖向以及景观布局将场地划分为四个汇水分区。同时，根据场地道路设计情况可知，此园区内道路均为凸形双向横坡，即从路中心向道路两侧倾斜，雨水由道路中心排向两旁（图 3-18）。故，在汇水分区划分时，可按照道路中心绘制汇水分区线。

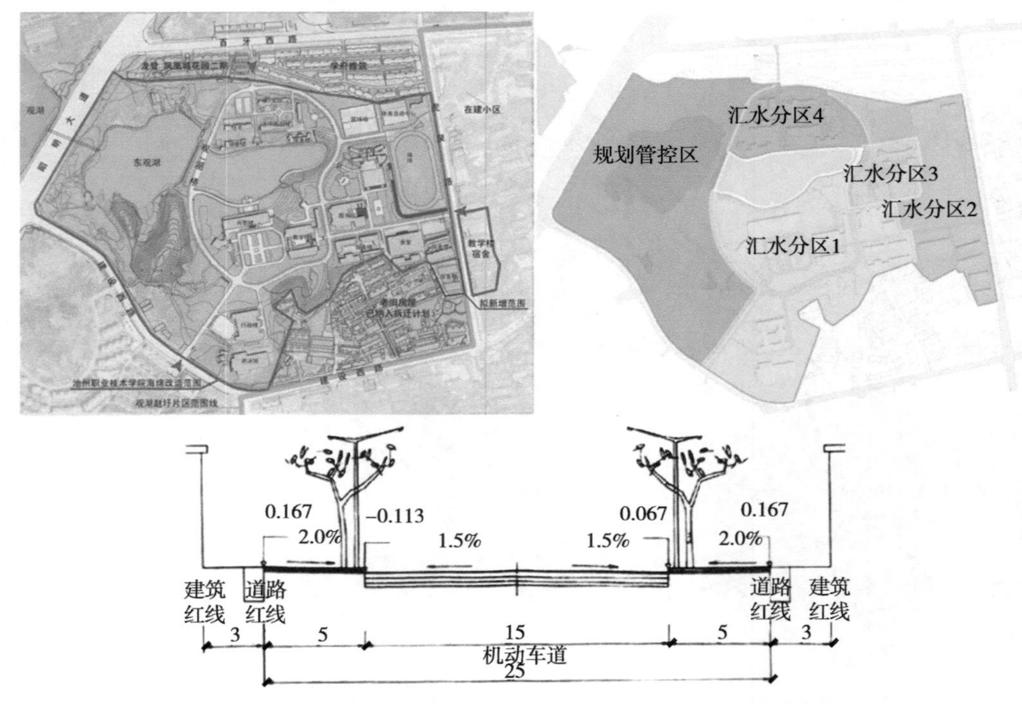

图 3-18　某校园类项目汇水分区图及机动车道排水分析图

（2）竖向设计的影响。当场地竖向高差较大时，应充分考虑场地内的竖向设计条件，合理划分汇水分区，有效组织场地雨水径流。

典型案例 6

项目位于北京市，为轨道交通综合利用项目，项目现状上盖地势高差较大，总体分为两块区域，西高东低，运用库上盖平均设计高程为 16.70m，咽喉区上盖平均设计高程为 10.15m，落地区平均设计高程为 0.00m，沿基地长约 1200m，宽约 230m，最大高差约 20m（图 3-19）。

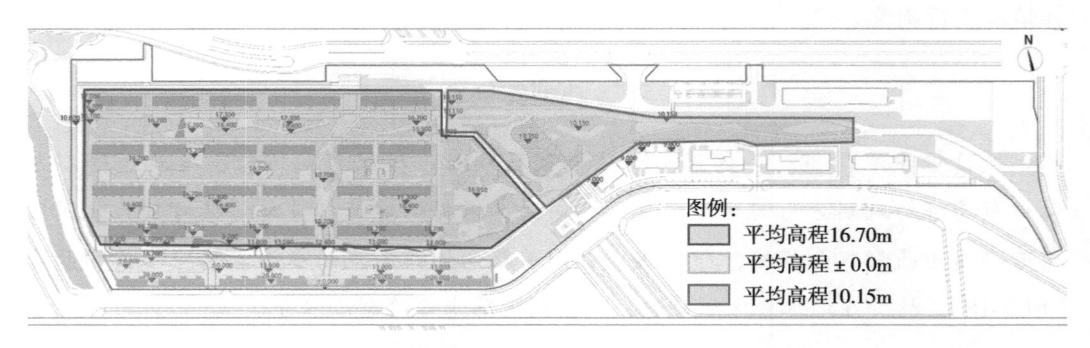

图 3-19　某轨道交通综合利用项目竖向高程设计图

根据场地竖向条件，将场地划分为 3 个汇水分区（图 3-20）。汇水分区 1 包括运用库上盖 16.70m 高程区域和地面层区域，上盖雨水通过跌落井汇集至地面层，超标雨水通过市政排口 P1 安全排放；汇水分区 2 包括上盖 10.15m 高程区域和运用库内部分下沉庭院，上盖雨水通过雨水边沟汇集至地面层，超标雨水通过市政排口 P2 安全排放；汇水分区 3 为地面层，超标雨水通过东侧市政雨水排口 P3 安全排放。

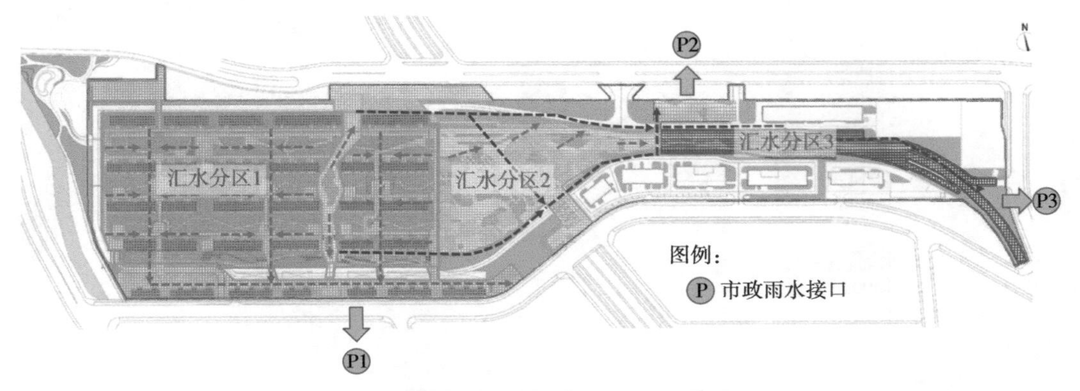

图 3-20 某轨道交通综合利用项目汇水分区图

（3）绿地分布的影响。当场地内绿地分布零散、不均匀时，应通过初步测算绿地内生态设施调蓄容积，通过灰绿结合、条件互补的方式合理划分场地汇水分区。

典型案例 7

项目位于武汉市，为建筑与小区类商业综合体项目，场地开发强度较大，绿地面积较少，硬质占比较高。根据室外综合管线设计图可知，场地南侧设置了雨水调蓄池。根据场地的雨水管网分布以及雨水调蓄池设置情况，将硬质铺装、硬质屋面、普通绿地等“不利的条件区域”与雨水调蓄池划分为汇水分区 1，采取灰色设施调蓄的方式控制分区内的雨水径流；将透水铺装、下凹绿地、旱喷水景（承担调蓄功能）等“有利条件”的生态区域，划分为汇水分区 2，采取生态调蓄的方式控制场地雨水径流。由此，通过灰绿结合、条件互补的方式合理划分场地汇水分区，有效控制场地雨水径流（图 3-21）。

（4）屋面排水组织的影响。当在屋面上划分汇水分区时，应根据屋面排水组织情况，划分汇水分区。详细内容可见 3.2.1 中的错误示例 3。

（5）分期建设的影响。某些建筑工程项目采取分期建设的方式，项目分期建设不仅影响到海绵方案是否需要二次报审，还影响雨水管网设计、海绵设施布局等相关内容。

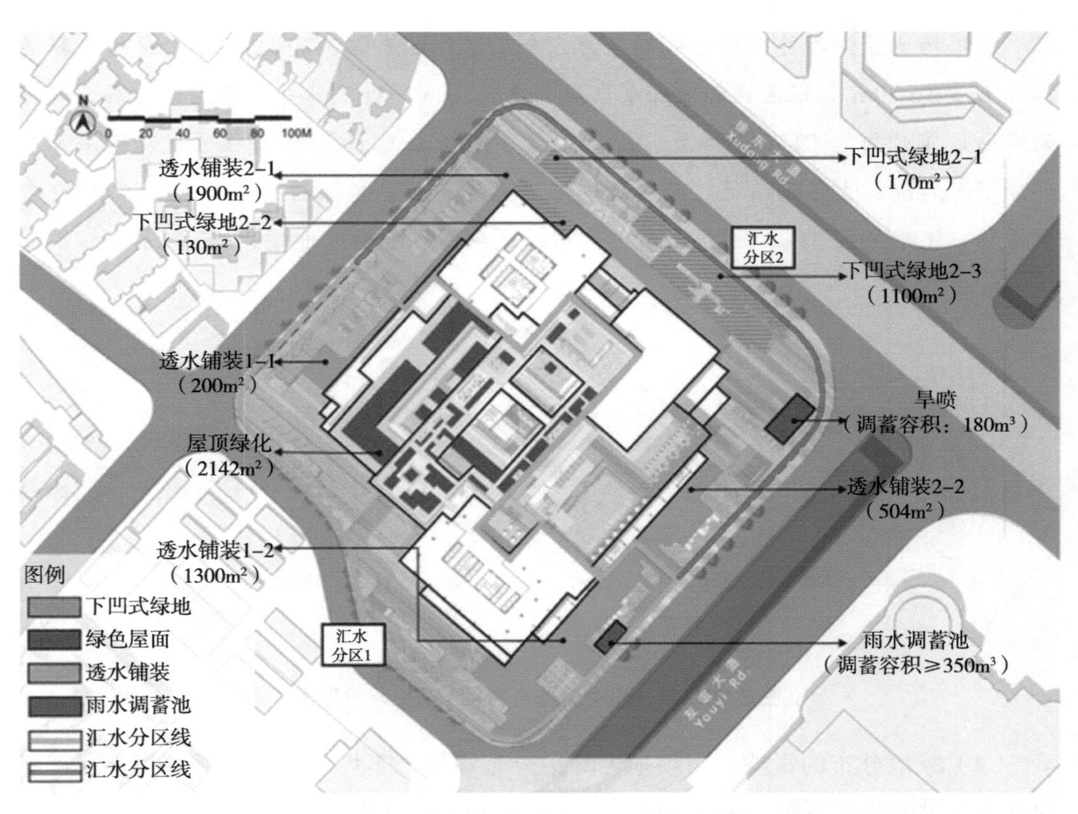

图 3-21 某商业综合体项目汇水分区图

典型案例 8

项目位于南京市，为科技产业园类项目。项目分两期建设，一期工程主要建设内容包括：两栋数据中心机房，一栋维护支撑用房，以及变电站。二期工程建设内容为一栋科研用房（图 3-22）。

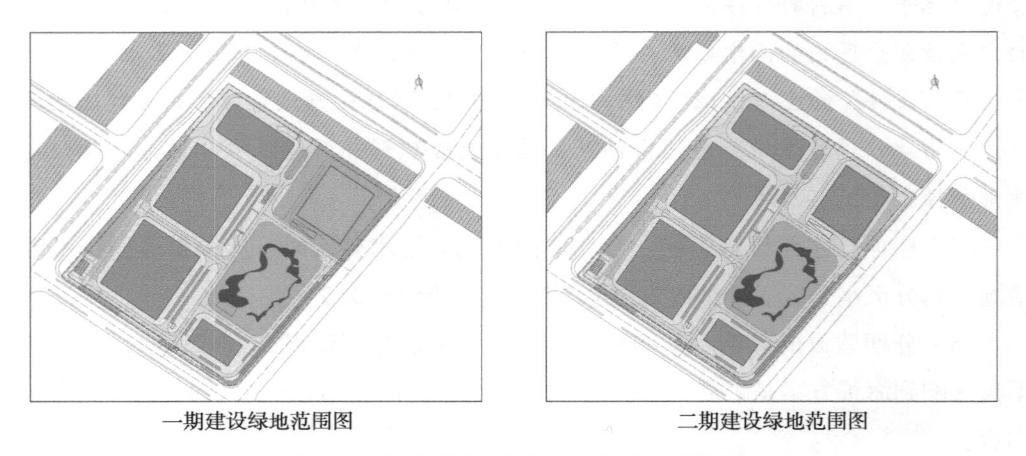

一期建设绿地范围图　　二期建设绿地范围图

图 3-22 某科技产业园区类项目绿地范围图

①方案一：分期建设方案。根据项目分期建设情况，按照一、二期建设时序进行海绵城市建设。

在一期建设阶段，将二期范围（未建设）视为实土绿地，将场地划分为 3 个汇水分区，一期范围内采取透水铺装、下凹式绿地，并设置雨水调蓄池等多样化的低影响开发设施，可达到项目一期建设范围海绵城市建设的要求（图 3-23）。

汇水分区海绵方案及调蓄容积汇总表

下垫面类型	汇水分区 1		汇水分区 2		汇水分区 3	
	面积 /m^2	雨量径流系数	面积 m^2	雨量径流系数	面积 m^2	雨量径流系数
合计	13897.62	0.76	30985.39	0.63	17680.34	0.43
综合雨量径流系数	0.60					
设计降雨量 / mm	19.1					
设计径流控制量 /m^3	201.49		372.00		144.75	
合计 /m^3	718.21					
调蓄池需配建容积 /m^3	625.63					

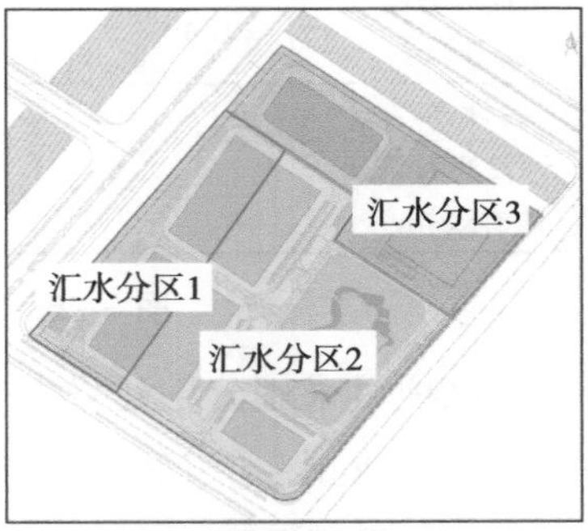

汇水分区图

图 3-23 分期建设方案一期建设阶段汇水分区划分

在二期建设阶段，通过将汇水分区三划分为①②两个子汇水分区，采取透水铺装、下凹式绿地、雨水调蓄池等多样化的低影响开发设施，可达到项目二期建设范围的海绵城市建设的要求（图 3-24）。

汇水分区海绵方案及调蓄容积汇总表

下垫面类型	子汇水分区①		子汇水分区②	
	面积 /m^3	控制水量 /m^3	面积 /m^3	控制水量 /m^3
下凹式绿地	323.20	48.48	1010.00	141.40
透水铺装	322.48	—	1500.00	—
雨水调蓄池	—	70.00	—	—
实际径流控制量 /m^3	118.48		141.40	
设计径流控制量 /m^3	115.81		135.02	
实际径流控制总量 /m^3	259.88			

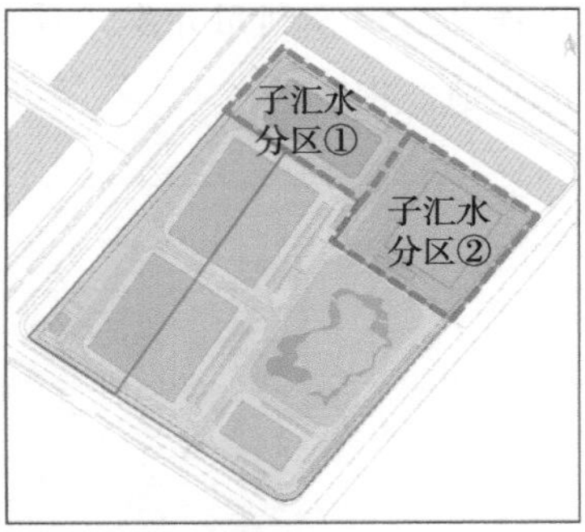

汇水分区图

图 3-24 分期建设方案二期建设阶段汇水分区划分

②方案二：统筹建设方案。充分结合二期建设方案，对项目总体统筹设计。将场地划分为 3 个汇水分区，设置透水铺装、下凹式绿地，并将雨水调蓄池设置于一期范围内，达到本项目的海绵城市建设的要求（图 3-25）。

汇水分区海绵方案及调蓄容积汇总表

下垫面类型	汇水分区 1		汇水分区 2		汇水分区 3	
	面积 /m³	雨量径流系数	面积 /m³	雨量径流系数	面积 /m³	雨量径流系数
合计	13897.62	0.76	23708.01	0.74	24957.72	0.67
综合雨量径流系数	0.71					
设计降雨量 / mm	19.10					
设计径流控制量 /m³	201.49		334.70		317.55	
合计 /m³	853.74					
调蓄池需配建容积 /m³	625.63					

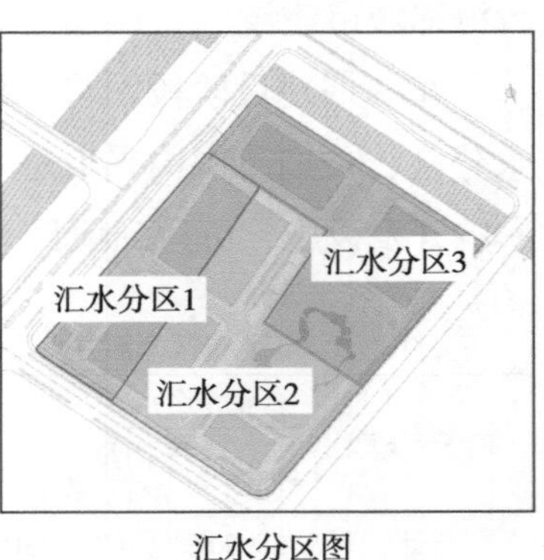

汇水分区图

图 3-25　统筹建设方案二期建设阶段汇水分区划分

该项目采用分期建设方案需配建共 978.09m³ 的调蓄设施，其中一期 718.21m³，二期 259.88m³；采用统筹建设方案需配建 853.74m³ 调蓄设施。

（6）管理界面的影响。某些项目建设涉及多个业主，海绵设施的后期运维管理，尤其是雨水调蓄池的配建以及维护涉及不同的管理界面和各方团队。在汇水分区划分时，应综合考虑项目各方管理界面等影响因素，合理划分汇水分区，便于海绵设施后期维护管理。

典型案例 9

此案例为轨道交通综合利用项目，一级开发为轨道交通开发建设，二级开发为地铁上盖综合利用开发建设（图 3-26）。整个场地红线范围内分为综合利用范围和轨道交通范围。

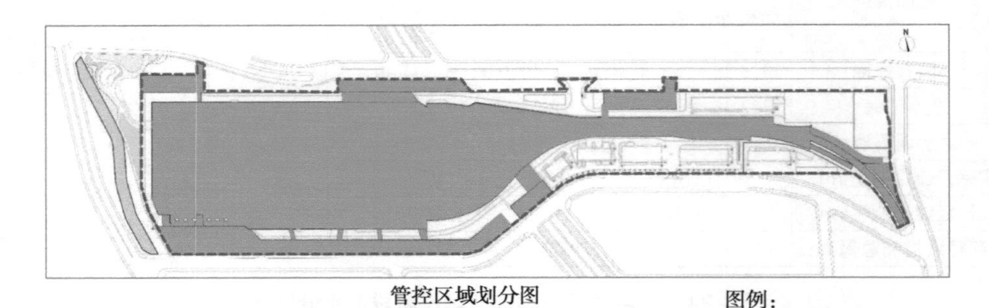

管控区域划分图

图例：
用地红线
综合利用范围
轨道交通范围

轨道交通与综合利用用地面积一览表

类别	面积 /m³	比例
综合利用	163887.87	71.45%
轨道交通	65473.30	28.55%
合计	229361.17	100.00%

图 3-26　管理界面划分图

在划分汇水分区时，充分考虑后期运营维护管理的责任划分因素，将场地划分为6个汇水分区（图3-27）。其中汇水分区1-4为综合利用范围，汇水分区5、6为轨道交通范围。

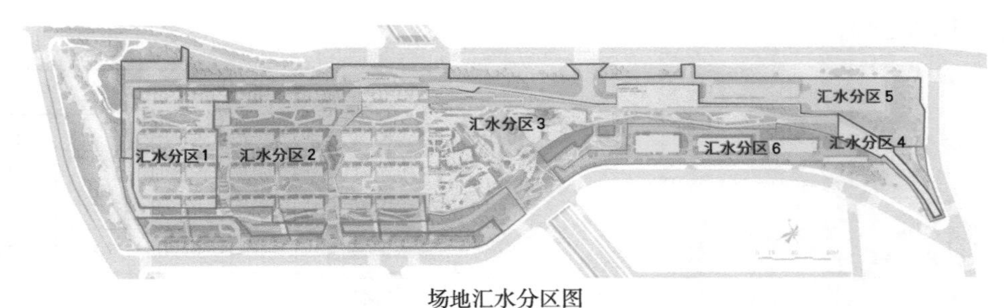

场地汇水分区图

二级开发汇水分区面积一览表

编号	面积 /m²	比例 /（%）
汇水分区1（01）	22099	9
汇水分区2（02）	58011	24
汇水分区3（03）	70914	30
汇水分区4（04）	4516	2
汇水分区5（05）	44773	19
汇水分区6（06）	39354	16
总计	239667	100

图3-27　场地汇水分区

（7）其他影响因素。除上述影响因素外，应根据初步测算结果，包括年径流总量控制率、综合雨量径流系数以及各类设施调蓄容积等内容，细化和调整汇水分区。

典型案例10

项目位于武汉市，为办公建筑类项目，项目下垫面构成主要为：屋面、消防道路（含消防扑救面）、停车场、人行铺装（含活动广场）、覆土绿地（覆土厚度≥1.5m）、实土绿地等。海绵城市建设指标见表3-3。

表3-3　海绵城市建设指标一览表

序号	类别	指标	目标值	性质
1	水生态	年径流总量控制率	≥70%	控制性
2	水环境	绿色屋顶率	≥30%	引导性
		透水铺装率	≥70%	引导性
		下凹式绿地率	≥30%	引导性
3	水资源	综合雨量径流系数	≤0.5	控制性
4	水安全	排水设计标准	3～5年	控制性

①方案一：均好型方案。依据本项目场地竖向标高、下垫面功能、雨水管线及绿化景观的布置，将本项目划分为两个汇水分区。两个汇水分区海绵城市建设指标年径流总量控制率均为70%，各汇水分区设置1个雨水调蓄池控制分区内场地雨水径流（图3-28）。

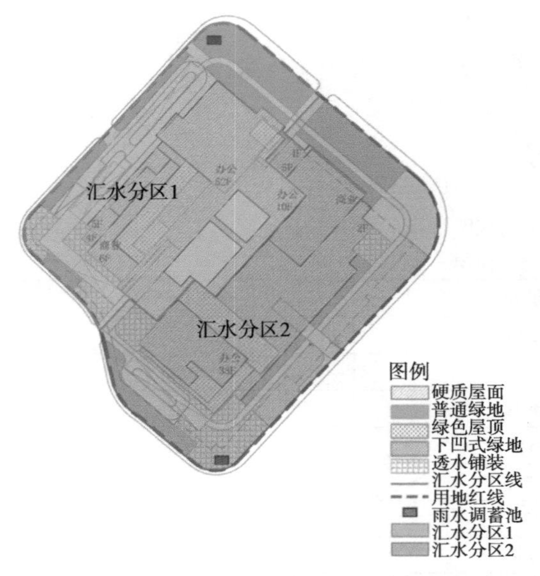

下垫面类型	汇水分区1		汇水分区2	
	面积/m^3	实际径流控制量/m^3	面积/m^3	实际径流控制量/m^3
雨水调蓄池	—	365.00	—	325.00
设计径流控制量/m^3	361. 14		323.66	
实际径流总控制量/m^3	690.00			
设计降雨量/mm	24.50		24.50	
年径流总量控制率/（%）	70.00		70.00	
场地年径流总量控制率/（%）	70.00			

图3-28　均好型场地汇水分区图及相关数据测算

②方案二：加权型方案。依据项目特性，将本项目划分为两个汇水分区。汇水分区1设置1个雨水调蓄池，年径流总量控制率为75.00%；汇水分区2利用生态调蓄不设调蓄池，年径流总量控制率为65.00%（图3-29）。

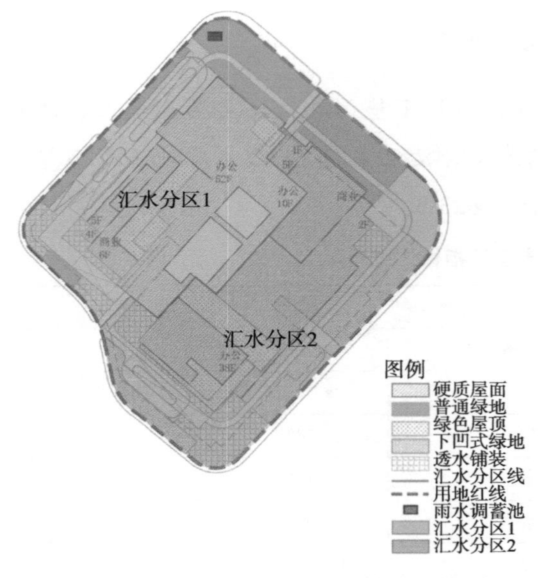

下垫面类型	汇水分区1		汇水分区2	
	面积/m^3	实际径流控制量/m^3	面积/m^3	实际径流控制量/m^3
雨水调蓄池	—	410.00	—	0.00
下凹式绿地	0.00	—	2238.90	268.67
设计径流控制量/m^3	407.97		268.67	
实际径流总控制量/m^3	678.67			
设计降雨量/mm	29.20		20.80	
年径流总量控制率/（%）	75.00		65.00	
场地年径流总量控制率/（%）	70.00			

图3-29　加权型场地汇水分区图及相关数据测算

3.2.3 案例详解

项目位于北京市，为由酒店、商业、交通枢纽及其附属设施构成的城市综合体。

1. 市政雨水排口分析

此项目在西南侧、南侧、东侧分别设有市政雨水排口，总计 3 个（图 3-30）。

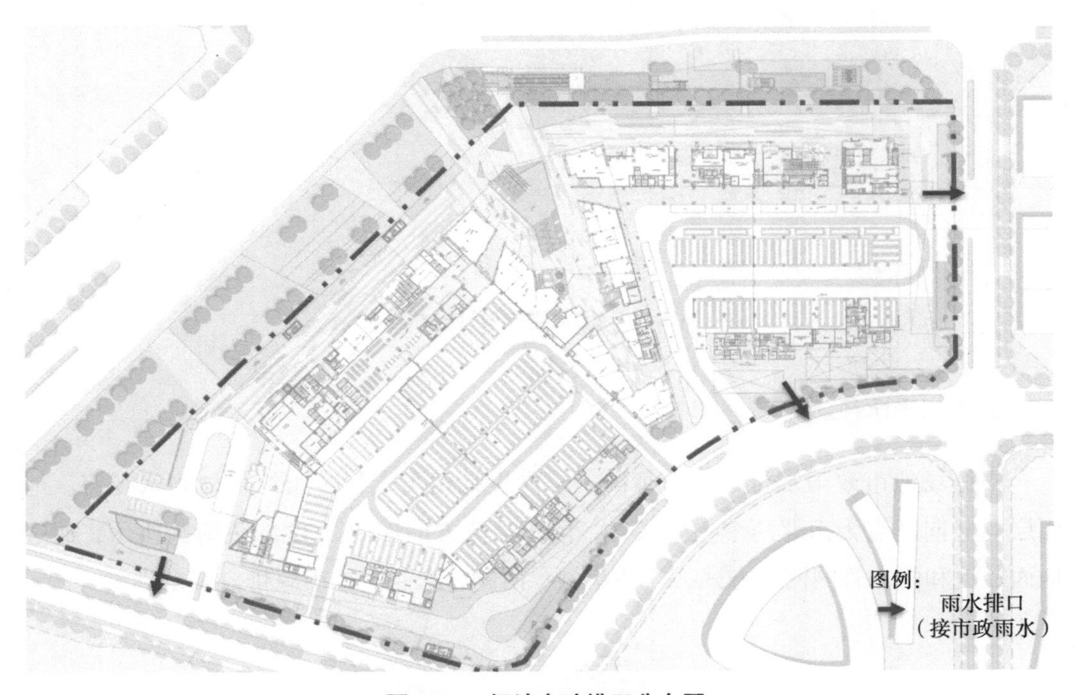

图 3-30 场地市政排口分布图

2. 竖向设计分析

项目场地竖向可分为两部分：地面层及平台层。地面层竖向在 24.95 ~ 25.35m 之间，平台层竖向在 32.40 ~ 34.08m 之间（图 3-31）。

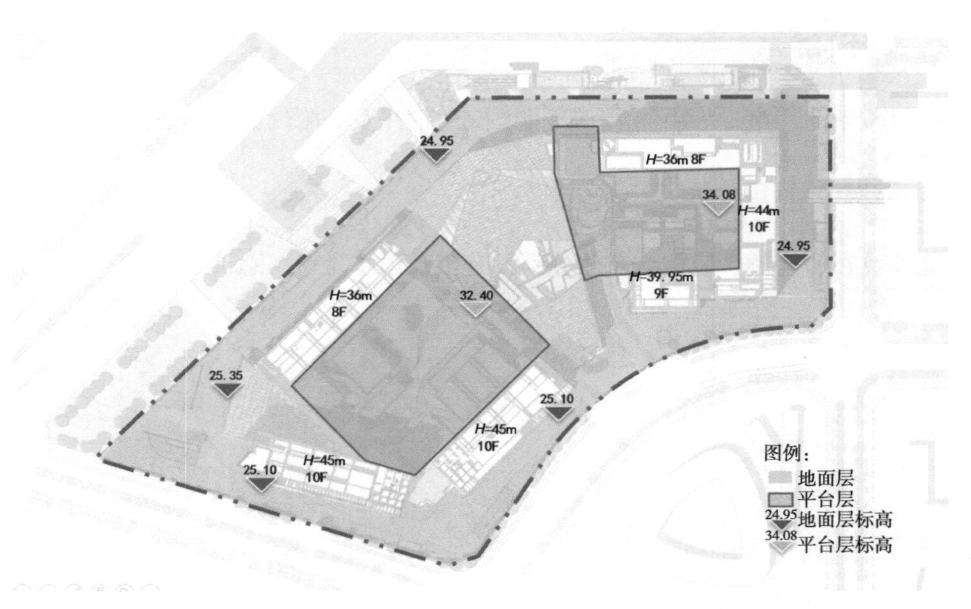

图 3-31 场地竖向设计分析图

3. 组织雨水径流

根据场地市政雨水排口分布情况、竖向设计情况，初步组织场地雨水径流。地面层的竖向高点为南北两个主要入口，雨水径流方向如图 3-32 绿色箭头所示，通过地面径流和雨水管网两种方式，经西南侧、南侧、东侧三个市政排口安全排放。

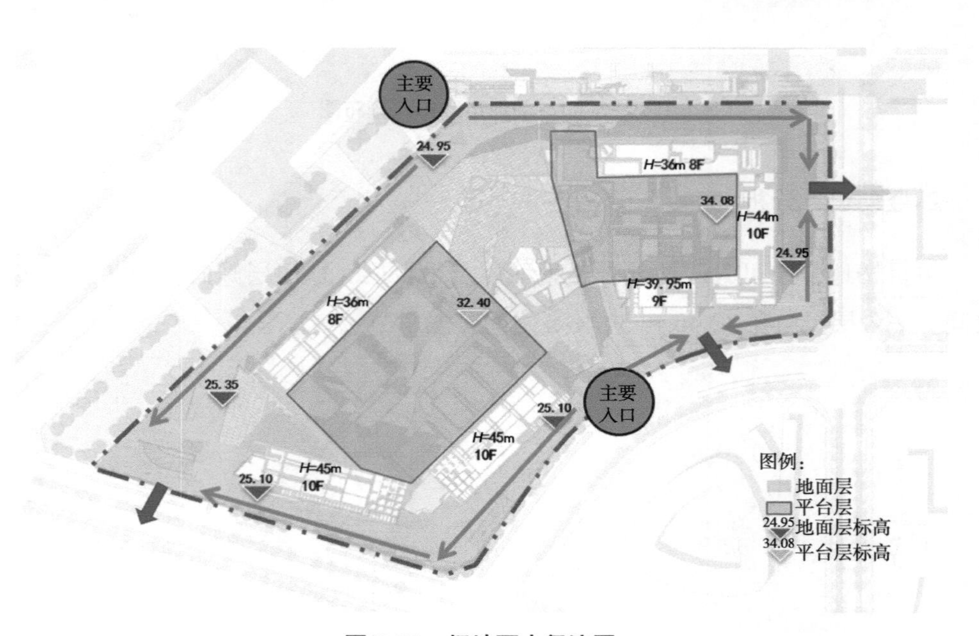

图 3-32 场地雨水径流图

4. 排口承载力校核

根据雨水径流组织情况，测算校核市政排口承载力。根据测算结果西南侧排口雨水峰值流量过大，重新调整雨水径流走向和转输路径，缓解西南侧排口排水压力（图 3-33）。

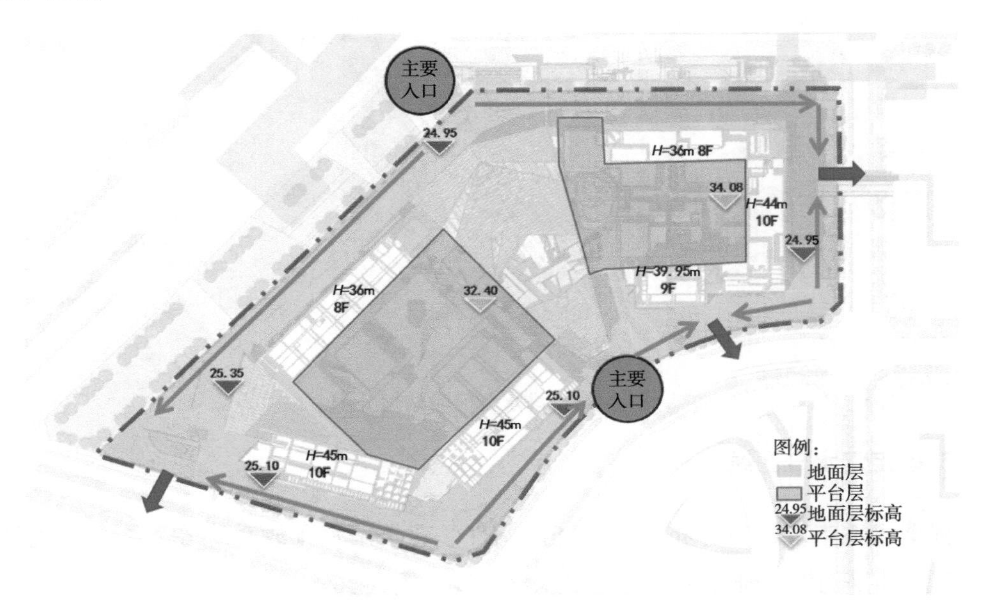

图 3-33 场地雨水径流调整图

5. 建筑屋面雨水分析

根据场地竖向条件和雨水径流组织情况，收集中央枢纽活力商业部分屋面雨水并断接至市政绿地，同时为保障排水安全，其他建筑采取屋面雨水系统采用 87 型雨水斗雨水系统（图 3-34、图 3-35）。

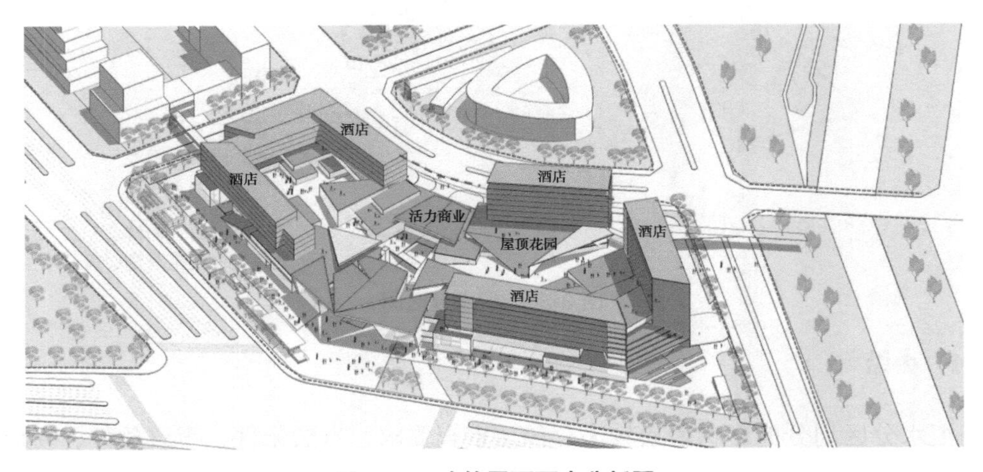

图 3-34 建筑屋面雨水分析图

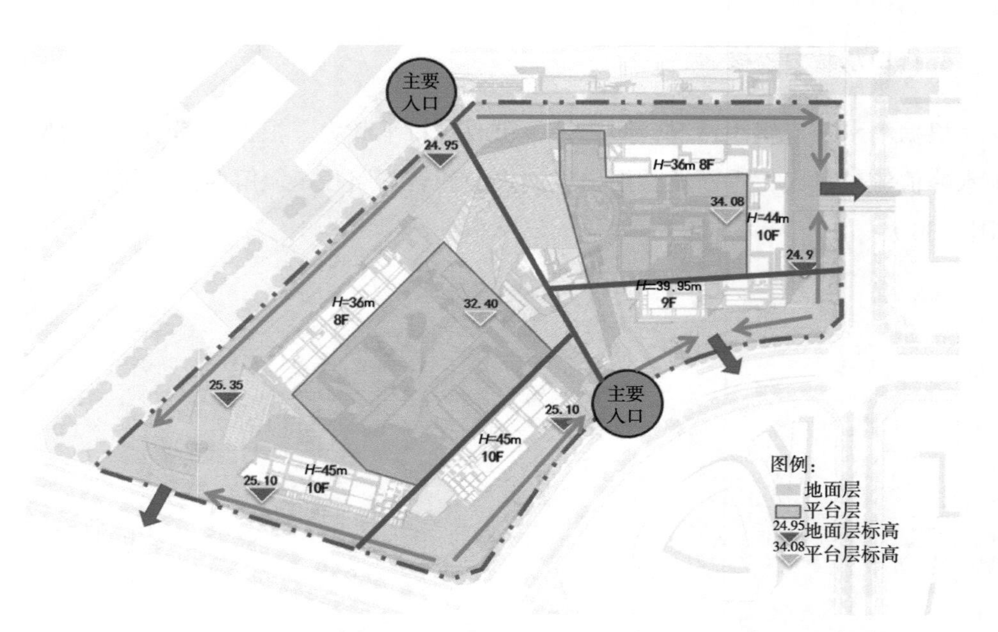

图 3-35　排水分区粗略划分图

6. 确定汇水分区线

根据场地市政排口分布位置、竖向条件、建筑雨水排放系统等，结合建筑总图及建筑屋顶平面图，细化确定场地汇水分区线（图 3-36）。

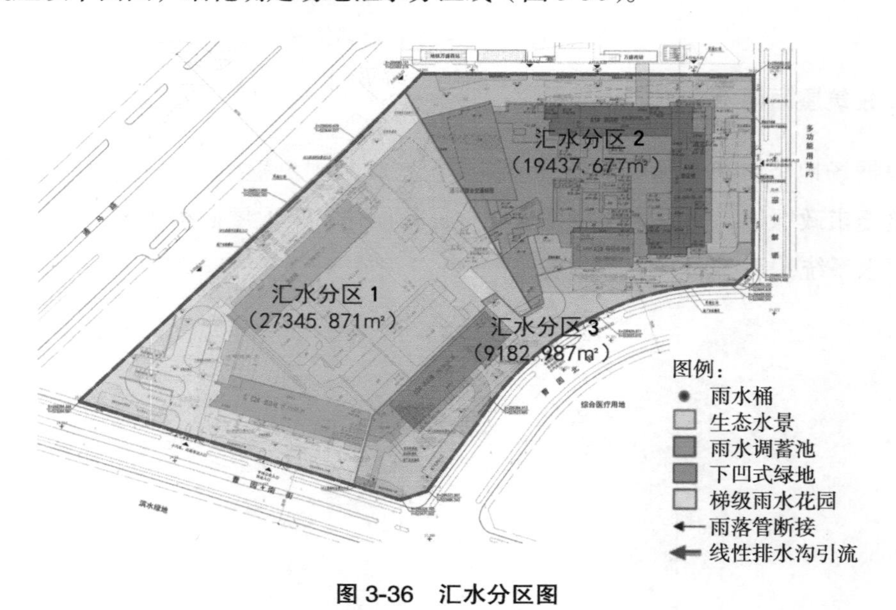

图 3-36　汇水分区图

3.2.4　小结

汇水分区划分的影响因素较多，包括审查要求、自然条件、市政条件、场地特性以及管理界面等。在实际项目中，汇水分区划分时，应在满足相关部门审查要求的前提下，充分考虑海绵实施的有效性和经济性，并通过与各专业协同，科学合理划分汇水分区，有效控制场地雨水径流。

3.3　海绵设施布局

海绵设施按主要功能一般可分为渗透、储存、调节、转输、截污净化等类型。通过各类设施的组合应用，可实现径流总量控制、径流峰值控制、径流污染控制、雨水资源化利用等目标。在实际项目中，应结合不同项目的场地特点及技术经济分析，按照因地制宜和经济高效的原则选择海绵设施及其组合系统。

3.3.1　海绵设施类型

根据各类海绵设施的特点、功能以及设置条件，海绵设施可以分为绿色海绵设施、灰色海绵设施和蓝色海绵设施三类。

1. 绿色海绵设施

问：什么是绿色海绵设施?

绿色海绵设施是指依附于场地内的绿地、建筑屋面、铺装场地等设置的生态海绵设施，常见的绿色海绵设施主要包括绿色屋顶、透水铺装、下凹式绿地、雨水花园、植草沟、生态树池、高位花坛以及植被缓冲带（图 3-37）。

图 3-37　常见的绿色海绵设施

问：这些海绵设施都有怎样的效果和功能呢？

绿色海绵设施利用生态的绿地、铺装等，使雨水可以自然积存、自然渗透、自然净化，并通过与景观设施结合，可从源头削减、中途转输和末端调蓄全过程控制场地雨水径流（表 3-4）。

表 3-4　绿色海绵设施比选一览表

序号	措施名称	效果及功能				
		降低场地综合径流	调蓄场地雨水	削减径流污染	转输雨水	景观效果
1	绿色屋顶	●	—	◎	○	●
2	透水铺装	◎	—	◎	○	◎
3	下凹式绿地	●	●	●	○	◎
4	雨水花园	●	●	●	○	●
5	植草沟	●	◎	●	●	◎
6	生态树池	●	◎	●	○	◎
7	台地花坛	●	◎	●	◎	●
8	植被缓冲带	●	—	●	○	◎

注：1. ●—高 ◎—中 ○—低或很小。
2. 参考《城市降雨径流污染控制技术》《海绵城市概要》。

2. 灰色海绵设施

问：什么是灰色海绵设施？

灰色海绵设施是指传统的雨水排除设施，包括屋面雨水管、雨水调蓄池、截污型雨水口、渗管、渗渠等（图 3-38）。

图 3-38　常见的灰色海绵设施

问：这些海绵设施都有怎样的效果和功能呢？

灰色海绵设施利用高效的雨水管道、调蓄池等，收集场地雨水径流，经过初期弃流和截污净化后，错峰安全排放至市政管网，保障场地水安全（表 3-5）。

表 3-5　灰色海绵设施比选一览表

序号	措施名称	效果及功能				
		降低场地综合径流	调蓄场地雨水	削减径流污染	转输雨水	景观效果
1	雨水管断接	○	○	○	●	◎
2	雨水桶	○	◎	○	○	◎
3	雨水调蓄池	○	●	●	○	—
4	截污型雨水口	○	○	◎	○	◎
5	线性排水沟	○	○	○	●	◎
6	渗管 / 渗渠	○	○	○	●	—

注：1. ●—高 ◎—中 ○—低或很小。
2. 参考《城市降雨径流污染控制技术》《海绵城市概要》。

3. 蓝色海绵设施

问：什么是蓝色海绵设施？

蓝色海绵设施是指具有净化、调蓄功能的天然或人工水系、湿地等，包括天然湖泊、河道、人工湿地、人工水景、生态旱溪等（图 3-39）。

图 3-39　常见的蓝色海绵设施

问：这些海绵设施都有怎样的效果和功能呢？

蓝色海绵设施利用场地内的天然或人工水系，承载场地部分雨水径流，在调蓄雨水的同时，可结合植物设计打造可赏可游、可储可用、功能多样的生态水系（表 3-6）。

表 3-6 蓝色海绵设施比选一览表

序号	措施名称	效果及功能				
		降低场地综合径流	调蓄场地雨水	削减径流污染	转输雨水	景观效果
1	天然水系	○	●	—	◎	●
2	雨水塘	○	●	◎	—	●
3	人工水景	○	●	●	—	●

注：1. ●—高 ◎—中 ○—低或很小。
2. 参考《城市降雨径流污染控制技术》《海绵城市概要》。

问：这些海绵设施都了解了，可是在实际项目中该如何选取呢？

在实际海绵城市设计中需要根据海绵城市建设目标，结合区域水文地质条件、建设条件并综合考虑海绵设施的生态性、经济性、适用性、景观效果等因素，灵活选用设施及其组合。

3.3.2 绿色海绵设施的设置

1. 项目概况

项目位于承德市，为居住建筑与小区类项目，用地范围包括住宅和山体公园两部分。建设用地面积为 109359m²，山体公园和部分住宅（示范区）已经建设。项目场地高差大，整体山势东高西低，南高北低，因削山建设存在雨洪隐患（图 3-40、图 3-41）。

图 3-40 项目鸟瞰效果图

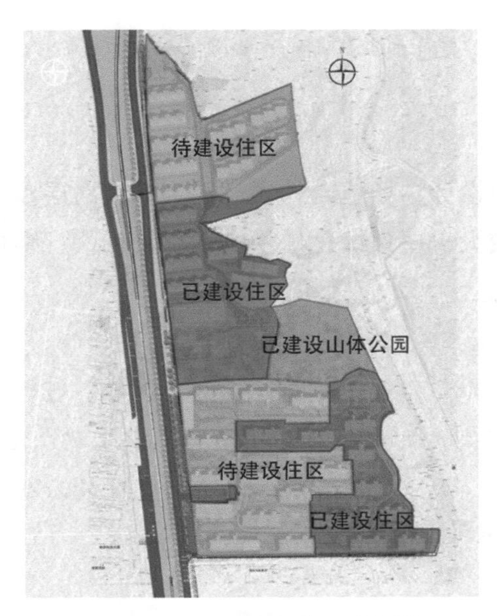

图 3-41 项目建设情况分析图

2. 海绵设施选取

（1）住宅区域。此项目为典型的居住建筑与小区类，对于建筑与小区类项目常用的绿色海绵措施包括绿色屋顶、透水铺装、下凹式绿地、雨水花园和台地花坛等。各类海绵设施的适宜性和使用区域不同。

问：我们常见的绿色海绵设施具体在哪些区域使用呢？（表 3-7）

表 3-7 绿色海绵设施选用一览表

序号	设施名称	使用区域						
		建筑	道路		广场	停车场	绿地	水体
			人行	车行				
1	绿色屋顶	●	○	○	○	○	○	○
2	透水铺装	○	●	◎	●	●	○	○
3	下凹式绿地	○	○	○	○	○	●	○
4	雨水花园	○	○	○	○	○	●	●
5	高位花坛	○	○	○	○	○	●	○
6	生态树池	◎	○	○	○	○	●	○
7	植草沟	○	○	○	○	○	●	○
8	植被缓冲带	○	○	○	○	○	●	●

注：1. ●—宜选用 ◎—可选用 ○—不宜选用。

2. 参考《海绵城市建设技术指南——低影响开发雨水系统构建（试行）》《城市雨水控制设计手册》。

让我们看看在具体项目中，绿色海绵设施是如何设置的。

绿色屋顶

通过分析项目建筑设计，场地内的住宅建筑多为高层和小高层，北方地区气候寒冷，高层屋面风速较大，屋顶绿化植物成活率较低，且维护成本较高，不适宜设置绿色屋顶。

问：有没有可以设置绿色屋顶的项目案例呢？

项目位于武汉市，为高强度开发的城市更新项目。通过分析项目建筑设计，根据建筑功能设计了不同高度的建筑屋面及退台（图 3-42、图 3-43）。武汉市气候温和，项目位于城市中心，绿地空间有限，宜结合建筑屋面及退台设置屋顶绿化，增加室外活动空间和绿化空间。

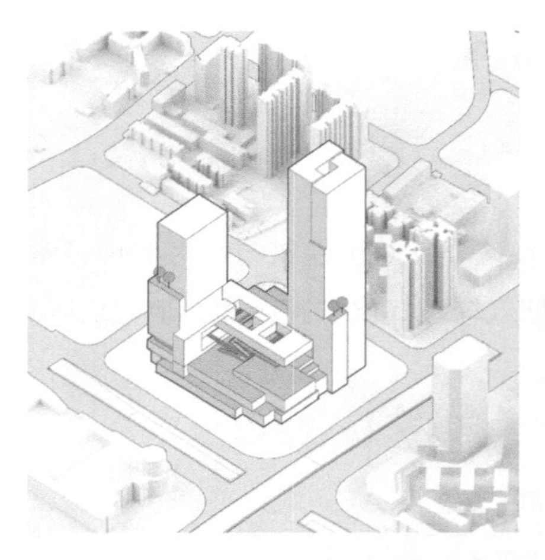

图 3-42　项目绿色屋顶设计分析图

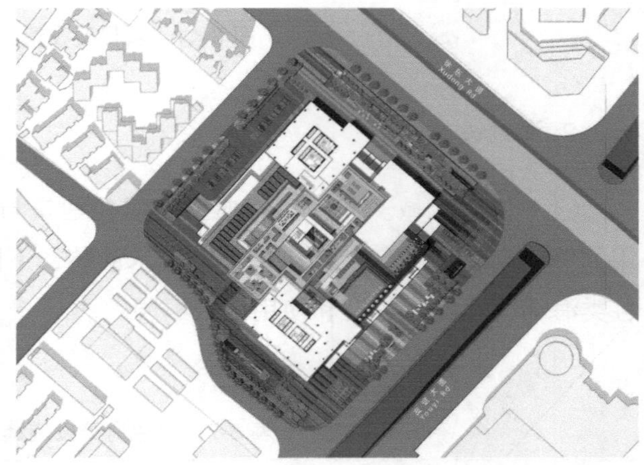

图 3-43　项目绿色屋顶平面图

小贴士 绿色屋顶设置小科普。

【功能作用】

绿色屋顶不仅能有效吸收和净化雨水，控制径流总量和污染，而且能吸收太阳辐射热量，缓解城市热岛效应，同时可增加公共活动空间，也可吸引鸟类以及昆虫，保护和提高生物多样性。

【分类】

绿色屋顶一般可分为简单式覆土种植屋面以及容器式种植屋面。

① 简单式覆土种植屋面。覆土厚度应≥ 100mm，通常≤ 300mm。有檐沟的屋面应砌筑种植土挡墙，挡墙应高出种植土 50mm，并设置排水孔、卵石缓冲带，挡墙距离檐沟边沿应≥ 300mm（图 3-44）。

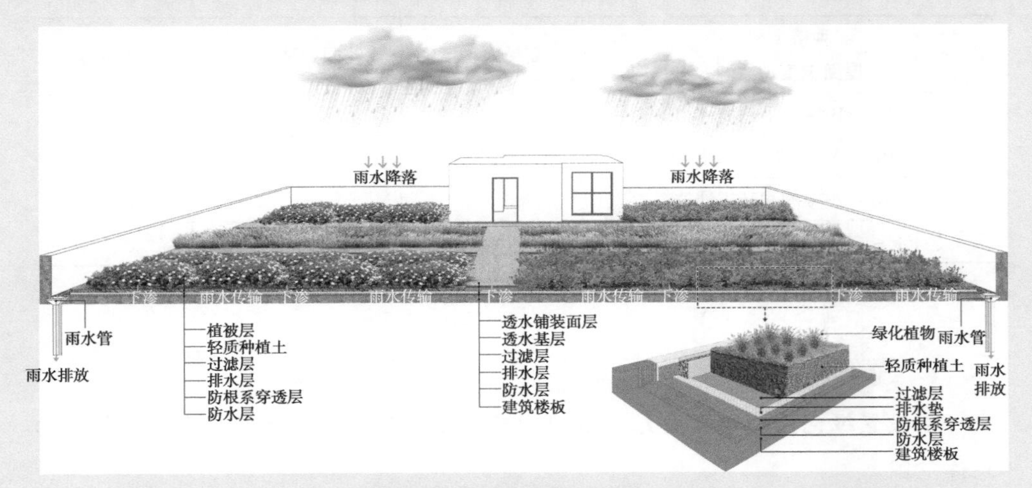

图 3-44　简单式覆土种植屋面

② 容器式种植屋面。容器种植的土层厚度应≥ 100mm，以满足植物生存的营养需求。种植容器应轻便、易搬移，便于组装和维护，且下方设置保护层（图 3-45）。

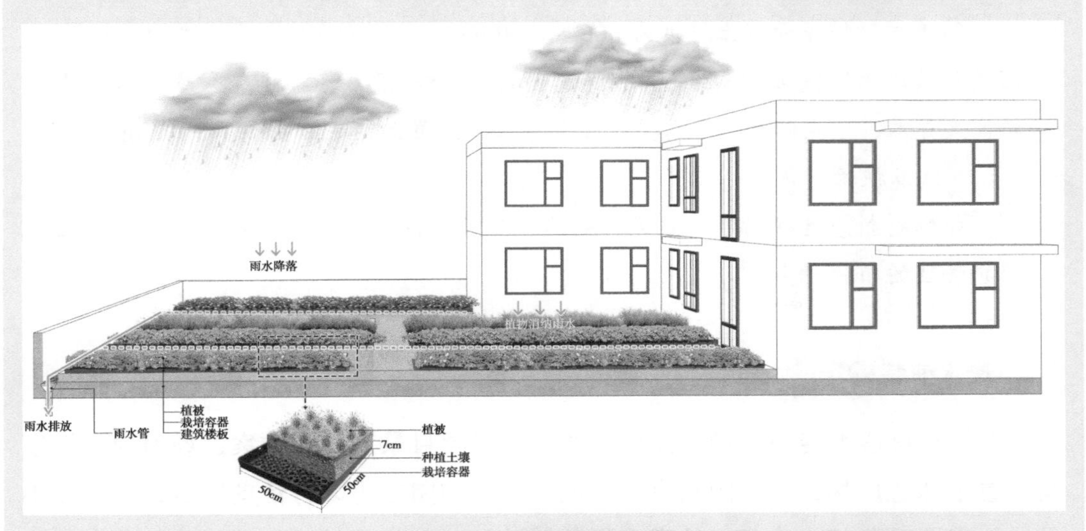

图 3-45　容器式种植屋面

【设置条件】

● 注意高度和坡度！

绿色屋顶适宜设置在建筑层高较低、屋面坡度小（建筑屋面坡度≤ 15° ）的建筑屋面（表 3-8）。

表 3-8　种植屋面选用推荐表

种植类型 屋面坡度及类型	简单式种植	花园式种植	容器式种植
2% ~ 10% 的平屋面种植	√	√	√
10% ~ 20% 的坡屋面种植	√	—	√
3% ~ 20% 的刚基板种植	√	—	√
1% ~ 2% 的地下室顶板种植	√	√	√

注：参考《种植屋面工程技术规程》（JGJ 155—2013 ）

- 注意结构荷载！

在设置绿色屋顶前需与结构专业明确屋面结构荷载，确定屋面承重能力的允许范围。

- 注意是否有空间！

确认屋面是否具有空间设置绿色屋顶，建筑屋面往往会被功能性风机、消防水箱、电梯机房、中央空调冷却塔、太阳能光伏等设备占用。

- 注意覆土厚度！

简单式种植屋面覆土厚度为 100 ~ 300mm，以种植地被、小灌木为主；花园式种植屋面的覆土厚度为 300 ~ 600mm，可种植灌木、小乔木；屋面不宜种植高大乔木、速生乔木，当需要种植大乔木时，覆土厚度不宜小于 900mm。

- 注意植物材料！

植物材料应选择耐旱、抗风、耐热、生长缓慢、耐修剪、滞尘能力强、低维护管理的植物种类。

透水铺装

①仿石材透水砖→广场和园路。通过分析项目景观设计方案，场地内于楼宇间设置了休憩广场，人行园路贯穿全园。广场和园路为人行活动区域，荷载较小且往往需要颜色较为丰富、纹案多样的铺装材料。仿石材透水砖铺装的颜色、纹案十分丰富，可大量应用于此区域。通过设置仿石材透水砖，在保证景观效果的同时，可增加雨水渗透比例，降低场地热岛强度，营造舒适的室外空间（图 3-46、图 3-47）。

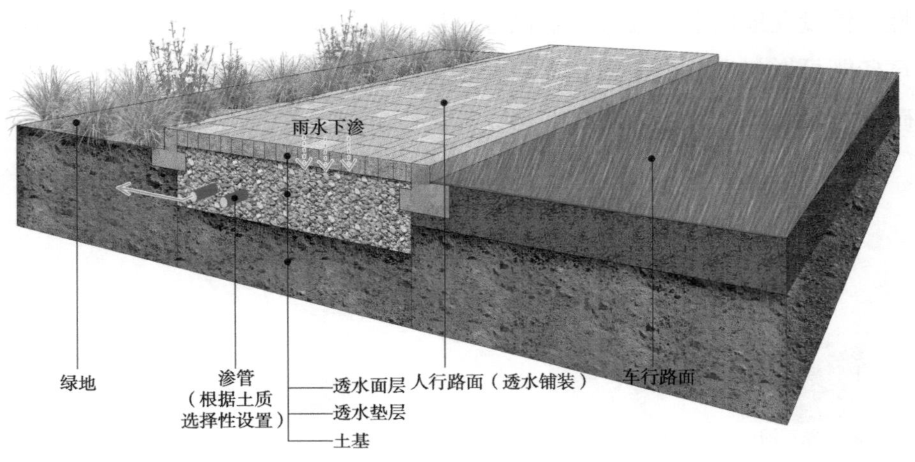

图 3-46　透水路面分析图

图 3-47　透水路面实景图

②透水塑胶→跑道和健身场地。为满足儿童活动及居民健身需求，场地内设置了环形健身步道和多功能活动场地，需要环保、减震、安全的铺装材料。可选择透水塑胶应用于此区域，透水塑胶颜色丰富、环保安全、具有良好的弹性，在雨雪天，步道及场地内的雨水可通过透水层渗透到排水层位置，并快速排出。

③植草砖→机动 / 非机动停车场。场地内设置了非机动车停车场和机动车停车场，荷载较小可选择植草砖铺设于此区域。植草砖是透水铺装的一种，具有很强的抗压性，铺设在地面上有很好的稳固性，能经受行人、车辆的碾压而不被损坏。铺设植草砖既可增加场地内的绿化面积，也可增加场地内雨水下渗比例，让更多的水透过砖内的绿地自然渗透（图 3-48）。

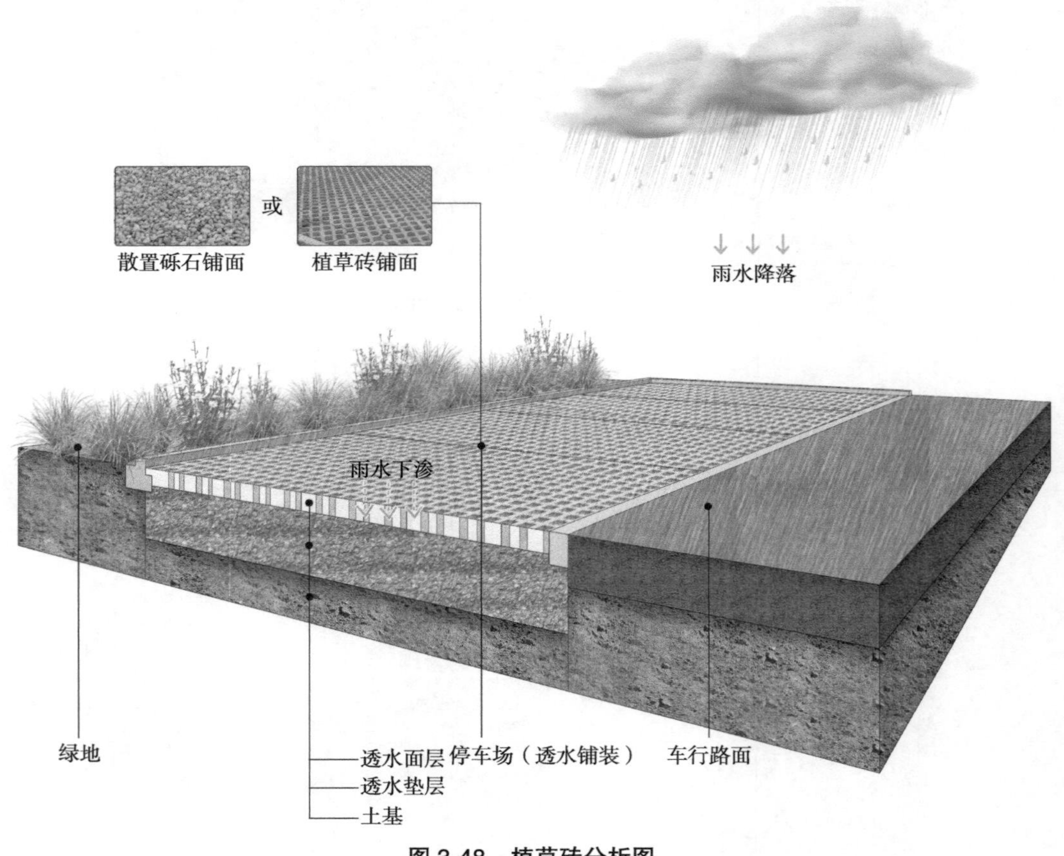

图 3-48　植草砖分析图

小贴士 透水铺装设置小科普。

【功能作用】

透水铺装相较于硬质铺装的优点是可以促进雨水的自然下渗。在场地内设置透水铺装，增加可渗透下垫面的比例，可降低场地综合雨量径流系数，从而减少场地雨水径流总量。

透水铺装主要适用于广场、停车场、人行道以及车流量和荷载较小的道路。根据材料、荷载等级，主要分为透水砖、透水混凝土、透水沥青混凝土、植草砖、散置卵石（砾石）等。透水铺装不仅面层材料需要达到透水系数的要求，构造做法也应达到透水要求。

【设置条件】

● 注意防滑和抗冻！

透水铺装材料应达到防滑、抗冻、耐磨等相关要求，条件允许的情况下宜设置为浅色，提高太阳辐射反射系数，缓解热岛效应。

● 注意是否存在污染！

透水铺装不应设置在污染负荷高的区域。如在工业区、传染病医院设置透水铺装，可能将污染负荷通过透水铺装迁移至土壤，使土壤和地下水受到污染。

● 注意地下水位！

当地下水位较高时，应通过设置防渗膜、防渗土工布，防止地下水返渗。

● 注意设置位置！

设置于地下室顶板上的透水铺装，其覆土厚度应≥600mm，并应设置排水层，进行疏排水。

● 注意土壤性能！

当土壤渗透性能较差时，可通过土壤换填、设置渗排管等，对渗透性能较差的土壤进行疏排水；当土壤为盐碱性土壤时，可通过铺设排盐管、种植抗盐碱植物排盐减盐，避免铺装材料被腐蚀、土壤反盐损伤植物。

● 注意严寒、寒冷、冻融！

通过水平方向设置变形缝，垂直方向增设排水带，并增加透水结构层厚度，避免透水铺装下的冻土层有水滞留，提高抗冻融性能。

下凹式绿地

通过分析项目景观设计方案，本项目的绿地分为两大类型，其中一类为住宅间的绿地，绿地较为平坦，宜设置为下凹式绿地，收集绿地周边道路及广场的雨水，促进雨水的自然下渗与自然积存，作为生态调蓄设施控制场地雨水径流。

小贴士 下凹式绿地设置小科普。

下凹式绿地指低于周边铺砌地面或道路在200mm以内的绿地，绿地内一般设置溢流口，保证暴雨时径流的溢流排放，溢流口顶部标高一般高于绿地50～100mm。下凹式绿地应确保周边场地的雨水能进入、土壤的入渗性能有保证、溢流雨水能安全排放（图3-49）。

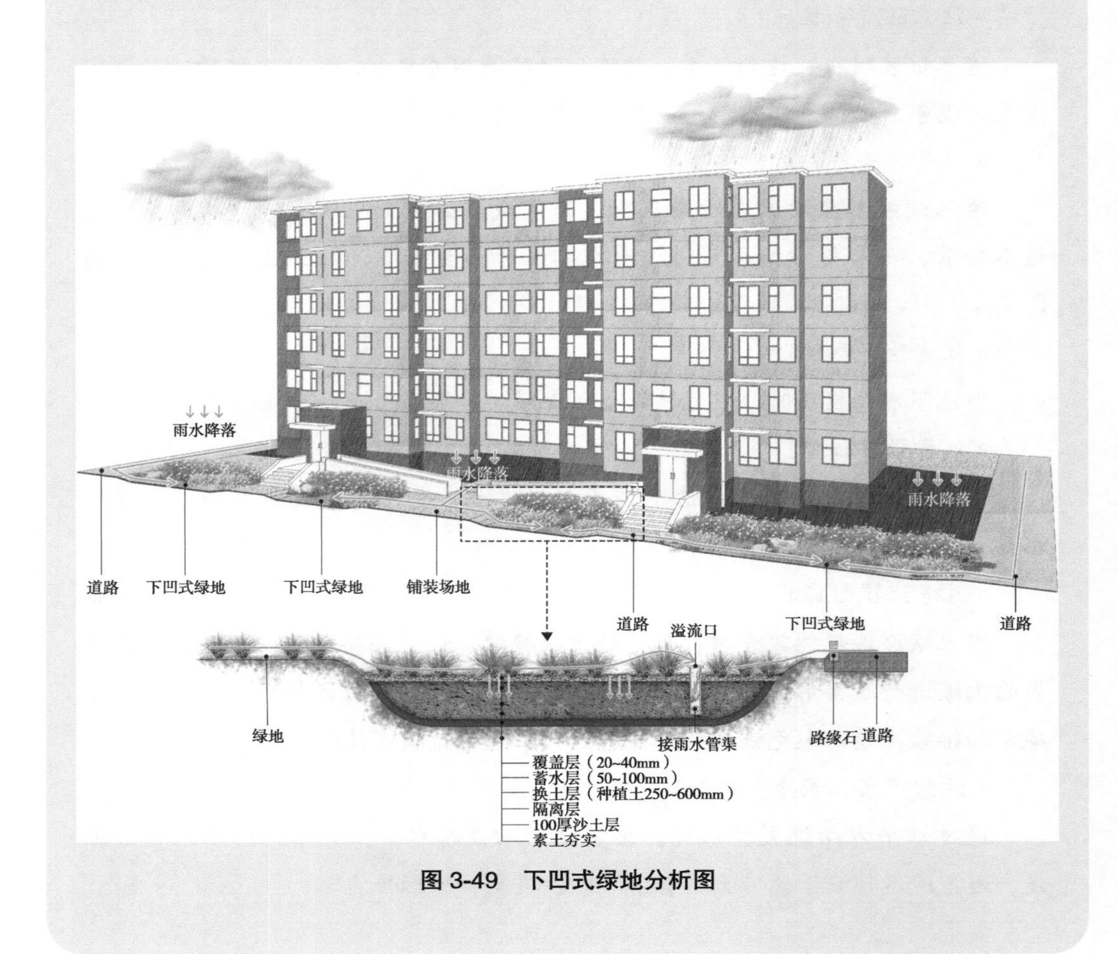

图3-49 下凹式绿地分析图

【设置条件】

下凹式绿地广泛应用于建筑与小区的绿地内，由于雨水的汇集主要受到重力流的影响，因此下凹式绿地的设置受到场地竖向影响较大，同时受设施服务面积、土壤入渗能力等因素的影响。

● 注意竖向关系！

在研判绿地是否可以设置为下凹式绿地时，应首先确定绿地与其周边道路、广场的竖向关系。当绿地低于或等于周边道路、广场竖向时，可设置为下凹式绿地；当其竖向高于周边道路及广场时，如绿地设置了微地形，可局部设置下凹，承接部分雨水。

● 注意土壤的入渗能力！

土壤的入渗能力关系着下凹式绿地的蓄渗能力和建设成本。当绿地表层土壤入渗能力不足时，需要增设渗管/渠、渗井等人工渗透设施促进雨水下渗，使设施内收纳的雨水在24h内有效排空，防止次生灾害的发生。

● 注意设置位置！

下凹式绿地应优先设置于实土区域，若设置在地下室顶板上方，其覆土厚度应≥1.5m。

● 注意设置溢流雨水口！

下凹式绿地内，应设置溢流雨水口，溢流雨水口应设置在绿地地势最低处，且顶部高于绿地≥50mm，低于周边道路≥50mm。在其有效服务范围内应取消道路雨水口，使雨水优先汇入绿地。

● 规模与服务范围相适应！

根据场地径流组织路线，分析下凹式绿地的服务范围，下凹式绿地的面积和深度应按其承接雨水量进行计算，设置的规模与汇水的服务面积相适应。

高位花坛

住宅区域的另一类绿地，为建筑与场地间具有高差变化的绿地。此类绿地设置在建筑周边，竖向高于周边道路，宜设置为高位花坛，将原有直接排至雨水管网的外排雨水立管进行断接，使雨水经雨水立管断接至高位花坛（图3-50）。

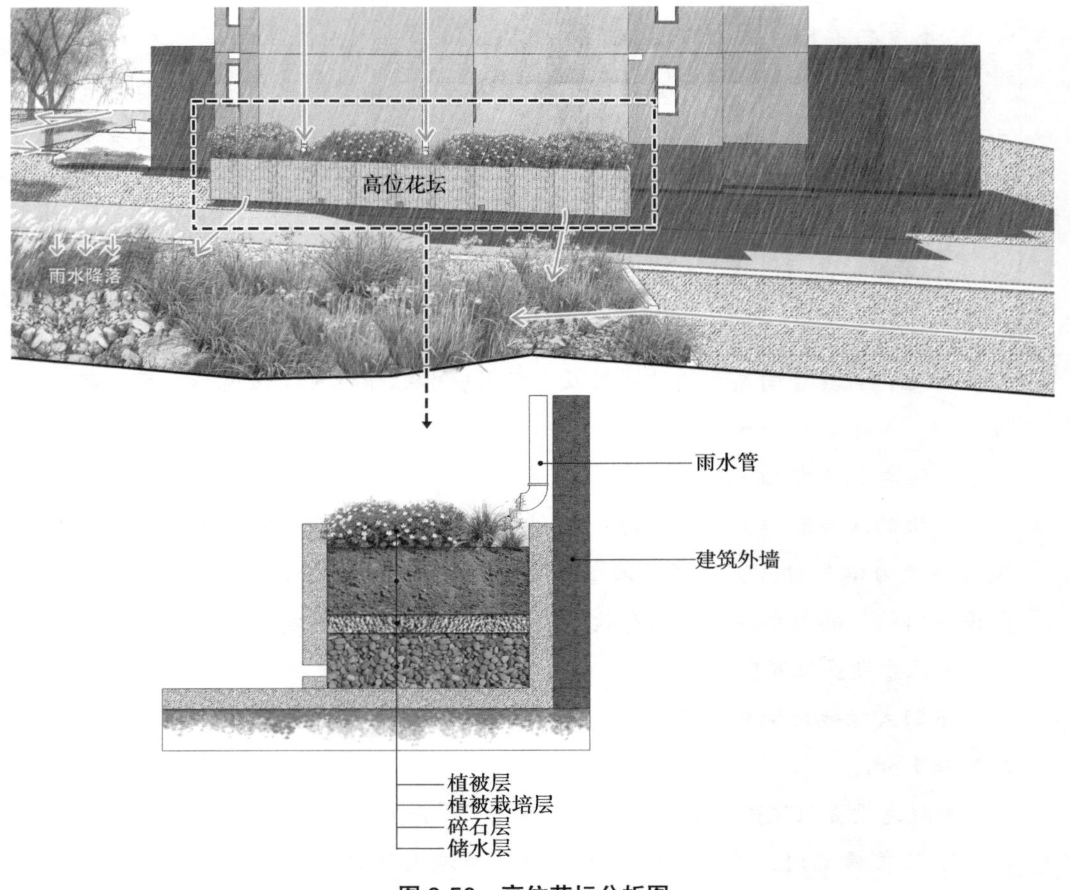

图 3-50　高位花坛分析图

小贴士　高位花坛设置小科普。

建筑小区内设置高位花坛主要用于收集处理屋顶雨水、雨水就地净化和利用，并兼具美化环境的功能。高位花坛是使雨水从高位进水口进入，在势能的作用下，经过土壤渗透过滤系统，对雨水实现截留和净化，最终从低位出水口流出。

（2）山体公园区域。山体公园分布于场地东侧，且未进行竖向设计分级消能，基本以同一坡度由东向西排水，暴雨时山体公园西侧、临近市政道路侧存在峰值流量过高，易发生雨洪危害。

雨水花园

山体公园的山顶区域为大面积的实土绿地，绿地竖向较为平整，局部浅下凹，可调整绿地竖向进一步下凹，并结合丰富的植物配置，打造雨水花园滞蓄初期雨水（图 3-51）。

雨水花园设置区域

山体公园汇水分区图

山顶现状

图 3-51 研判山顶区域布设雨水花园可行性

小贴士 雨水花园设置小科普。

雨水花园为“复杂版”的下凹式绿地，其“复杂性”主要体现在两个方面：一是下凹深度，下凹式绿地的下凹深度一般为 100 ~ 200mm，雨水花园的下凹深度则较深，一般为 200 ~ 350mm；二是绿地内的植物配置，下凹式绿地内植物配置较为简单，一般仅种植耐水湿的草本植物。雨水花园的植物配置则更为丰富，结合景观设计效果，可配置乔—灌—草结合的复层植物群落。但因为其持水深度较深，蓄水时间更长，应选择耐涝性较强的植物。

需要注意的是，雨水花园宜优先设置在实土区域，若设置在地下室顶板上方，其覆土厚度应≥ 2m。

台地花园

山体公园汇水分区 2 与汇水分区 1 衔接位置，具有一定高差。竖向设计通过放坡和设置人行台阶来消解高差，但削减雨水势能效果不佳，暴雨期间有雨水冲刷隐患（图 3-52）。可在此区域设置台地花园滞蓄雨水。

台地花园意向图

山体公园汇水分区图

山体现状

图 3-52　研判公园布设台地花园可行性

小贴士 台地花园设置小科普。

台地花园是高位花坛的形式之一，也可称为梯级花园。顾名思义，就是利用绿地本身的竖向高差，分级设置为花园，结合植物配置可以起到净化和滞蓄雨水的作用。

- 注意做法！

台地花园一般用毛石或石笼砌筑而成，生态自然且美观。

- 注意调蓄容积！

台地花园其本身可以调蓄部分雨水，其调蓄容积为台地花园的面积 S 与调蓄深度 H 以及台地级数 N 的乘积。

植草沟

山体公园南侧接壤住宅的区域存在大面积的侧壁空间，且未进行分级削减势能和滞蓄雨水，暴雨时雨水直接从山顶无组织向两侧排放，存在一定隐患。考虑该区域空间有限、地势较高，工程操作受限，为削减峰值流量、分解山脚下的排水压力，选择采取植草沟，结合现状地形，在山体中部开挖转输型植草沟，减少搬运和材料的成本，方便操作，经济合理（图 3-53）。

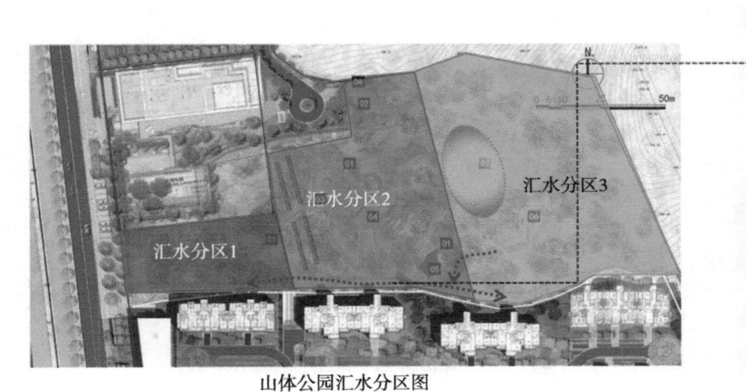

山体公园汇水分区图

生态植草沟

山体边坡现状

图 3-53 研判公园侧壁空间布设生态植草沟可行性

小贴士 植草沟设置小科普。

根据转输方式，植草沟分为转输型和渗透型两种。其中，转输型植草沟应用较为广泛，可以理解为“绿色”的排水沟，其主要作用是输送雨水。渗透型植草沟是强化了雨水传输、过滤、渗透和滞留能力的水流输送渠道，分为干植草沟和湿植草沟，湿植草沟容易产生异味和蚊蝇等卫生问题，不适用于居住区（图 3-54）。

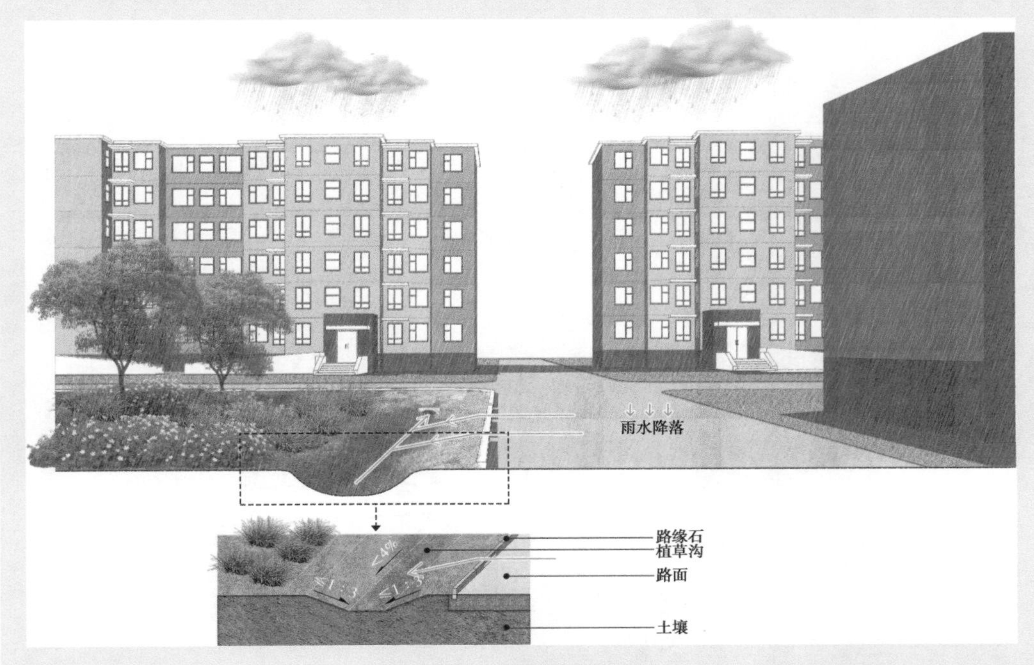

图 3-54 植草沟分析图

● 注意地形坡度！

植草沟的设置应与自然地形充分结合，缓和的纵向坡度（1% ~ 2.5%）可保证雨水径流在植草沟中以重力流的形式畅通排放，过于平坦或陡峭的地形不利于植草沟的布置。

● 注意与其他方式结合！

植草沟往往设置在道路沿线、建筑物的边缘和停车场的中线，植草沟的设置应考虑与其他海绵设施相结合。

● 注意自然化设计！

植草沟的设计应尽量自然化，与周围环境相协调，提高景观效果。

问：生态树池和植被缓冲带可以运用在哪里呢？

生态树池

生态树池是种植树木的人工构筑物，是道路及广场内树木生长所需的最基本空间，可分为简易型生态树池和复杂型生态树池。生态树池可以有效地延缓洪峰形成的时间，削减洪峰流量，且设置形式灵活，占地面积小（图 3-55）。

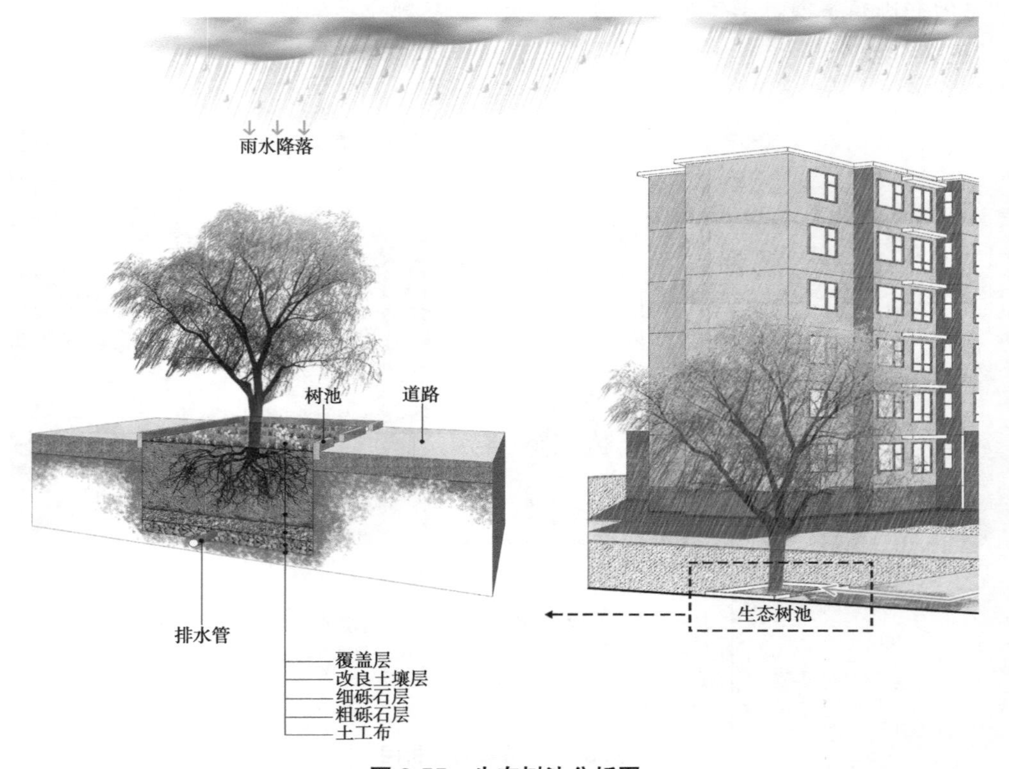

图 3-55　生态树池分析图

小贴士 生态树池设置小科普。

- 注意适用范围！

生态树池适用于用地较紧张的场地建设，如人行步道、停车场以及广场等，可以收集、初步过滤雨水径流。

- 注意灵活布置！

对于硬化面积较大区域，应根据场地情况，灵活布置生态树池位置。

- 注意种植土厚度！

生态树池的种植土层厚度应与树池内树木根系的生长需要相协调。

- 注意进水方式！

生态树池的进水方式可为顶部进水或侧壁进水。当采用顶部进水时，树池顶宜与周边路面相平或低于周边路面 10 ~ 20mm。

植被缓冲带

针对有天然水系或人造湖等水景的项目，植被缓冲带可设置在水岸的下坡位置，与地表径流方向垂直，狭长且连续的植被缓冲带可有效吸附和拦截地表径流中的污染物质，净化景观水体水质。

小贴士 植被缓冲带设置小科普。

- 注意植物配置！

植被缓冲带应搭配种植乔木、灌木和地被植物。

- 注意设置坡度！

坡度宜为 2% ~ 6%，宽度不宜小于 2m，并应根据径流污染削减要求进行布置。

- 注意周边设施！

植被缓冲带范围内布置的慢行道、游步道、休憩平台等设施宜采用透水路面。

3.3.3　灰色设施的设置

1. 项目概况

项目位于杭州市，为新建会展类项目，总用地面积约为 74 hm^2。项目场地下方有轨道线路穿越，地下开发强度较大，实土面积有限，绿地率仅为 8%。下垫面类型中屋面面积占比最大，为 68.4%，且均为金属屋面（图 3-56~ 图 3-59，表 3-9）。场地内道路广场具有重载车辆高频率通行和重型设备布展的需求。

图 3-56　项目鸟瞰图

表 3-9　场地下垫面解析一览表

序号	下垫面类型	面积 /m^2	比例 /（%）	综合雨量径流系数
1	建筑屋面	241299.00	68.4	0.80
2	道路及广场	83404.88	23.6	0.80
3	绿地	28235.12	8	0.15
4	合计	352939.00	100	0.75

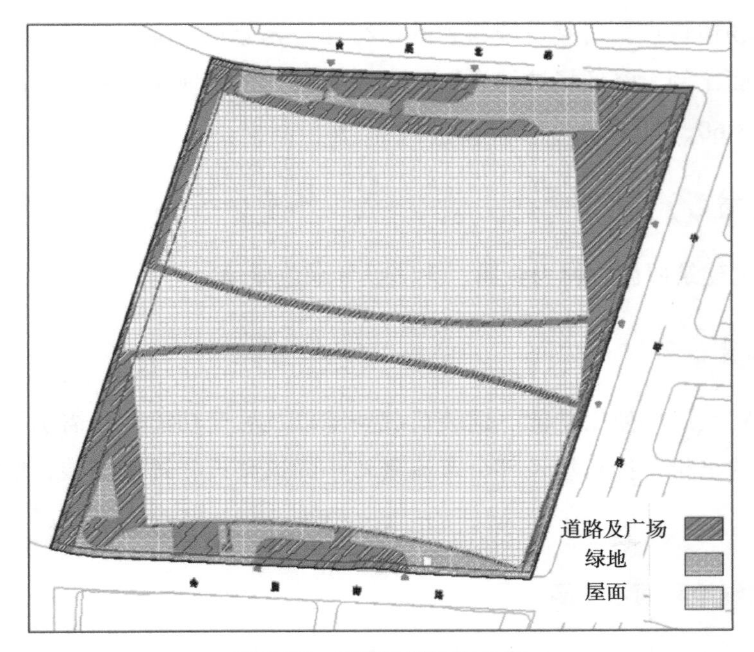

图 3-57　项目下垫面分布图

图 3-58　场地内轨道交通及隧道分布图

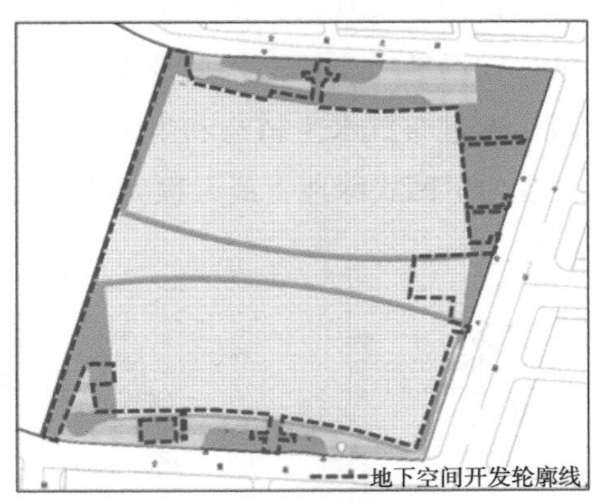

图 3-59　场地地下空间范围图

问：场地内硬质占比较大的项目如何选取海绵设施呢？

会展类项目由于体量大、布展车荷载强度等特殊性使得场地设置绿色海绵设施的空间十分有限，即使 100% 布置绿色海绵设施，也无法大幅度降低场地的综合雨量径流系数，需控制的雨水径流总量仍旧很大，无法实现场地海绵目标。由此，需要结合灰色海绵设施来控制场地雨水径流。

2. 海绵设施选取

在选择和布置海绵设施时，应遵循“生态优先”原则，优先选择绿色海绵设施，并根据项目场地特点，研判设施布置的可行性，充分布置绿色海绵设施，增加场地可渗透下垫面比例，降低场地综合雨量径流系数，将场地需要控制的雨水径流量降到最小（图 3-60、图 3-61）。

绿色屋顶

本项目的建筑屋面材料为金属，无法设置绿色屋顶。

透水铺装

根据道路及广场使用功能、铺装荷载要求以及后期功能转化需求等因素，选择在荷载较小的出租车停车场及部分车流量较小的道路设置透水铺装，增加可渗透下垫面比例。

下凹式绿地和雨水花园

场地内的绿地均为实土绿地，具备设置下凹式绿地和雨水花园的条件。通过与总图设计、景观设计等沟通后，考虑到雨水花园具有更加良好的滞蓄功能与景观效果，在场地内主要出入口及人流量较大的道路周边的绿地内，分散设置小型雨水花园，通过布置水生植物和生态块石，使得海绵设施与景观节点有效结合，其余绿地设置为下凹式绿地，最大程度发挥绿色设施的生态调蓄功能。

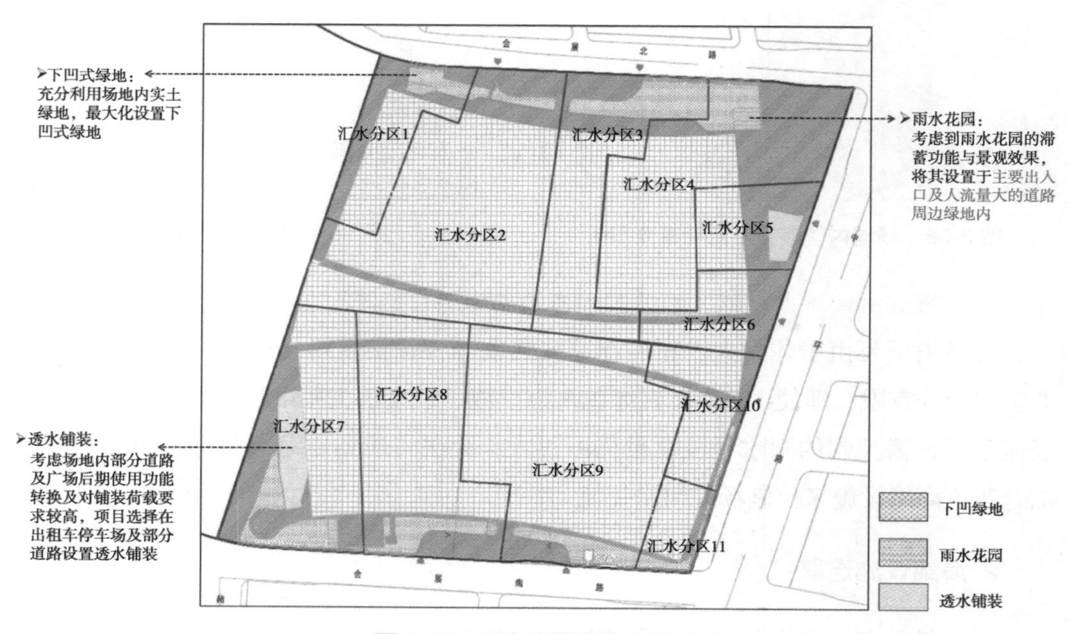

图 3-60 绿色海绵设施布局图

图 3-61　停车场透水铺装、下凹式绿地、雨水花园意向图

经计算，当在场地内最大程度布设绿色海绵设施时，雨水调蓄容积仍无法满足海绵建设目标，需布设灰色海绵设施控制场地雨水径流。

问：那我们常见的灰色海绵设施具体在哪些区域使用呢？（表 3-10）

表 3-10　灰色海绵设施使用区域一览表

序号	设施名称	使用区域							
		建筑	道路		广场	停车场	绿地	水体	管网
			人行	车行					
1	雨水立管断接	●	○	○	○	○	○	○	●
2	雨水桶	●	○	○	○	○	○	○	●
3	雨水调蓄池	○	○	○	◎	◎	●	○	●
4	截污型雨水口	○	●	●	●	●	●	○	●
5	线性排水沟	○	●	●	●	●	○	○	○

注：1. ●—宜选用 ◎—可选用 ○—不宜选用。
2. 参考《海绵城市建设技术指南——低影响开发雨水系统构建（试行）》《城市雨水控制设计手册》。

接下来我们看一看如何根据场地条件，因地制宜经济合理地选择和设置灰色海绵设施。

雨水立管断接

本项目的建筑屋面面积较大且为金属屋面，降雨时屋面会产生大量的雨水径流。屋面雨水采取内排水系统，雨水内排管引出墙外不便，因此不宜采取雨水立管断接。

小贴士　雨水立管断接小科普。

外排与内排！

雨水立管属于屋面雨水系统的组成之一，按雨水立管的位置可以分为外排水系统和内排水系统。外排水管道均设置于室外（连接管有时在室内），内排水的管道均设置于室内或仅悬吊管在室内。

● “外排水系统”断接！

一般雨水立管断接应用于较低层高的、采用外排水系统的建筑，通过将雨水立管低位断接后，将建筑屋面的雨水接入雨水桶、高位花坛、周围绿地以及地面生态设施内（图 3-62）。

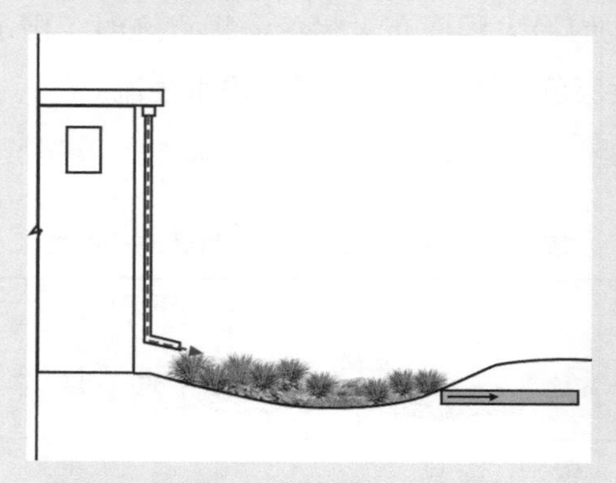

图 3-62　外排断接分析图

● “内排水系统”断接！

当建筑屋面为内排水系统时，应在建筑、结构等专业人员的配合下，通过做穿墙套管，将雨水内排管引出墙外进行低位断接（图 3-63）。

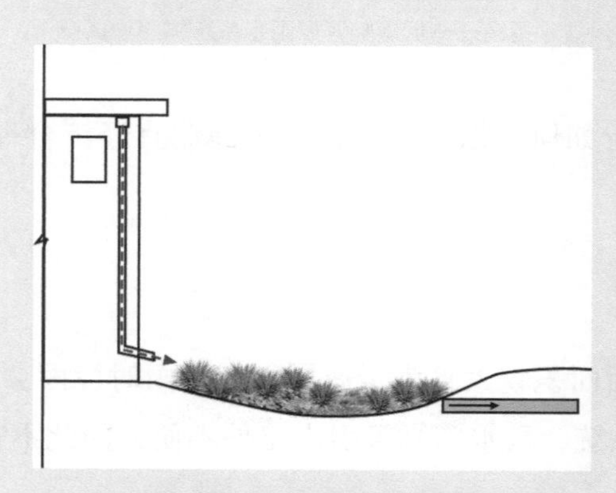

图 3-63　内排断接分析图

● 独立设置雨水收集系统！

通过雨水立管的断接可改变屋面雨水径流途径。无论何种排水方式，屋面雨水收集系统均应独立设置，严禁与建筑生活污水、废水排水连接，避免雨水被污水污染。

- 高层断接注意“消能”！

当高层建筑进行雨水立管断接时，雨水汇入绿地前应设置布水消能措施，防止雨水冲刷对绿地造成侵蚀。

- 注意断接位置！

当断接的雨水排入绿地时，断接处应与墙体保持一定间距，宜≥0.6m。

雨水调蓄池

在汇水面积较大、硬质占比较高、绿地分布较少的汇水分区内，于实土绿地下方、雨水管网的末端布置雨水调蓄池，集约高效收集场地内的雨水径流。以汇水分区二为例（图3-64），此汇水分区的面积相对较大，硬质屋面占比较高，绿地面积较小，生态调蓄量无法满足此汇水分区所需控制的雨水径流量，因此需在雨水管网末端布置雨水调蓄池，控制场地雨水径流。

图3-64 海绵设施布局总平面图

小贴士 雨水调蓄池设置小科普。

雨水调蓄池在工程上的用途主要为洪峰流量调节、面源污染控制和雨水利用。即降雨过程中，暂时存储雨水，调节排水管道径流最高时段的流量，削减洪峰流量，提高排水管网的重现期，等降雨结束后，沉淀去除部分污染物，用于绿化灌溉、水景补水、道路浇洒、清洗车辆等非饮用水用途。建筑小区主要采用钢筋混凝土蓄水池和塑料蓄水模块拼装式蓄水池，多设置于室外地下，避免占用紧张的地表空间。

【设置条件】

- 注意地质条件！

雨水调蓄池对地基承载力有一定的要求，应进行地质条件评估，根据允许的地基承载力设置雨水调蓄池，避免产生不均匀沉陷。对于地下水位较高、水池底标高较深的情况，还应进行结构抗浮设计。

- 注意设施衔接！

雨水调蓄池作为灰色雨水基础设施，应设置在其他雨水基础设施的下游，通过雨水径流和海绵设施的组织，使雨水先经由绿色海绵设施的滞蓄、净化等生态处理，再进入管道、水池，实现先地上后地下、先绿色后灰色的径流途径。

- 注意设置位置！

建筑与小区类项目的地表空间较为紧张，雨水调蓄池应设置在实土区域地下空间。为避免出现倒灌现象，雨水调蓄池不宜设置在地下室内。

- 注意及时排空！

雨水调蓄池需在开始降雨时处于排空或未满状态，才能发挥对雨水的储存、削峰作用。当雨水调节池与雨水回用池合用时，应采取有效措施，确保雨季时能腾出调蓄空间。应设置排空泵和管道满足12h清空调蓄容积的要求；设置水位控制确保雨水回用容积；制定雨季管理制度，在满足雨水调节要求的前提下，最大化回用雨水。

3.3.4 蓝色设施的设置

1. 项目概况

项目位于北京市，为轨道交通综合利用项目，是由酒店、商业、交通枢纽及其附属设施构成的城市综合体。场地竖向分为两个部分：地面层和平台层。地面层较为平整，西南角分布有一块实土绿地；平台层为由 6 栋建筑所围合形成的室外场地，且分为东西两个区域，东侧区域以庭院组团建筑为主，西侧区域以酒店室外活动空间为主（图 3-65）。

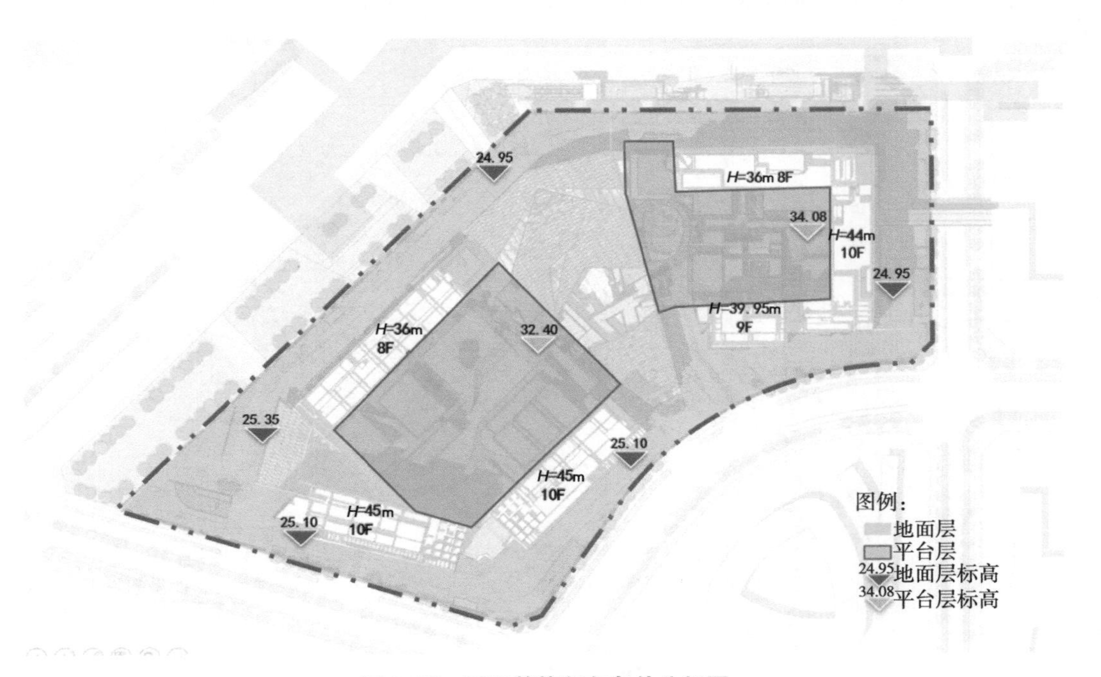

图 3-65 项目整体竖向条件分析图

2. 海绵设施选取

此项目的建筑及场地设计较为复杂，不同功能、高度的建筑形成不同高程的场地空间。应结合项目条件，充分挖掘场地潜力，合理选取海绵设施。

透水铺装 ✓

场地内除消防车道及扑救面外，其他广场道路的荷载较小。为增加场地可渗透下垫面面积比例，与总图和景观专业充分沟通后，确定除消防车道及扑救面外，地面层所有铺装设置为透水铺装。

下凹式绿地 ✓

将地面层内的实土绿地设置为下凹式绿地，充分发挥绿色海绵设施的调蓄能力。

雨水立管断接至雨水桶

此项目的建筑屋面均为内排形式，3F 平台层东侧的庭院区建筑为单层建筑，与建筑和结构专业沟通后，确定可将庭院建筑的雨水立管在末端断接，并设置雨水桶收集屋面雨水，收集后的雨水可再利用于庭院内的绿地浇灌（图 3-66）。

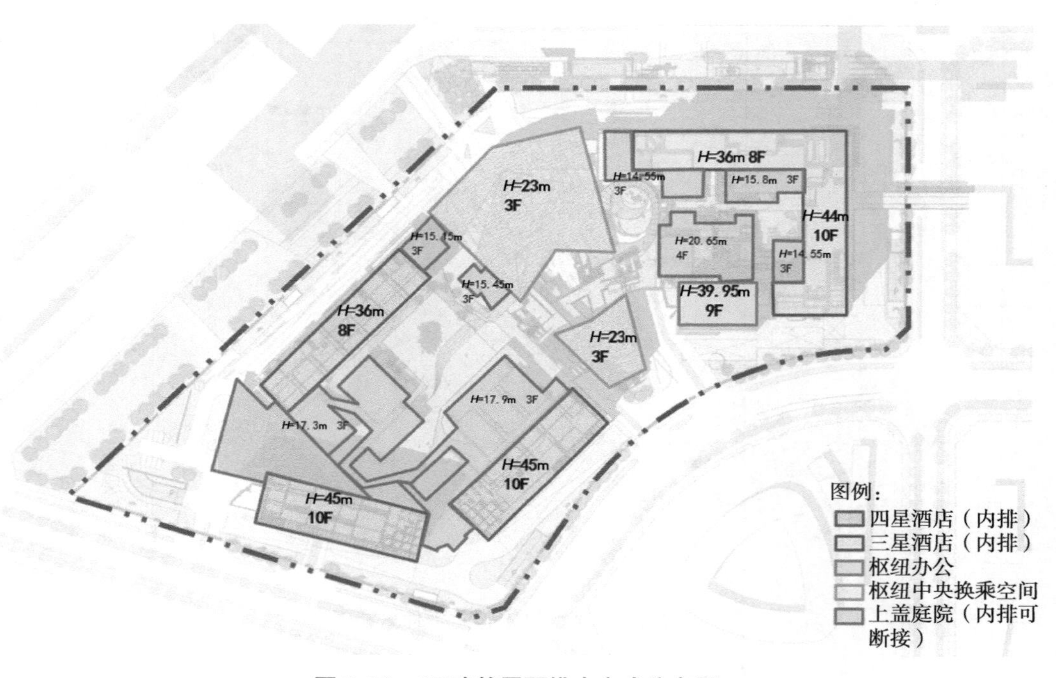

图 3-66 3F 建筑屋面排水方式分布图

小贴士 雨水桶设置小科普。

在雨水较为丰沛的城市，对于建筑层高较低、硬质屋面面积较大的建筑，且建筑周边缺乏绿地、绿地土壤渗透系数较差、周边竖向条件不利于屋面雨水直接排放等情况下，宜在建筑雨水立管末端设置雨水桶，对雨水进行收集利用（图 3-67）。

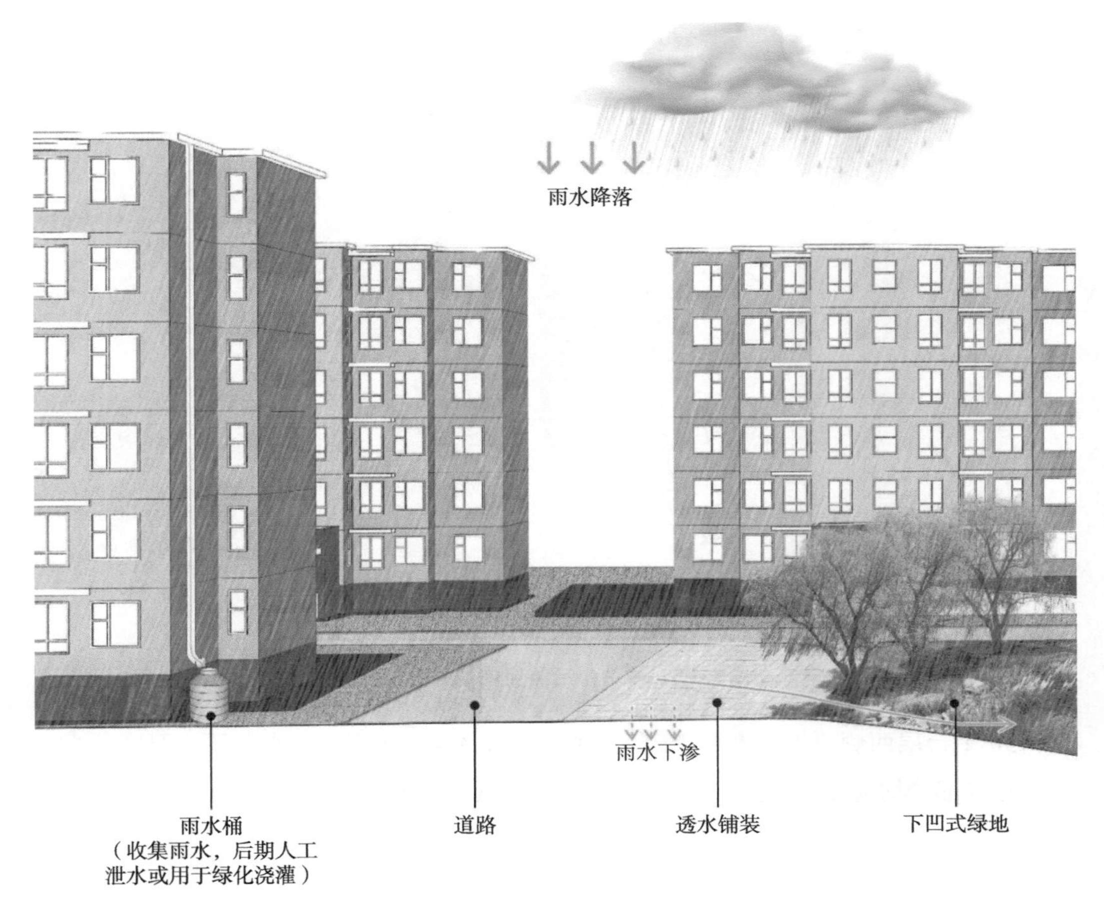

图 3-67　雨水桶布置图

线性排水沟

项目中央枢纽换乘空间的屋面面积较大，降雨时雨水产流较大，且建筑屋面坡度较高。此屋面设置天沟及虹吸系统将屋面雨水收集、排放至雨水管网，在地面设置线性排水沟，将屋面雨水引至场地红线外的代征市政绿地内，有效收集屋面雨水并使雨水自然下渗、自然积存至绿地内。

人工水景

此项目建设方希望在建筑平台层西侧区域、酒店户外空间设置景观水体，营造高品质酒店户外景观，打造项目亮点。

根据建筑竖向设计图纸可知，建筑平台层商业室内 3F 标高为 34.10m，宴会厅室内 3F 标高为 32.50m，在 3F 平台层形成 1.6m 的高差（图 3-68）。

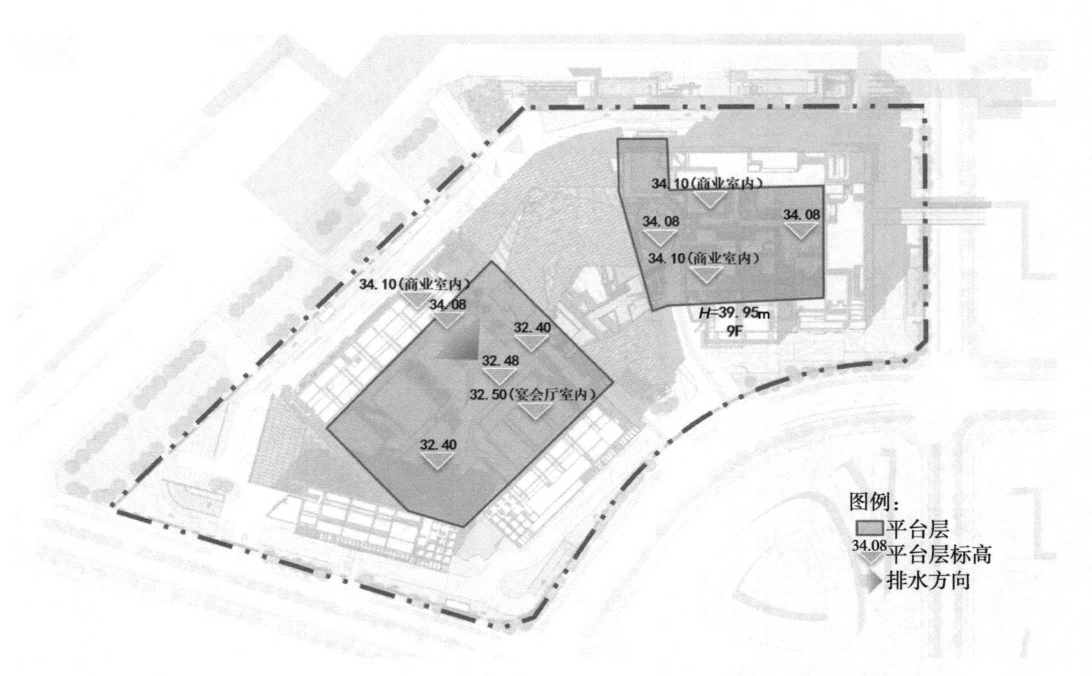

图 3-68　项目平台层竖向条件分析图

3F 平台层西侧覆土厚度变化较大，厚度为 0.4 ~ 2m 不等；东侧覆土厚度较为一致，庭院部分均为 2m。海绵设施布置条件充足（图 3-69）。

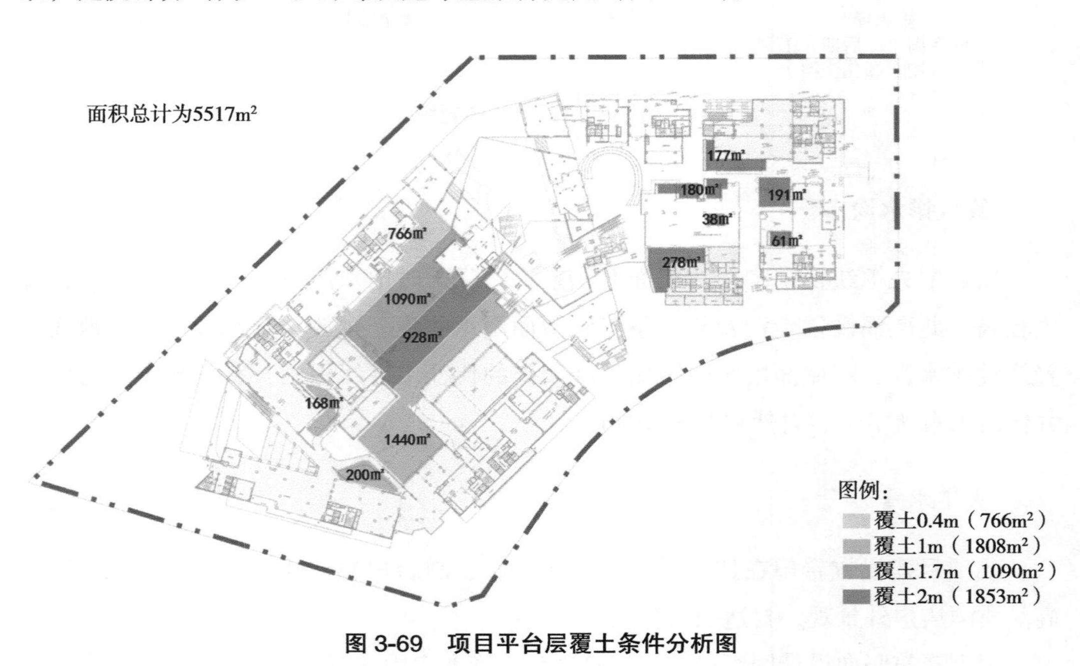

图 3-69　项目平台层覆土条件分析图

与景观团队沟通，结合目前 1.6m 的竖向条件，设置三级台地雨水花园，每级雨水花园高度为 0.5m，有效调蓄深度为 200mm，总面积为 $150m^2$，共计调蓄总容积为 $30m^3$。结合种植千屈菜、萱草、马蔺、黄菖蒲等植物，有效去除径流中的悬浮颗粒、有机物，同时为昆虫和鸟类提供良好的栖息环境，形成集雨水下渗、滞留、净化于一体的生态水景（图 3-70 ~图 3-72）。

图 3-70　3F 梯级雨水花园意向图

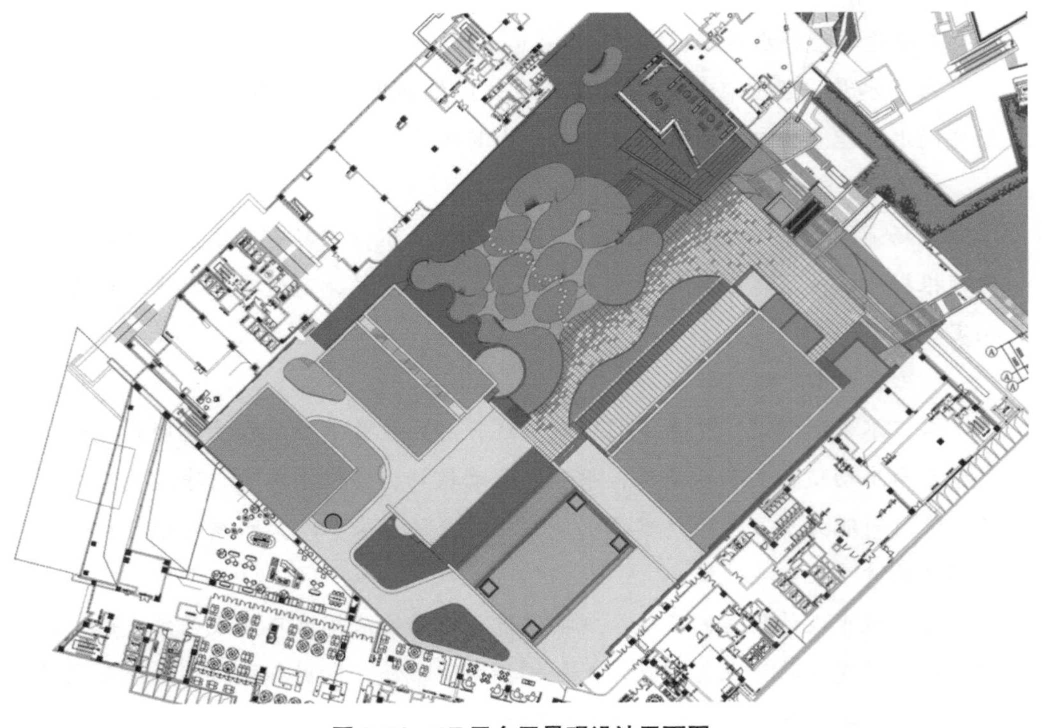

图 3-71　3F 平台层景观设计平面图

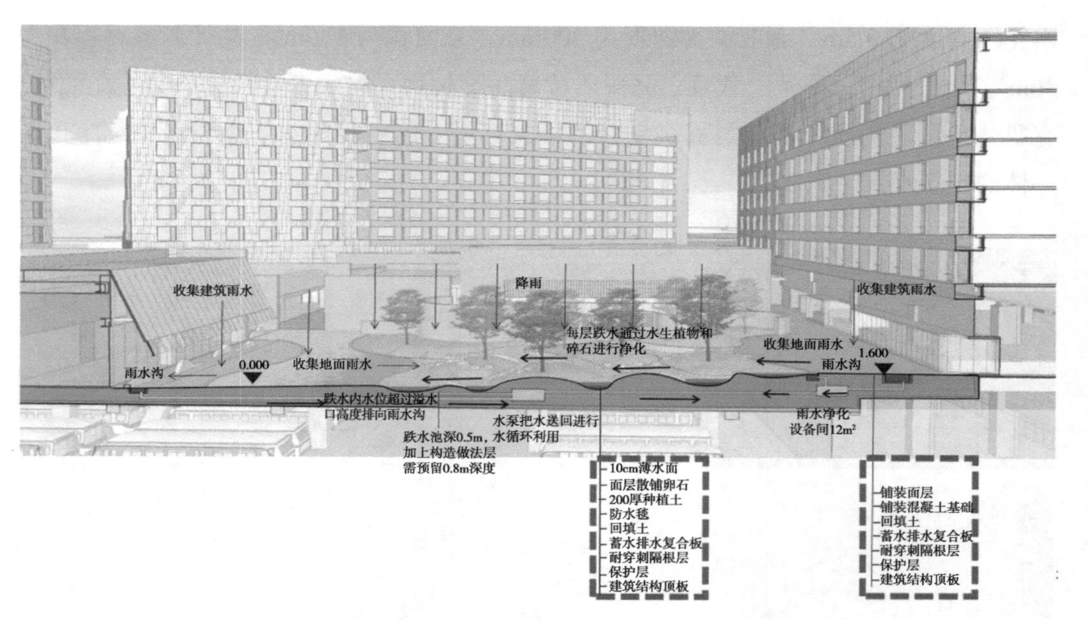

图 3-72　生态水景雨水径流组织剖面分析图

小贴士 人工水景设置小科普。

【设置条件】

● 注意水景补水水源！

人工水景应设置在场地的低洼处，并优先利用场地的雨水资源进行补水，场地雨水应能重力自流进入，不足部分由其他非传统水源进行补充。

● 注意水景规模！

当场地绿色海绵设施滞蓄容积不足时，人工水景宜具有雨水调蓄功能，其规模根据所在地区降雨规律、雨水蒸发量、回用量等，通过全年水平平衡分析确定。

● 注意水体清洁！

人工水景通常是一个基本封闭的系统，可设计生态池底和生态驳岸，营造有利于水生动植物生长的条件，投放水生动植物，强化水体的自净能力。当人工水景自净能力不足以维持水体水质达标时，还应采取人工水质处理措施，保证水体的清洁及美观效果。

海绵城市设计项目的实践，需要通过分析场地海绵城市建设条件，规划总结海绵城市建设的难点与重点，充分挖掘场地条件，根据各类海绵设施布置的适宜性，均衡合理选取各类海绵设施。

遵循“生态优先，安全为重”的设计原则，充分布置绿色、蓝色海绵设施，并计算、研判生态调蓄量是否可实现海绵目标，结合布置灰色海绵设施，保证场地雨水安全。

3.4 小结

海绵城市初步方案策划，其核心目标是通过统筹有序的技术路线和因地制宜的技术措施，遵循“绿色优先、灰色优化、对比优选”的原则，构建低影响雨水开发系统，有效控制场地雨水径流，营建具有一定雨洪韧性的海绵场地。

第4章　计　算

海绵城市设计计算是海绵城市设计过程中的重要环节，科学、合理地计算是实现海绵城市建设目标的基础。计算内容包括下垫面指标计算、综合雨量径流系数计算、基于计算的汇水分区划分和海绵设施选择、年径流总量控制率计算、雨水调蓄设施配建计算、外排雨水峰值径流系数计算、年径流污染削减率计算、雨水收集回用计算、水量平衡分析、设施比例计算和雨水资源化利用率计算等。

4.1　常用设计参数及公式

在进行海绵城市设计计算时，常用的设计参数包括设计降雨量、设计雨型、各类下垫面的雨量径流系数等，计算公式包括雨水流量计算公式、暴雨强度公式等。

4.1.1　设计降雨量

设计降雨量作为海绵城市设计计算的重要参数，通常用日降雨量（mm）表示，多用于计算场地的设计调蓄容积。不同地区的气候特征及降雨规律不同，各地区年径流总量控制率对应的设计降雨量值也不同（表 4-1）。

表 4-1　我国部分城市年径流总量控制率对应的设计降雨量值一览表

城市	不同年径流总量控制率对应的设计降雨量 /mm				
	60%	70%	75%	80%	85%
酒泉	4.1	5.4	6.3	7.4	8.9
拉萨	6.2	8.1	9.2	10.6	12.3
西宁	6.1	8.0	9.2	10.7	12.7
乌鲁木齐	5.8	7.8	9.1	10.8	13.0
银川	7.5	10.3	12.1	14.4	17.7
呼和浩特	9.5	13.0	15.2	18.2	22.0
哈尔滨	9.1	12.7	15.1	18.2	22.2
太原	9.7	13.5	16.1	19.4	23.6

（续）

城市	不同年径流总量控制率对应的设计降雨量 /mm				
	60%	70%	75%	80%	85%
长春	10.6	14.9	17.8	21.4	26.6
昆明	11.5	15.7	18.5	22.0	26.8
汉中	11.7	16.0	18.8	22.3	27.0
石家庄	12.3	17.1	20.3	24.1	28.9
沈阳	12.8	17.5	20.8	25.0	30.3
杭州	13.1	17.8	21.0	24.9	30.3
合肥	13.1	18.0	21.3	25.6	31.3
长沙	13.7	18.5	21.8	26.0	31.6
重庆	12.2	17.4	20.9	25.5	31.9
贵阳	13.2	18.4	21.9	26.3	32.0
上海	13.4	18.7	22.2	26.7	33.0
北京	14.0	19.4	22.8	27.3	33.6
郑州	14.0	19.5	23.1	27.8	34.3
福州	14.8	20.4	24.1	28.9	35.7
南京	14.7	20.5	24.6	29.7	36.6
宜宾	12.9	19.0	23.4	29.1	36.7
天津	14.9	20.9	25.0	30.4	37.8
南昌	16.7	22.8	26.8	32.0	38.9
南宁	17.0	23.5	27.9	33.4	40.4
济南	16.7	23.2	27.7	33.5	41.3
武汉	17.6	24.5	29.2	35.2	43.3
广州	18.4	25.2	29.7	35.5	43.4
海口	23.5	33.1	40.0	49.5	63.4

注：表中数据摘自《海绵城市建设技术指南——低影响开发雨水系统构建（试行）》。

4.1.2 设计雨型

设计雨型是反映降雨强度随时间变化的典型降雨过程。利用设计雨型可构建特定重现期下的降雨过程，并作为基础数据用于计算外排雨水峰值径流系数，可优先查阅项目所在地区发布的雨水系统规划设计相关标准规范以获取当地具有代表性的雨型，如可查阅北京市《城镇雨水系统规划设计暴雨径流计算标准》（DB11/T 969—2016）获取最小时间段为5min、总历时为1440min的北京市设计雨型。

4.1.3 雨量径流系数

雨量径流系数是设定时间内降雨产生的径流总量与总雨量之比，其是计算场地综合雨量径流系数的重要参数。各类下垫面雨量径流系数的大小可以反映出其渗透和滞蓄雨水能力的强弱。一般情况下，下垫面渗透和滞蓄雨水的能力越强，产流量越小，其雨量径流系数取值也就越小。

不同种类下垫面的雨量径流系数可按照《海绵城市建设技术指南——低影响开发雨水系统构建（试行）》《建筑与小区雨水控制及利用工程技术规范》（GB 50400—2016）等国家和地方相关标准规范中提供的雨量径流系数取值表选取（表 4-2）。

表 4-2 雨量径流系数

下垫面类型	雨量径流系数
绿化屋面（绿色屋顶基质层厚度≥ 300mm）	0.30 ~ 0.40
硬屋面、未铺石子的平屋面、沥青屋面	0.80 ~ 0.90
铺石子的平屋面	0.60 ~ 0.70
混凝土或沥青路面及广场	0.80 ~ 0.90
大块石等铺砌路面及广场	0.50 ~ 0.60
干砌砖石或碎石路面及广场	0.40
非铺砌的土路面	0.30
绿地	0.15
水面	1.00
地下建筑覆土绿地（覆土厚度≥ 500mm）	0.15
地下建筑覆土绿地（覆土厚度 <500mm）	0.30 ~ 0.40
透水铺装地面	0.08 ~ 0.45

注：表中数据摘自《建筑与小区雨水控制及利用工程技术规范》（GB 50400—2016）。

4.1.4 设施污染物去除率

设施污染物去除率是计算年径流污染削减率指标的重要参数。不同的低影响开发设施对径流污染物的削减效果不同，径流污染物去除率也不同，可参考国家或地方海绵城市建设相关标准规范中提供的单项设施径流污染物去除率取值表选取（表 4-3）。不同地区海绵城市建设相关标准规范中提供的单项设施径流污染物去除率取值略有不同，应优先参考项目所在地区的海绵城市建设标准规范取值。

表 4-3 单项设施径流污染物去除率

单项设施	污染物去除率（以SS计，%）	单项设施	污染物去除率（以SS计，%）
透水砖铺装	80 ~ 90	蓄水池	80 ~ 90
透水水泥混凝土	80 ~ 90	雨水罐	80 ~ 90
透水沥青混凝土	80 ~ 90	调节塘	—
绿色屋顶	70 ~ 80	调节池	—
下凹式绿地	—	转输型植草沟	35 ~ 90
简易型生物滞留设施	—	干式植草沟	35 ~ 90
复杂型生物滞留设施	70 ~ 95	湿式植草沟	—
渗透塘	70 ~ 80	渗管 / 渠	35 ~ 70
渗井	—	植被缓冲带	50 ~ 75
湿塘	50 ~ 80	初期雨水弃流设施	40 ~ 60
雨水湿地	50 ~ 80	人工土壤渗滤	75 ~ 95

注：表中数据摘自《海绵城市建设技术指南——低影响开发雨水系统构建（试行）》。

4.1.5 逐月降雨量与水面蒸发量

逐月降雨量和水面蒸发量是进行水量平衡分析的基础数据，如项目设置景观水体，将雨水作为景观水体补水水源，需进行水量平衡分析，利用项目所在地区逐月降雨量和水面蒸发量分别计算逐月的汇流雨水量和景观水体水面蒸发量。不同地区气候特点不同，全年逐月降雨量与水面蒸发量也不同，可从项目所在地区发布的海绵城市建设相关标准规范中查找此数据（表 4-4）。

表 4-4 我国部分城市逐月降雨量与水面蒸发量

（单位：mm/ 月）

月份	北京市		广州市		深圳市	
	蒸发量	降雨量	蒸发量	降雨量	蒸发量	降雨量
1	25.1	2.2	67.0	43.0	73.0	30.0
2	34.3	4.9	54.0	57.0	61.0	44.0
3	63.4	8.7	55.0	89.0	74.0	65.0
4	126.3	20.0	60.0	174.0	81.0	152.0
5	148.8	32.5	79.0	268.0	98.0	259.0
6	155.0	76.8	88.0	267.0	100.0	347.0
7	127.4	196.5	114.0	213.0	119.0	326.0
8	106.9	162.2	110.0	243.0	109.0	358.0
9	95.6	51.3	106.0	169.0	111.0	238.0

（续）

月份	北京市		广州市		深圳市	
	蒸发量	降雨量	蒸发量	降雨量	蒸发量	降雨量
10	74.2	21.2	107.0	73.0	118.0	87.0
11	38.9	6.4	90.0	39.0	98.0	34.0
12	27.1	2.0	81.0	29.0	85.0	27.0
合计	1023.0	584.7	1011.0	1664.0	1127.0	1967.0

注：表中数据摘自北京市《海绵城市雨水控制与利用工程设计规范》（DB11/685—2021）、广东省《海绵城市建设技术规程》（征求意见稿）。

4.1.6　雨水流量计算公式

植草沟等转输设施，其设计目标通常为排除一定设计重现期下的雨水流量，可按照《海绵城市建设技术指南——低影响开发雨水系统构建（试行）》推荐的公式计算一定重现期下的雨水流量，见式（4-1）。

$$Q=\varphi qF \tag{4-1}$$

式中　Q——雨水设计流量（L/s）；

φ——流量径流系数；

q——设计暴雨强度 [L/（s・hm²）]；

F——汇水面积（hm²）。

4.1.7　暴雨强度公式

暴雨强度公式可用于计算一定频率的暴雨在规定时段的最不利时程分配的平均强度。依据《室外排水设计标准》（GB 50014—2021），暴雨强度公式见式（4-2）。

$$q=\frac{167A\ (1+c\lg P)}{(t+b)^n} \tag{4-2}$$

式中　q——设计暴雨强度 [L/（s・hm²）]；

P——设计重现期（年）；

t——设计降雨历时（min）；

A、b、c、n——参数，根据统计方法进行计算确定。

4.1.8　小结

掌握设计降雨量、设计雨型、各类下垫面的雨量径流系数等常用设计参数的获取方法，并熟练运用雨水流量计算公式、暴雨强度公式等计算公式，有助于开展下垫面指标计算、综合雨量径流系数计算等海绵城市专项设计相关计算。

4.2 初步计算

初步计算为汇水分区的划分、技术路线的制订及方案的初步策划等提供依据。初步计算主要包括下垫面指标计算、综合雨量径流系数计算、基于计算的汇水分区划分和海绵设施选择四部分。

4.2.1 下垫面指标计算

不同类型建设项目场地的下垫面组成特点不同。进行下垫面分析，获取各类下垫面面积并计算其占场地总用地面积的比例等，为计算综合雨量径流系数提供基础数据。

1. 下垫面的分类

下垫面主要分为屋面、道路及广场、绿地和水面四大类（图 4-1）。其中，可将屋面划分为硬质屋面和绿色屋面，将道路及广场划分为设置透水铺装和设置不透水铺装的路面及广场，将绿地划分为普通绿地和绿色雨水基础设施。

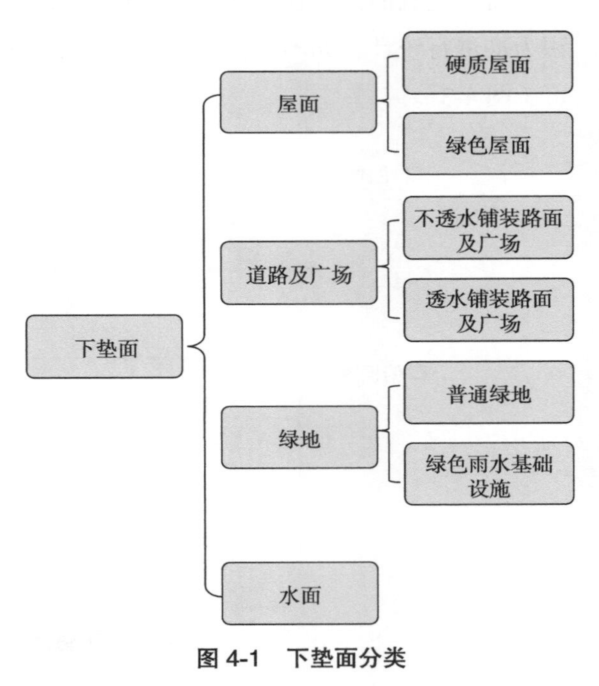

图 4-1 下垫面分类

2. 下垫面面积的获取

进行场地下垫面分析时，首先要获取各类下垫面的面积数据，获取方式包括以下两种（图 4-2）：

（1）与总图、建筑或景观专业设计人员沟通，请其提供各类下垫面的面积数据。

（2）与总图、建筑或景观专业设计人员沟通，请其提供 dwg 格式的总平面图或景观总平面图（如有），并根据图纸自行统计各类下垫面的面积，反馈给相关专业设计人员以核对数据的准确性。

图 4-2　下垫面面积的获取方式

需要注意的是，在统计各类下垫面面积时，应注意以各类下垫面的垂直投影面积为准进行统计，如不应计入被建筑屋面遮挡的花坛面积，仅计入建筑屋面面积即可（图 4-3）。

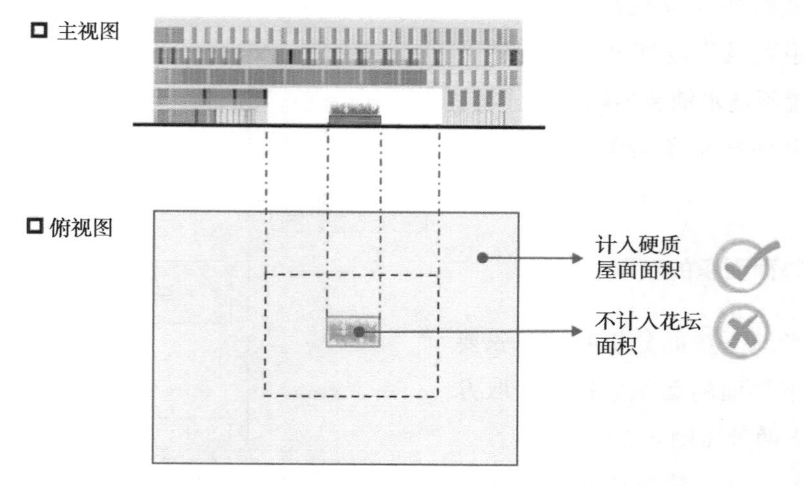

图 4-3　下垫面统计示意图

3. 下垫面分析计算

下垫面分析计算应以场地内各类下垫面面积数据为基础，分别计算出各类下垫面面积占场地总用地面积的比例并求和（表 4-5）。应注意各类下垫面面积之和应等于用地红线面积。

表 4-5 某项目下垫面计算表

下垫面类型		面积 /m²	占比
屋面	硬质屋面	20673.92	46%
	绿色屋面	2139.27	5%
绿地	普通绿地	5380.47	12%
道路及广场	不透水铺装路面及广场	15888.62	36%
水面	景观水体	571.72	1%
总计		44654.00	100%

4. 案例详解

某新建商业办公项目，总用地面积约为44700m²。该建筑造型复杂，不同高度的建筑屋面层叠错落。在进行场地下垫面分析时，依据项目总平面图，明确垂直投影下各类下垫面分布情况，包括室外绿地、道路及广场、景观水体、硬质屋面和绿色屋面等，并分别统计各类下垫面面积。

在传统建设模式下，场地下垫面主要包括硬质屋面、绿色屋面、普通绿地、不透水铺装路面及广场、景观水体五类，分别统计各类下垫面的面积，计算其占场地总用地面积的比例（表 4-6）。

表 4-6 传统建设模式场地下垫面面积统计表

下垫面类型		传统建设模式	
		面积 /m²	占比
屋面	硬质屋面	20673.92	46%
	绿色屋面	2139.27	5%
绿地	普通绿地	5380.47	12%
道路及广场	不透水铺装路面及广场	15888.62	36%
水面	景观水体	571.72	1%
总计		44654.00	100%

在海绵城市建设模式下，在人行道、停车场等区域设置透水铺装，从源头减少雨水径流的产生；利用绿色空间设置下凹式绿地，增加对雨水的滞蓄和净化（图 4-4）。与传统建设模式下的场地下垫面组成相比，增加了下凹式绿地和透水铺装路面及广场两类下垫面（表 4-7）。

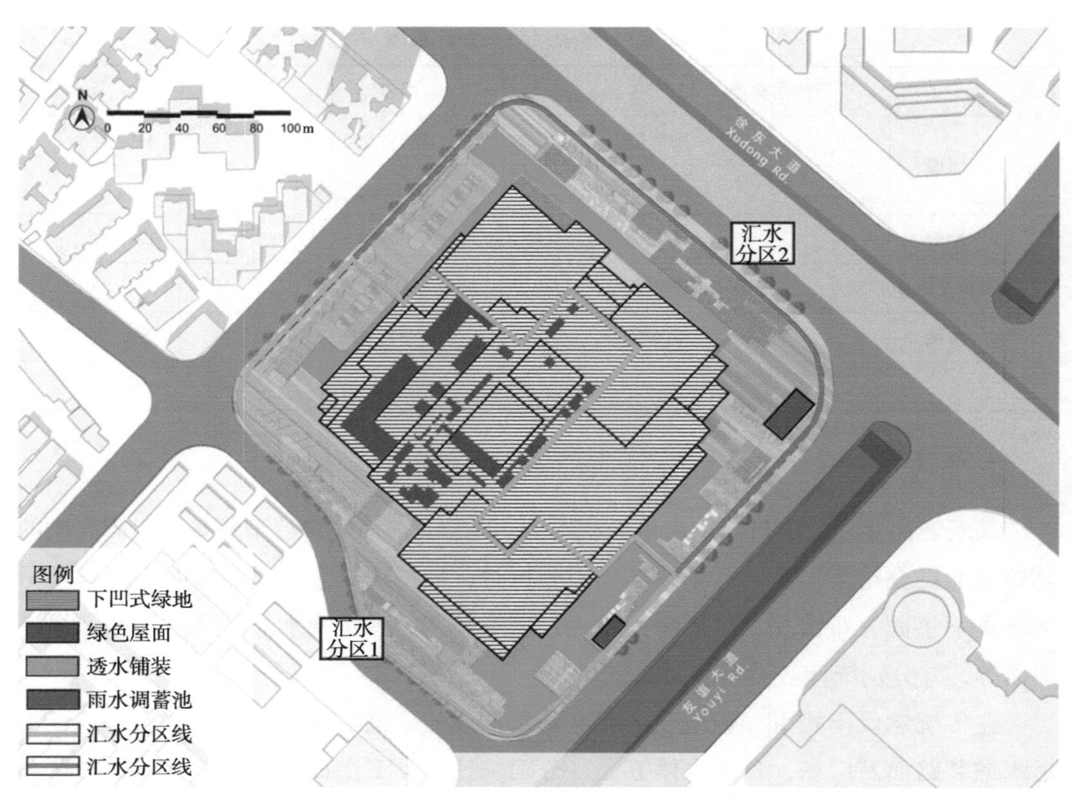

图 4-4　海绵城市建设模式场地下垫面分析图

表 4-7　海绵城市建设模式场地下垫面面积统计表

下垫面类型		海绵城市建设模式	
		面积 /m^2	占比
屋面	硬质屋面	20673.92	46%
	绿色屋面	2139.27	5%
绿地	普通绿地	3980.47	9%
	下凹式绿地	1400.00	3%
道路及广场	不透水铺装路面及广场	11884.62	27%
	透水铺装路面及广场	4004.00	9%
水面	景观水体	571.72	1%
总计		44654.00	100%

对比传统建设模式和海绵城市建设模式的下垫面分析可知，本项目在进行海绵城市建设后，场地内增设了下凹式绿地和透水铺装，从源头增加雨水径流的滞蓄，减少雨水径流的产生。

4.2.2　综合雨量径流系数计算

综合雨量径流系数作为容积法计算公式中的重要因子，其计算结果直接影响设计调蓄容积的量。部分地区将综合雨量径流系数作为海绵城市建设控制性指标。因此，熟练掌握综合雨量径流系数的计算方法十分必要。

1. 计算公式

场地综合雨量径流系数是将各类下垫面雨量径流系数按照下垫面面积加权计算得到的，计算公式见式（4-3）。

$$\varphi = \frac{\Sigma F_i \varphi_i}{F} \tag{4-3}$$

式中　φ——综合径流系数；

F——汇水面积（m^2）；

F_i——汇水分区内各类下垫面面积（m^2）；

φ_i——各类下垫面的径流系数。

式（4-3）中各项参数值的获取方式如下：

（1）汇水面积应为汇水区域内各类下垫面面积之和，其值等于项目用地红线面积。

（2）汇水分区内各类下垫面面积应以总平面图或景观总平面图（如有）中的下垫面组成情况为准，统计各类下垫面的垂直投影面积。

（3）各类下垫面的径流系数可根据项目所在地区发布的与海绵城市建设相关标准规范中提供的径流系数取值范围进行选取。

2. 案例详解

某新建项目为由酒店、商业、交通枢纽及其附属设施构成的城市综合体，总用地面积约为 56000m^2。现已知传统建设模式和海绵城市建设模式场地下垫面的组成情况，分别计算海绵城市建设前后场地的综合雨量径流系数。

在传统建设模式下，场地下垫面由普通绿地、不透水铺装路面及广场、硬质屋面和景观水体组成。首先，依据《建筑与小区雨水控制及利用工程技术规范》（GB 50400—2016）中的径流系数取值表，分别选取普通绿地和景观水体的径流系数为 0.15 和 1.00；对于不透水铺装路面及广场和硬质屋面，分别选取径流系数取值范围的中值作为其径流系数。其次，按照各类下垫面的面积加权计算，得到场地综合雨量径流系数为 0.84（表 4-8）。

表 4-8 传统建设模式场地综合雨量径流系数计算

下垫面类型		传统建设模式	
		面积 /m²	雨量径流系数
绿地	普通绿地	626.000	0.15
道路及广场	不透水铺装路面及广场	19629.005	0.85
屋面	硬质屋面	35511.530	0.85
水面	景观水体	200.000	1.00
总计		55966.535	0.84

本项目进行海绵城市建设后，场地下垫面类型增加了下凹式绿地、透水铺装路面及广场和绿色屋面。同样，分别选取各类下垫面的径流系数，并按照其面积加权计算，得到场地综合雨量径流系数为 0.77（表 4-9）。

表 4-9 海绵城市建设模式场地综合雨量径流系数计算

下垫面类型		海绵城市建设模式	
		面积 /m²	雨量径流系数
绿地	普通绿地	58.000	0.15
	下凹式绿地	568.000	0.15
道路及广场	不透水铺装路面及广场	11863.005	0.85
	透水铺装路面及广场	7766.000	0.35
屋面	硬质屋面	35361.530	0.85
	绿色屋面	150.000	0.35
水面	景观水体	200.000	1.00
总计		55966.535	0.77

本项目通过增设绿色屋面、透水铺装等海绵设施，将场地综合雨量径流系数从 0.84 降低为 0.77。对比表 4-8 和表 4-9 可以发现，在普通绿地中增设绿色雨水基础设施，不影响场地综合雨量径流系数，而在建筑屋面、道路及广场设置绿色屋面和透水铺装，可以有效降低场地综合雨量径流系数。

4.2.3 基于计算的汇水分区划分

汇水分区的划分需要考虑场地竖向标高设计、雨水管网布置以及绿化景观布局等多方面，还需要科学计算作为辅助。

1. 计算在汇水分区划分中的作用

科学计算是合理划分汇水分区、确保各汇水分区内海绵措施有效落实的关键。初步划分汇水分区后，需对各汇水分区的综合雨量径流系数、设计调蓄容积等进行计算，并以计算结果为基础分析各汇水分区是否具备消纳本汇水分区所需控制雨水径流量的条件。若该汇水分区可设置海绵设施的规模较小，无法在本汇水分区内完全消纳其所需控制雨水径流量，则需调整汇水分区的划分情况，并重新计算，确保汇水分区划分的合理性。

2. 案例详解

某住宅项目，总用地面积约为26000m^2。本项目根据场地下垫面分布、雨水管网布置及场地竖向设计等因素划分汇水分区、设置海绵设施并计算各汇水分区设计调蓄容积和海绵设施实际调蓄容积等，最终形成两个方案。

（1）方案一。根据雨水管网布置及雨水径流组织等情况，将场地划分为2个汇水分区（图4-5），其中汇水分区1和汇水分区2的面积分别为13867.20m^{2}和12265.00m^2。按照年径流总量控制率70%对应设计降雨量17.38mm分别计算两个汇水分区的设计调蓄容积，其中汇水分区1需控制102.20m^{3}的雨水径流，汇水分区2需控制100.20m^{3}的雨水径流（表4-10）。

海绵城市设计采用透水铺装、下凹式绿地和雨水调蓄池等多样化的海绵设施。其中，下凹式绿地为浅下凹，不考虑其调蓄容积；雨水调蓄池承担调蓄功能，其调蓄容积根据各汇水分区所需控制雨水径流量确定，每个汇水分区分别设置1个调蓄容积为105.00m^{3}的雨水调蓄池（表4-11）。

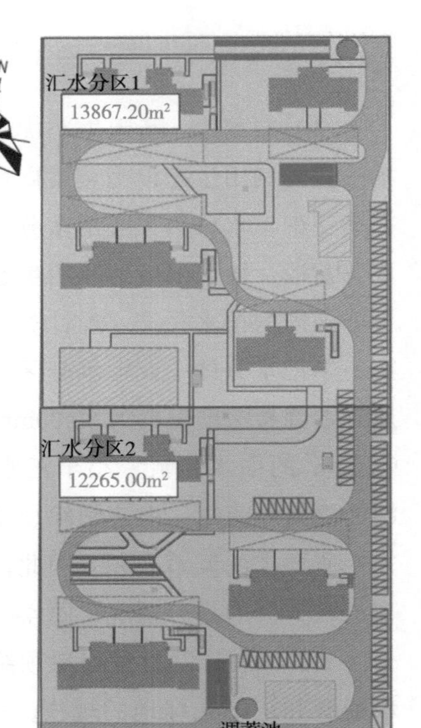

图4-5 方案一的汇水分区图

表 4-10　方案一设计调蓄容积计算

汇水分区	总面积 /m²	场地径流系数	年径流总量控制率	设计降雨量 /mm	设计调蓄容积 /m³
1	13867.20	0.42	70%	17.38	102.20
2	12265.00	0.47	70%	17.38	100.20
总计					202.40
总体场地综合雨量径流系数					0.45

表 4-11　海绵设施调蓄容积汇总表

海绵设施	汇水分区 1		汇水分区 2	
	面积 /m²	调蓄容积 /m³	面积 /m²	调蓄容积 /m³
透水铺装	1037.20	—	1778.10	—
下凹式绿地	1900.00	浅下凹（50.00mm），不调蓄	1900.00	浅下凹（50.00mm），不调蓄
雨水调蓄池	—	105.00	—	105.00
合计	—	105.00	—	105.00
总调蓄容积 /m³	210.00			

（2）方案二。基于生态优先的原则，方案二优先利用生态设施调蓄雨水径流，取消方案一中汇水分区 1 或汇水分区 2 设置的雨水调蓄池，最大限度地利用生态设施消纳汇水分区内的雨水径流。经计算发现，若将方案一中汇水分区 1 或汇水分区 2 的下凹式绿地有效调蓄深度设置为 50.00mm 时，可调蓄 95.00m³ 的雨水径流，小于汇水分区所需控制的雨水径流量，未达到年径流总量控制率 70% 所要求的调蓄容积。因此，方案二调整了汇水分区的划分情况（图 4-6），减少汇水分区 2 的面积，并且增设屋顶绿化、调整透水铺装和下凹式绿地的规模，使汇水分区 2 利用下凹式绿地即可削减分区所需控制雨水径流量。根据调整后的方案，重新计算设计调蓄容积（表 4-12）。

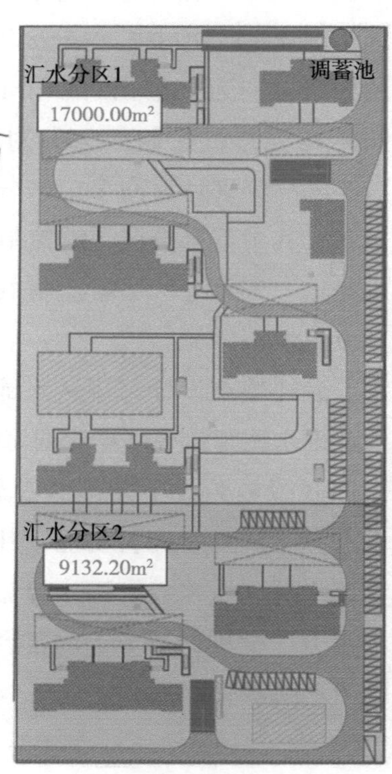

图 4-6　方案二的汇水分区划分

表 4-12　方案二设计调蓄容积计算

汇水分区	总面积 /m²	场地径流系数	年径流总量控制率	设计降雨量 /mm	设计调蓄容积 /m³
1	17000.00	0.43	70%	17.38	126.70
2	9132.20	0.50	70%	17.38	79.50
总计					206.20
总体场地综合雨量径流系数					0.45

与方案一相比，方案二增设了屋顶绿化，同时调整了透水铺装、下凹式绿地和雨水调蓄池的设置规模（表 4-13）。增加了场地内设置透水铺装的总面积，从源头减少雨水径流的产流量；下凹式绿地的总面积基本不变，但增加了汇水分区 2 下凹式绿地的下凹深度，使其有效调蓄深度达到 50.00mm；同时，取消了汇水分区 2 的雨水调蓄池，仅在汇水分区 1 设置了 1 个调蓄容积为 130.00m³ 的雨水调蓄池。

表 4-13　海绵设施调蓄容积汇总表

海绵设施	汇水分区 1		汇水分区 2	
	面积 /m²	调蓄容积 /m³	面积 /m²	调蓄容积 /m³
屋顶绿化	741.00	—	279.50	—
透水铺装	2129.63	—	1244.50	—
下凹式绿地	2077.44	浅下凹（50.00mm），不调蓄	1590.00	79.50（有效调蓄深度为 50.00mm）
雨水调蓄池	—	130.00	—	—
合计	—	130.00	—	79.50
总调蓄容积 /m³	209.50			

方案二通过调整汇水分区的划分，增加绿色雨水基础设施对场地雨水径流的调蓄量，从而减少灰色雨水基础设施——雨水调蓄池的设置规模。

通过计算调整后汇水分区的设计调蓄容积和绿色雨水基础设施的调蓄容积，确定灰色雨水基础设施需设置的规模，从而保证汇水分区划分的可行性和海绵设施设置的合理性，确保项目满足年径流总量控制率的要求。

4.2.4　基于计算的海绵设施选择

海绵设施的选择需要考虑海绵设施适宜性和项目建设条件等多方面因素，还需要科学计算作为辅助。

1. 计算在海绵设施选择中的作用

海绵设施包括生态设施及灰色设施，其调蓄容积及设置规模需要通过计算场地所需控制雨水径流总量来确定。

2. 案例详解

某商业办公项目总用地面积约为44700m²。本项目年径流总量控制率应达到70%（对应设计降雨量为24.50mm）。在海绵城市方案设计阶段，计算场地设计调蓄容积和海绵设施调蓄容积等，为海绵设施的选择、技术路线的确定提供数据支撑，具体过程如下。

本项目遵循生态优先的原则，优先考虑采用绿色雨水基础设施，如在部分人行道及广场铺设1750.8m²的透水铺装，在普通绿地内设置2238.9m²的下凹式绿地，将3296.0m²的建筑屋面设置为绿色屋面。

由于地形设计和下凹式绿地下凹深度的限制，初步计算不考虑下凹式绿地的调蓄容积。根据绿色雨水基础设施设置类型及规模，计算其调蓄容积（表4-14）。

表4-14　绿色雨水基础设施调蓄容积

序号	设施类型	设施面积/m²	调蓄深度/mm	调蓄容积/m³
1	透水铺装	1750.8	—	—
2	绿色屋面	3296.0	—	—
3	下凹式绿地	2238.9	浅下凹，不调蓄	0

本项目海绵城市建设要求年径流总量控制率达到70%，经计算场地需控制雨水径流量为656.41m³（表4-15）。为达到此要求，除绿色雨水基础设施外，场地内需设置灰色雨水基础设施——雨水调蓄池，其调蓄容积不应低于656.41m³。

表4-15　场地设计调蓄容积计算

用地面积/m²	年径流总量控制率目标	设计降雨量/mm	场地综合雨量径流系数	设计调蓄容积/m³
44654.00	70%	24.50	0.60	656.41

综上所述，本项目海绵城市设计采用“灰绿结合”的方式，在场地内设置透水铺装、下凹式绿地，并在雨水管网末端设置雨水调蓄池，共同实现年径流总量控制率达到70%的目标。至此，项目海绵城市设计技术路线基本形成（图4-7）。

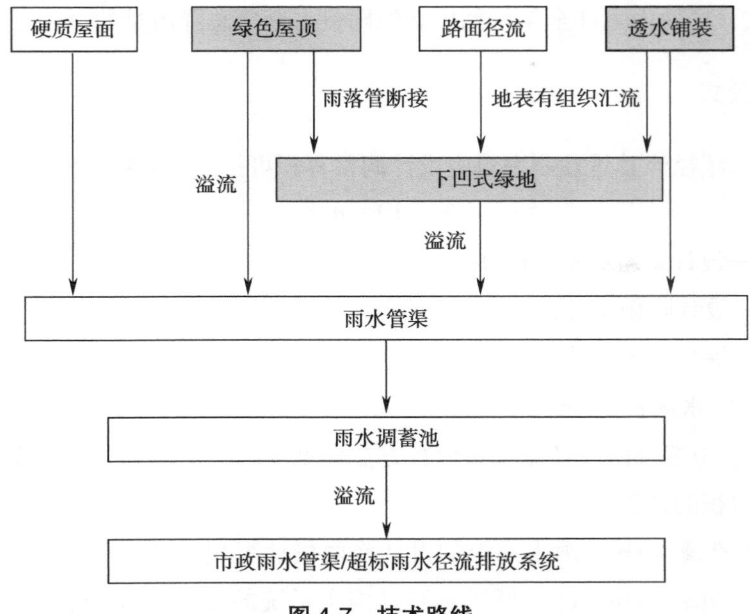

图 4-7 技术路线

4.2.5 小结

初步计算主要包括下垫面指标计算、综合雨量径流系数计算、基于计算的汇水分区划分和海绵设施选择四部分。下垫面指标计算和综合雨量径流系数计算可为年径流总量控制率、雨水调蓄设施配建等指标计算提供基础数据。同时，科学计算作为汇水分区划分和海绵设施选择的辅助工具，可保障汇水分区划分及海绵设施选择的合理性。

4.3 指标计算

指标计算为项目达到海绵城市建设指标要求提供保障。不同地区建设项目的海绵城市建设指标要求存在差异，常见的海绵城市建设指标包括年径流总量控制率、雨水调蓄设施配建容积、外排雨水峰值径流系数和年径流污染削减率等。不同海绵城市建设指标的计算方法不同，涉及的计算公式和参数也不同。

4.3.1 年径流总量控制率

低影响开发雨水系统的径流总量控制一般采用年径流总量控制率作为控制目标，即根据多年日降雨量统计数据分析计算，通过自然和人工强化的渗透、储存、蒸发

（腾）等方式，场地内累计全年得到控制的雨量占全年总降雨量的百分比。

1. 计算公式

（1）雨水年径流总量控制率对应设计调蓄容积可按式（4-4）计算。

$$W = 10\varphi_z h_y F \tag{4-4}$$

式中　W——设计调蓄容积（m^3）；

h_y——设计降雨量（mm）；

φ_z——综合雨量径流系数；

F——汇水面积（hm^2）。

式（4-3）中综合雨量径流系数计算方法详见 4.2.2，设计降雨量参数的选取详见 4.1.1，汇水面积的计算方法详见 4.2.1。

（2）根据低影响开发雨水系统的设计降雨量计算相应的年径流总量控制率，可采用内插法。见表 4-16，已知低影响开发雨水系统的设计降雨量 X、年径流总量控制率 Y_1、Y_2 及其对应的设计降雨量 X_1、X_2（$X_1 \leqslant X \leqslant X_2$），可按式（4-5）计算设计降雨量 X 对应的年径流总量控制率 Y。

$$Y = Y_1 + \frac{Y_2 - Y_1}{X_2 - X_1} \times (X - X_1) \tag{4-5}$$

式中　Y、Y_1、Y_2——年径流总量控制率；

X、X_1、X_2——设计降雨量（mm）。

表 4-16　年径流总量控制率对应的设计降雨量

年径流总量控制率	…	Y_1	Y	Y_2	…
设计降雨量 /mm	…	X_1	X	X_2	…

式（4-5）中各项参数值的获取方式如下：

1）年径流总量控制率 Y_1、Y_2 及其对应的设计降雨量 X_1、X_2 可查阅项目所在地区发布的海绵城市建设相关标准规范获取。

2）低影响开发雨水系统的设计降雨量 X 可根据项目设置海绵设施的调蓄容积、汇水面积及其综合雨量径流系数代入式（4-4）计算得到。

2. 案例详解

某会展项目，总用地面积为 352939.00m^2，场地下垫面主要由硬质屋面、绿地

（含普通绿地和绿色雨水基础设施）、不透水铺装路面及广场、透水铺装路面及广场等组成（图 4-8）。

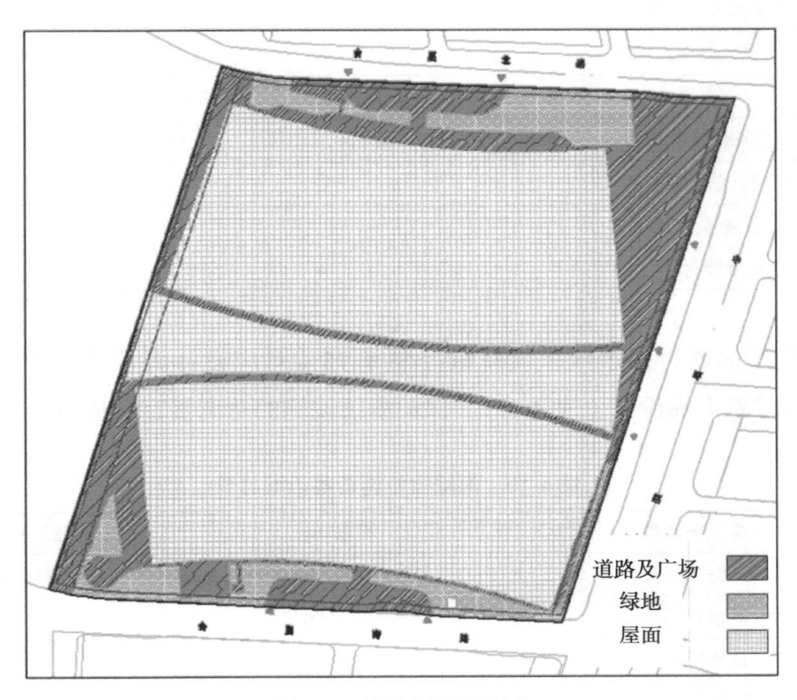

图 4-8 场地下垫面组成

根据当地海绵城市建设要求，本项目年径流总量控制率应达到 75%，与其对应的设计降雨量为 21.1mm（表 4-17）。

表 4-17 年径流总量控制率对应的设计降雨量

年径流总量控制率	55%	60%	65%	70%	75%	80%	85%
设计降雨量 /mm	11.3	13.2	15.3	17.9	21.1	25.1	30.6

根据场地各类下垫面的面积及雨量径流系数计算场地综合雨量径流系数，再将场地综合雨量径流系数、项目用地面积和设计降雨量代入式（4-4）中，计算设计调蓄容积（表 4-18）。

表 4-18 设计调蓄容积计算表

下垫面类型	面积 /m^2	雨量径流系数
绿地	28235.12	0.15
硬质屋面	241299.00	0.80

（续）

下垫面类型	面积 /m²	雨量径流系数
不透水铺装路面及广场	77463.88	0.80
透水铺装路面及广场	5941.00	0.30
合计	352939.00	—
综合雨量径流系数	0.74	
年径流总量控制率	75%	
设计降雨量 /mm	21.10	
设计径流控制总量 /m³	5510.79	

经计算，本项目雨水年径流总量控制率 75% 对应设计调蓄容积为 5510.79m³。以此为依据设置海绵设施（表 4-19），保证海绵设施的总调蓄容积达到 5510.79m³。

表 4-19　海绵设施调蓄容积汇总表

海绵设施类型	面积 /m²	调蓄容积 /m³
下凹式绿地	21931.33	3844.74
雨水花园	2202.00	660.60
透水铺装	5941.00	—
雨水调蓄池	—	1006.00
合计	—	5511.34

将场地内海绵设施的总调蓄容积、项目用地面积和综合雨量径流系数代入式（4-4）中，计算得到本项目低影响开发雨水系统的设计降雨量为 21.102mm。

已知项目所在地区的年径流总量控制率对应的设计降雨量数据（表 4-17），而本项目低影响开发雨水系统的设计降雨量为 21.102mm，介于 21.1mm 和 25.1mm 之间，采用式（4-5）计算项目年径流总量控制率指标的实际达成值约为 75%。

4.3.2　雨水调蓄设施配建容积

雨水调蓄对削减峰值流量起到非常重要的作用，部分城市对项目调蓄设施规模提出控制指标，即雨水调蓄设施配建规模。

1. 计算公式

雨水调蓄设施配建容积计算公式见式（4-6）。

$$V_c = Fn \tag{4-6}$$

式中 V_c——雨水调蓄设施配建容积（m^3）；

F——硬化面积（m^2）；

n——单位硬化面积配建调蓄设施容积（m^3/m^2）。

式（4-6）中各项参数值的获取方式如下：

（1）硬化面积包括屋顶、道路、广场、庭院等部分的硬化面积，按其垂直投影面积计。有些地区按项目类型计算硬化面积，如北京市《海绵城市雨水控制与利用工程设计规范》（DB11/685—2021）规定了居住区和非居住区项目硬化面积的计算方法。计算某项目硬化下垫面面积时，应优先查阅项目所在地区发布的海绵城市建设相关标准规范确定其计算方法，再进行相关计算。

（2）单位硬化面积配建调蓄设施容积应根据项目雨水调蓄设施配建容积要求确定。

2. 案例详解

本部分分别以北京市某居住区项目和某非居住区项目为例，计算项目雨水调蓄设施需配建规模。

（1）居住区项目。北京市某轨道交通车辆基地综合利用项目，总用地面积约为16.4 hm^2，上盖区建筑类型为住宅，场地下垫面组成情况见表4-20，试计算本项目雨水调蓄设施需配建规模。

表4-20 场地下垫面组成情况

序号	下垫面类型	面积/m^2	比例
1	硬质屋面	33857.80	20.66%
2	绿地	63901.51	38.99%
3	不透水路面及广场	64318.06	39.25%
4	水景	1810.50	1.10%
5	合计	163887.87	100.00%

由于本项目为轨道交通车辆基地综合利用项目，依据《北京城市轨道交通车辆基地综合利用规划设计指南》，本项目应按照每千平方米硬化面积配建调蓄容积不小于30m^3的雨水调蓄设施设置。

本项目属于居住区项目，依据《海绵城市雨水控制与利用工程设计规范》（DB11/685—2021），项目的硬化面积应为屋顶硬化面积，按屋顶（不包括实现绿化的屋顶）的投影面积计。根据场地下垫面组成情况表，项目硬化面积为33857.80m^2，需配建雨水调蓄设施的容积为1015.73m^3（表4-21）。

表 4-21　雨水调蓄设施配建容积

硬化下垫面类型	面积 /m^2	每千平方米硬化面积配建调蓄设施容积 /m^3	需配建调蓄设施容积 /m^3
硬质屋面	33857.80	30.00	1015.73

（2）非居住区项目。北京市某综合交通枢纽项目，总用地面积约为 5.6hm^2。该工程为一栋由商业、酒店等多种功能组成的交通枢纽综合体建筑，场地下垫面组成情况见表 4-22，试计算本项目雨水调蓄设施需配建规模。

表 4-22　场地下垫面组成情况

序号	下垫面类型	面积 /m^2	比例
1	硬质屋面	29902.223	53.400%
2	绿色屋面	4013.582	7.200%
3	绿地	568.000	1.000%
4	不透水铺装路面及广场	6382.730	11.400%
5	透水铺装路面及广场	15100.000	27.000%
6	合计	55966.535	100.000%

依据《海绵城市雨水控制与利用工程设计规范》（DB11/685—2021），当项目硬化面积大于 10000m^2 时，应按照每千平方米硬化面积配建调蓄容积不小于 50m^3 的雨水调蓄设施设置。

本项目属于非居住区项目，依据《海绵城市雨水控制与利用工程设计规范》（DB11/685—2021），项目的硬化面积应包括建设用地范围内的屋顶、道路、广场、庭院等部分的硬化面积，计算方法为：硬化面积 = 建设用地面积 – 绿地（包括实现绿化的屋顶）面积 – 透水铺装用地面积。根据场地下垫面组成情况表，项目硬化面积包括硬质屋面、不透水铺装路面及广场两类下垫面的面积，总计为 36284.953m^2（大于 10000m^2），需配建雨水调蓄设施的容积为 1814.248m^3（表 4-23）。

表 4-23　雨水调蓄设施配建容积

序号	硬化下垫面类型	面积 /m^2
1	硬质屋面	29902.223
2	不透水铺装路面及广场	6382.730
合计		36284.953
每千平方米硬化面积配建调蓄设施容积 /m^3		50.000
需配建调蓄设施容积 /m^3		1814.248

4.3.3 外排雨水峰值径流系数

径流峰值流量控制是低影响开发的控制目标之一，其强调对径流较大的瞬时流量进行控制。部分地区将外排雨水峰值径流系数作为控制指标纳入海绵城市建设指标要求中，从而实现对径流峰值流量的控制。

1. 计算公式

如果把降雨历时划分为无限个降雨间隔，那么每个降雨间隔的降雨厚度都接近于降雨强度。基于这个理论，在120min的降雨历时内，每5min的降雨厚度接近于这个降雨间隔的降雨强度，雨量径流系数接近于流量径流系数。由此，外排雨水峰值径流系数可按式（4-7）计算。

$$\varphi_d = \frac{W_m}{10 h_m F} \tag{4-7}$$

式中 W_m——降雨历时内，每隔5min外排水量的最大值（m^3）；

h_m——降雨历时内，每隔5min降雨厚度的最大值（mm）；

φ_d——外排雨水峰值径流系数；

F——汇水面积（hm^2）。

式（4-7）中各项参数值的获取方式如下：

（1）降雨历时内，每隔5min外排水量的最大值可根据2h降雨历时内每5min的外排水量确定，具体计算流程如图4-9所示。

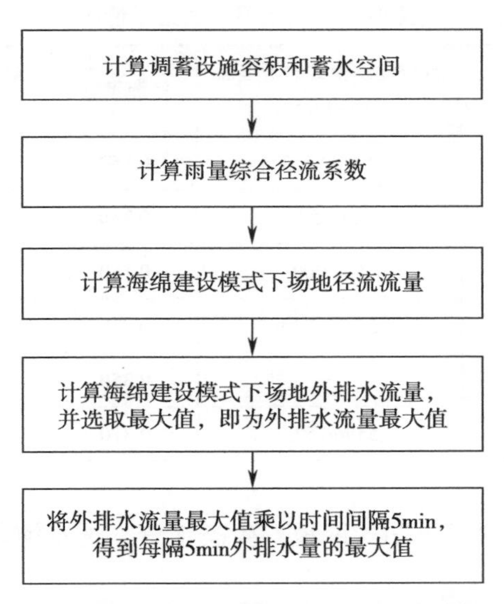

图4-9 每隔5min外排水量的最大值计算流程

（2）降雨历时内，每隔 5min 降雨厚度的最大值可根据 2h 降雨历时内每 5min 的降雨厚度确定，具体计算流程如图 4-10 所示。

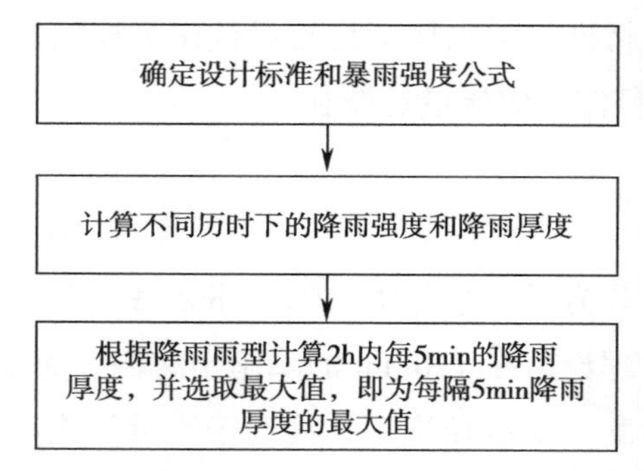

图 4-10　每隔 5min 降雨厚度的最大值计算流程

（3）汇水面积的计算方法详见 4.2.1。

2. 案例详解

北京市某新建综合交通枢纽项目，总用地面积约为 5.6hm^2。该工程为一栋由商业、酒店等多种功能组成的交通枢纽综合体建筑，在进行海绵城市建设前后场地下垫面组成情况见表 4-24。依据北京市《海绵城市雨水控制与利用工程设计规范》（DB11/685—2021），新开发区域外排雨水峰值径流系数不应大于 0.4。基于本项目情况，试计算场地外排雨水峰值径流系数。

表 4-24　场地下垫面组成情况

下垫面类型	传统建设模式的下垫面面积 /m^2	径流系数	海绵城市建设模式的下垫面面积 /m^2	径流系数
硬质屋面	29902.223	0.850	29902.223	0.850
绿色屋面	4013.582	0.350	4013.582	0.350
绿地	568.000	0.150	568.000	0.150
道路及广场（不透水铺装）	21482.730	0.850	6382.730	0.850
道路及广场（透水铺装）	—	0.350	15100.000	0.350
合计	55966.535	0.810	55966.535	0.670

本项目在场地内设置了下凹式绿地、生态水景、透水铺装等多样化的海绵设施，其调蓄水量见表 4-25。

表 4-25 海绵设施调蓄水量汇总

序号	海绵设施类型	削减雨水量 /m³
1	下凹式绿地	56.80
2	透水铺装	—
3	生态水景	40.00
4	梯级雨水花园	30.00
5	线性排水沟引流	37.18
6	雨水桶	14.00
7	雨水调蓄池	2193.00
合计		2370.98

（1）确定设计标准、暴雨强度公式。项目位于北京市通州区，属于第Ⅱ暴雨分区，设计重现期为 5 年，降雨历时≤ 120min，所以暴雨强度公式见式（4-8）。

$$q=\frac{1602(1+1.037\lg P)}{(t+11.593)^{0.681}} \tag{4-8}$$

适用于 5min $< t \leq$ 14400min，P=2 ~ 100 年。

（2）雨水调蓄设施规模计算。根据表 4-25 可知，场地内海绵设施的总调蓄容积 V_3=2370.98m³。

（3）综合雨量径流系数计算。

1）传统建设模式下场地综合雨量径流系数：

φ_1=（29902.223 × 0.85+4013.582 × 0.35+568.000 × 0.15+21482.730 × 0.85）/55966.535=0.81

2）海绵建设模式下场地综合雨量径流系数：

φ_2=（29902.223 × 0.85+4013.582 × 0.35+568.000 × 0.15+6382.730 × 0.85+15100.000 × 0.35）/55966.535=0.67

（4）2h 雨量分配计算。根据暴雨强度公式计算得到前 5min、前 15min、前 30min、前 45min、前 60min、前 90min、前 120min 的降雨强度，见表 4-26。

表 4-26 2h 内不同降雨历时降雨强度

降雨历时 /min	5	15	30	45	60	90	120
降雨强度 /L·（s·hm²）⁻¹	408.19	295.87	218.28	176.92	150.76	118.81	99.58

不同降雨历时降雨强度乘以降雨历时，得到不同降雨历时的降雨厚度（表 4-27），现以前 5min 为例进行计算，408.19 × 5 × 60 ÷ 10000=12.25（mm）。

表 4-27　2h 内不同时间段降雨厚度

降雨历时 /min	5	15	30	45	60	90	120
降雨厚度 H_x/mm	12.25	26.63	39.29	47.77	54.27	64.16	71.70

根据表 4-27 分别计算出 H_5、$H_{15}-H_5$、$H_{30}-H_{15}$、$H_{45}-H_{30}$、$H_{60}-H_{45}$、$H_{90}-H_{60}$、$H_{120}-H_{90}$ 值，详见表 4-28。

表 4-28　不同降雨区间降雨厚度

降雨厚度 /mm	H_5	$H_{15}-H_5$	$H_{30}-H_{15}$	$H_{45}-H_{30}$	$H_{60}-H_{45}$	$H_{90}-H_{60}$	$H_{120}-H_{90}$
	12.25	14.38	12.66	8.48	6.50	9.89	7.54

根据《城镇雨水系统规划设计暴雨径流计算标准》（DB11/T 969—2016），选取前 120min 的降雨分配表，并结合表 4-28 计算结果，整理出表 4-29。

表 4-29　120min 降雨分配表

序号	降雨历时 /min	降雨厚度差值 /mm						
		$H_{120}-H_{90}$	$H_{90}-H_{60}$	$H_{60}-H_{45}$	$H_{45}-H_{30}$	$H_{30}-H_{15}$	$H_{15}-H_5$	H_5
		7.54	9.89	6.50	8.48	12.66	14.38	12.25
1	5				0.2929			
2	10					0.3969		
3	15						0.4667	
4	20							1
5	25						0.5333	
6	30					0.3455		
7	35					0.2576		
8	40				0.4988			
9	45				0.2082			
10	50			0.4102				
11	55			0.3079				
12	60			0.2819				
13	65		0.1752					
14	70		0.1506					
15	75		0.1912					
16	80		0.2612					
17	85		0.1093					

（续）

序号	降雨历时 /min	降雨厚度差值 /mm						
		$H_{120}-H_{90}$	$H_{90}-H_{60}$	$H_{60}-H_{45}$	$H_{45}-H_{30}$	$H_{30}-H_{15}$	$H_{15}-H_{5}$	H_{5}
		7.54	9.89	6.50	8.48	12.66	14.38	12.25
18	90		0.1125					
19	95	0.1602						
20	100	0.1486						
21	105	0.1680						
22	110	0.1388						
23	115	0.1974						
24	120	0.1871						

表4-29中说明了2h降雨历时内每隔5min降雨厚度的分配关系。现以第五列为例进行说明，第五列代表了降雨历时45 ~ 50min、50 ~ 55min、55 ~ 60min的降雨厚度分配关系，其中H_{50}占比41.02%，H_{55}占比30.79%，H_{60}占比28.19%，三者降雨厚度之和为6.50mm。因此H_{50}=2.67mm，H_{55}=2.00mm，H_{60}=1.83mm。其他计算相同，由此可计算出2h内每5min的降雨厚度，详见表4-30。

表4-30 5min降雨厚度

降雨厚度 /mm		降雨厚度 /mm	
H_{5}	2.48	H_{65}	1.73
H_{10}	5.02	H_{70}	1.49
H_{15}	6.71	H_{75}	1.89
H_{20}	12.25	H_{80}	2.58
H_{25}	7.67	H_{85}	1.08
H_{30}	4.37	H_{90}	1.11
H_{35}	3.26	H_{95}	1.21
H_{40}	4.24	H_{100}	1.12
H_{45}	1.77	H_{105}	1.27
H_{50}	2.67	H_{110}	1.05
H_{55}	2.00	H_{115}	1.49
H_{60}	1.83	H_{120}	1.42

（5）传统建设模式下场地外排水流量计算。根据表4-30中2h内降雨的雨量分配关系，可以计算出传统建设模式下场地外排水流量。现以前5min降雨量为例

进行计算，场地总用地面积为 S=55966.535m^2，场地综合雨量径流系数 φ_1=0.81，H_5=2.48mm，则场地外排水流量为 $Q_1=S\times H_5\times\varphi_1/5/60$=374.75（L/s），累计径流量为 $W_1=Q_1\times5\times60/1000$=112.43（m^3）。同理可计算出其他历时内传统建设模式下场地外排水流量和累计径流量值，计算结果见表 4-31。

（6）海绵建设模式下场地径流流量计算。根据表 4-30 中 2h 内降雨的雨量分配关系，可计算出海绵建设模式下场地径流流量。现以前 5min 降雨量为例进行计算，场地总用地面积为 S=55966.535m^2，综合雨量径流系数 φ_2=0.67，H_5=2.48mm，则场地径流流量为 $Q_2=S\times H_5\times\varphi_2/5/60$=309.98（L/s），场地累计径流量为 $W_2=Q_2\times5\times60/1000$=92.99（m^3）。同理可计算出其他历时内海绵建设模式下场地径流流量和累计径流水量，计算结果见表 4-31。

（7）海绵建设模式下场地外排水流量计算。由于实施了雨水控制与利用措施，场地外排水流量在排水初期，雨水先进入蓄水空间进行入渗或储存，并无外排。降雨逐渐增大，蓄水空间被充满，雨水才开始有外排。

由于蓄水空间为 V_3=2370.98m^3，根据表 4-31 计算结果：

在前 5min 降雨历时内，场地实际累计径流水量为 92.99m^3<V_3，无外排。同理可知，在前 85min 降雨历时内，场地实际累计径流水量为 2363.85m^3<V_3，无外排；而在前 90min 降雨历时内，场地实际累计径流水量为 2405.47m^3>V_3，有外排，场地实际累计外排水量为 W_3=34.49m^3，场地实际外排水流量为 Q_3=34.49×1000/5/60=114.97（L/s）。

在后续的降雨历时内，由于蓄水空间被充满，场地实际外排水流量与场地实际径流流量相同，详见表 4-31。

表 4-31　5 年一遇 2h 降雨数据统计表

历时 / min	各时段降雨厚度 /mm	传统建设模式下场地外排水流量 /（L/s）	传统建设模式下场地累计径流量 / m^3	海绵建设模式下场地径流流量 /（L/s）	海绵建设模式下场地累计径流水量 / m^3	海绵建设模式下场地外排水流量 /（L/s）	海绵建设模式下场地累计外排水量 / m^3
5	2.48	374.75	112.43	309.98	92.99	0.00	0.00
10	5.02	758.57	340.00	627.46	281.23	0.00	0.00
15	6.71	1013.95	644.18	838.70	532.84	0.00	0.00
20	12.25	1851.09	1199.51	1531.15	992.19	0.00	0.00
25	7.67	1159.01	1547.21	958.69	1279.79	0.00	0.00
30	4.37	660.35	1745.32	546.21	1443.66	0.00	0.00
35	3.26	492.62	1893.10	407.47	1565.90	0.00	0.00

（续）

历时 / min	各时段降雨厚度 /mm	传统建设模式下场地外排水流量 /（L/s）	传统建设模式下场地累计径流量 / m³	海绵建设模式下场地径流流量 /（L/s）	海绵建设模式下场地累计径流水量 / m³	海绵建设模式下场地外排水流量 /（L/s）	海绵建设模式下场地累计外排水量 / m³
40	4.24	640.70	2085.31	529.97	1724.89	0.00	0.00
45	1.77	267.46	2165.55	221.24	1791.26	0.00	0.00
50	2.67	403.46	2286.59	333.73	1891.38	0.00	0.00
55	2.00	302.22	2377.26	249.98	1966.37	0.00	0.00
60	1.83	276.53	2460.22	228.74	2035.00	0.00	0.00
65	1.73	261.42	2538.64	216.24	2099.87	0.00	0.00
70	1.49	225.15	2606.19	186.24	2155.74	0.00	0.00
75	1.89	285.60	2691.87	236.23	2226.61	0.00	0.00
80	2.58	389.86	2808.83	322.48	2323.35	0.00	0.00
85	1.08	163.20	2857.79	134.99	2363.85	0.00	0.00
90	1.11	167.73	2908.11	138.74	2405.47	114.97	34.49
95	1.21	182.84	2962.96	151.24	2450.84	151.23	79.86
100	1.12	169.24	3013.73	139.99	2492.84	140.00	121.86
105	1.27	191.91	3071.30	158.74	2540.46	158.73	169.48
110	1.05	158.67	3118.90	131.24	2579.84	131.23	208.85
115	1.49	225.15	3186.45	186.24	2635.71	186.27	264.73
120	1.42	214.58	3250.82	177.49	2688.95	177.47	317.97

（8）目标值计算。根据表 4-31，将相关参数值代入式（4-7）中，即可得到外排雨水峰值径流系数为$\varphi_d = \frac{W_m}{10h_m F} = \frac{186.27\times5\times60\times10^{-3}}{10\times12.25\times5.5966535} = 0.08$。

4.3.4 年径流污染削减率

年径流污染削减率是指区域内自然和人工削减的污染物占年径流污染物总量的比例，通常按年固体悬浮物（SS）总量削减率计算。

1. 计算公式

依据北京市《海绵城市雨水控制与利用工程设计规范》（DB11/685—2021），年径流污染削减率可按式（4-9）计算。

$$C = \eta\frac{\sum F_s C_i}{F} \quad (4\text{-}9)$$

式中 C——年径流污染削减率；

η——年径流总量控制率；

C_i——各类单体设施对固体悬浮物削减率；

F_s——单体设施汇水面积（m^2）。

式（4-9）中各项参数值的获取方式如下：

（1）年径流总量控制率为项目场地实际达到的指标值，可根据项目设置海绵设施规模、场地综合雨量径流系数和用地面积反算得到。

（2）各类单体设施对固体悬浮物削减率可参考项目所在地区发布的海绵城市建设相关的标准规范中提供的单项设施径流污染物去除率取值表，根据海绵设施类型选取。

（3）单体设施汇水面积是指其服务范围，应根据设施设置位置及其周边场地竖向标高设计等因素划分出单体设施的服务范围并统计其面积。

2. 案例详解

某驾驶培训考试中心（一期）项目总占地面积约为89884.85m^2。本项目将场地划分为3个汇水分区，因地制宜地设置透水铺装、绿色屋面、下凹式绿地、雨水花园等多样化的海绵设施（图4-11），综合实现场地年径流总量控制率为74%，求年径流污染削减率。

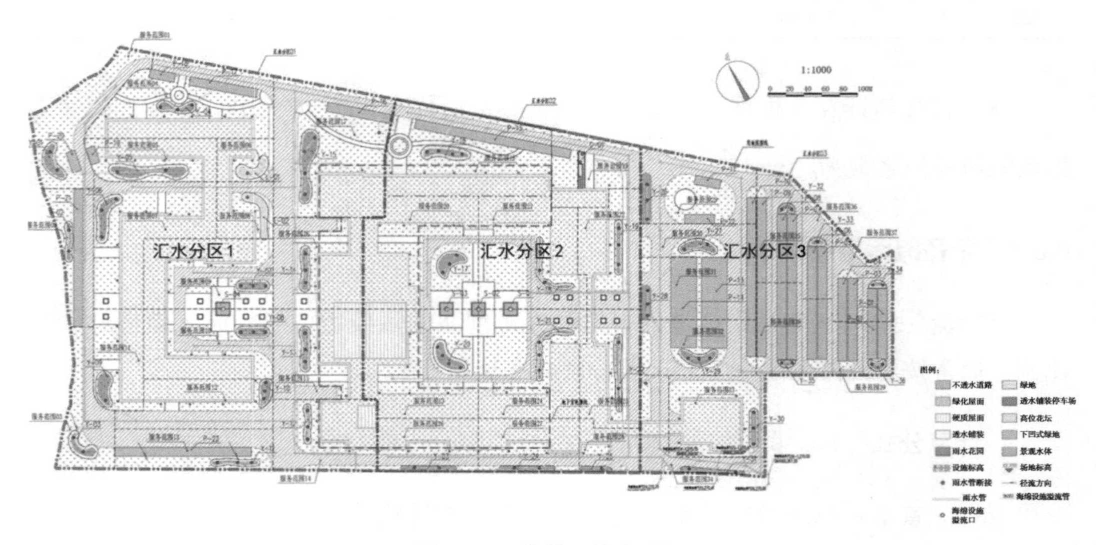

图4-11　海绵设施布局图

根据海绵设施布局、场地竖向设计等，划分出每个海绵设施的服务范围作为子汇水分区，每个子汇水分区只包含 1 个 LID 设施（低影响开发设施），最终场地内共划分了 39 个子汇水分区，分别统计各子汇水分区的面积（表 4-32）。

表 4-32 子汇水分区面积及海绵设施规模统计表

服务范围	设施类型	设施面积 /m²	汇水面积 /m²	服务范围	设施类型	设施面积 /m²	汇水面积 /m²
1	雨水花园	125.00	2286.90	21	雨水花园	180.00	3606.70
2	雨水花园	80.00	1469.14	22	雨水花园	140.00	2147.75
3	雨水花园	120.00	1611.38	23	雨水花园	180.00	4008.65
4	雨水花园	100.00	3852.90	24	雨水花园	140.00	3670.80
5	雨水花园	80.00	1740.90	25	雨水花园	105.00	2228.75
6	下凹式绿地	100.00	777.80	26	雨水花园	65.00	1717.88
7	雨水花园	170.00	3391.20	27	雨水花园	65.00	1737.00
8	下凹式绿地	110.00	1027.43	28	雨水花园	45.00	911.00
9	雨水花园	110.00	2954.40	29	雨水花园	160.00	2465.27
10	雨水花园	105.00	2954.37	30	雨水花园	125.00	1244.72
11	雨水花园	60.00	1619.00	31	雨水花园	110.00	2357.60
12	雨水花园	105.00	2277.00	32	雨水花园	125.00	2107.20
13	雨水花园	95.00	2061.80	33	雨水花园	130.00	2553.67
14	雨水花园	120.00	2393.60	34	雨水花园	70.00	1442.70
15	雨水花园	135.00	2648.40	35	雨水花园	55.00	1548.67
16	雨水花园	115.00	2648.40	36	雨水花园	45.00	901.35
17	雨水花园	250.00	4774.23	37	雨水花园	35.00	1445.53
18	雨水花园	215.00	4300.65	38	雨水花园	35.00	1355.36
19	高位花坛	80.00	1796.75	39	雨水花园	60.00	1804.25
20	雨水花园	200.00	4043.75	—	—	—	—

依据《海绵城市建设技术指南——低影响开发雨水系统构建（试行）》，选择海绵设施的年径流污染削减率，计算各子汇水分区的面积占比，并代入式（4-9）计算年径流污染削减率（表 4-33）。经计算，本项目年径流污染削减率为 54.49%。

表 4-33 年径流污染削减率计算表

子汇水分区	面积 /m²	面积占比	设施年径流污染去除率	面积占比 × 设施年径流污染去除率	年径流污染去除率加权平均值
1	2286.90	2.54%	75.00%	1.91%	54.49%
2	1469.14	1.63%	75.00%	1.22%	

（续）

子汇水分区	面积 /m²	面积占比	设施年径流污染去除率	面积占比 × 设施年径流污染去除率	年径流污染去除率加权平均值
3	1611.38	1.79%	75.00%	1.34%	54.49%
4	3852.90	4.29%	75.00%	3.22%	
5	1740.90	1.94%	75.00%	1.46%	
6	777.80	0.87%	—	—	
7	3391.20	3.77%	75.00%	2.83%	
8	1027.43	1.14%	—	—	
9	2954.40	3.29%	75.00%	2.47%	
10	2954.37	3.29%	75.00%	2.47%	
11	1619.00	1.80%	75.00%	1.35%	
12	2277.00	2.53%	75.00%	1.90%	
13	2061.80	2.29%	75.00%	1.72%	
14	2393.60	2.66%	75.00%	2.00%	
15	2648.40	2.95%	75.00%	2.21%	
16	2648.40	2.95%	75.00%	2.21%	
17	4774.23	5.31%	75.00%	3.98%	
18	4300.65	4.78%	75.00%	3.59%	
19	1796.75	2.00%	75.00%	1.50%	
20	4043.75	4.50%	75.00%	3.38%	
21	3606.70	4.01%	75.00%	3.01%	
22	2147.75	2.39%	75.00%	1.79%	
23	4008.65	4.46%	75.00%	3.35%	
24	3670.80	4.08%	75.00%	3.06%	
25	2228.75	2.48%	75.00%	1.86%	
26	1717.88	1.91%	75.00%	1.43%	
27	1737.00	1.93%	75.00%	1.45%	
28	911.00	1.01%	75.00%	0.76%	
29	2465.27	2.74%	75.00%	2.06%	
30	1244.72	1.38%	75.00%	1.04%	
31	2357.60	2.62%	75.00%	1.97%	
32	2107.20	2.34%	75.00%	1.76%	
33	2553.67	2.84%	75.00%	2.13%	
34	1442.70	1.61%	75.00%	1.21%	
35	1548.67	1.72%	75.00%	1.29%	

（续）

子汇水分区	面积 /m²	面积占比	设施年径流污染去除率	面积占比 × 设施年径流污染去除率	年径流污染去除率加权平均值
36	901.35	1.00%	75.00%	0.75%	54.49%
37	1445.53	1.61%	75.00%	1.21%	
38	1355.36	1.51%	75.00%	1.13%	
39	1804.25	2.01%	75.00%	1.51%	

4.3.5 水量平衡分析

水量平衡法主要用于湿塘、雨水湿地等设施储存容积的计算，其分析内容应包括设施每月雨水补水水量、外排水量、水量差、水位变化等。

1. 分析方法

水量平衡计算过程可参照《海绵城市建设技术指南——低影响开发雨水系统构建（试行）》中的表 4-34。

表 4-34 水量平衡计算表

项目	汇流雨水量 / (m³/月)	补水量 / (m³/ 月)	蒸发量 / (m³/ 月)	用水量 / (m³/ 月)	渗漏量 / (m³/ 月)	水量差 / (m³/ 月)	水体水深 /m	剩余调蓄高度 /m	外排水量 /(m³/ 月)	额外补水量 / (m³/ 月)
编号	[1]	[2]	[3]	[4]	[5]	[6]	[7]	[8]	[9]	[10]
1 月										
2 月										
……										
11 月										
12 月										
合计										

表 4-34 中各项参数具体意义及计算方法如下：

（1）汇流雨水量：可根据降雨量、雨水收集设施汇水面积和汇水区域综合雨量径流系数计算得出，见式（4-10）。

$$汇流雨水量=降雨量\times雨水收集设施汇水面积\times汇水区域综合雨量径流系数 \tag{4-10}$$

（2）补水量：指较为固定的水源每月进入景观水体的水量。

（3）蒸发量：根据项目所在地逐月水面蒸发量资料和逐月水面面积的变化计算水体蒸发量。

（4）用水量：指项目内除景观补水以外的，从景观水体取水、用于其他用途的水量。

（5）渗漏量：根据景观水体的有效渗透面积、单位面积日渗透量和每月天数计算水体渗漏量。单位面积日渗透量可根据实测数据确定，无实测资料时可参考项目所在地的海绵城市建设相关标准、规范确定。

计算得到上述水量后，可将数据依次填入表 4-34，再根据水量平衡计算公式“∑输入量 –∑ 输出量 =Δ 水量差”计算水量差，并根据水量差可依次计算出水体水深、剩余调蓄高度，以及为保障安全和设施正常运行所产生的外排水量或额外补水量。

2. 案例详解

某项目场地内设置一个面积为 200m^2 的景观水体，该景观水体优先利用周边下垫面汇流的雨水径流作为补水水源，雨水量不足时，采用再生水补充。汇水区域面积约为 1700m^2，其综合雨量径流系数为 0.9。该区域汇流的雨水仅作为景观水体补水水源，无其他回用用途。景观水体的溢流水位高于常水位 0.1m，12 月至次年 2 月结冰期不补水。

查阅该地区降雨量和蒸发量等气象资料，对本项目景观水体进行水量平衡分析，详见表 4-35。表中各项参数分析计算方法如下。

（1）汇流雨水量：此项为景观水体收集到的、可进入水体回用的雨水总量，由于本项目位于北京市，查阅《海绵城市雨水控制与利用工程设计规范》（DB11/685—2021），获取北京市逐月降雨量数据并代入公式计算得到逐月汇流雨水量。

（2）补水量：对于本项目，此项为 0。

（3）蒸发量：查阅《海绵城市雨水控制与利用工程设计规范》（DB11/685—2021），获取北京市逐月水面蒸发量数据计算景观水体逐月的水面蒸发量。

（4）用水量：由于本项目将收集的雨水仅作为景观水体的补水水源，并无其他回用用途，因此用水量为 0m^3。

（5）渗漏量：依据《海绵城市雨水控制与利用工程设计规范》（DB11/685—2021），本项目景观水体的单位面积日渗透量取为 1L/m^2 · d，并以此为依据计算其逐月的渗漏量。

（6）水量差：根据本项目景观水体汇流雨水量、补水量等数据计算逐月水量差，其中负值表示输入景观水体的水量小于输出的水量，正值则表示输入景观水体的水量大于输出的水量。

（7）水体水深：根据水量差估算逐月的景观水体水深变化情况。当水量差为正值且其差值大于景观水体常水位与溢流水位之间对应的调蓄容积时，过量的雨水则通过溢流口溢流，水体水深则保持在溢流水位；当水量差为负值时，景观水体由于蒸发、渗漏等导致水位降低至常水位以下，此时需进行额外补水，使景观水体水位维持在常水位。由于本项目景观水体在 12 月至次年 2 月结冰期不补水，因此该时间段的水体水位在常水位以下。

（8）剩余调蓄高度：指景观水体水面至溢流水位之间的高度差，可根据水体水深和溢流水位计算。

（9）外排水量：当水量差为正值且其差值大于景观水体常水位与溢流水位之间对应的调蓄容积时，过量的雨水则通过溢流口溢流，产生外排水量；反之，则不产生外排水量。

（10）额外补水量：当水量差为负值时，景观水体蒸发、渗漏等损失的水量小于汇流雨水量、补水量等补充的水量。为使景观水体保持常水位，则需要额外补水，补充水量等于水量差的绝对值。而当水量差为正值时，则不需额外补水。由于本项目景观水体在 12 月至次年 2 月结冰期不补水，因此该时间段的额外补水量为 0。

表 4-35 项目景观水体水量平衡分析表

项目	汇流雨水量 /（m^3/月）	补水量 /（m^3/月）	蒸发量 /（m^3/月）	用水量 /（m^3/月）	渗漏量 /（m^3/月）	水量差 /（m^3/月）	水体水深 / m	剩余调蓄高度 /m	外排水量 /（m^3/月）	额外补水量 /（m^3/月）
编号	[1]	[2]	[3]	[4]	[5]	[6]	[7]	[8]	[9]	[10]
1 月	3.4	0.0	5.0	0.0	6.2	−7.8	常水位 −0.039	0.139	—	0.0
2 月	7.5	0.0	6.9	0.0	5.6	−5.0	常水位 −0.025	0.125	—	0.0
3 月	13.3	0.0	12.7	0.0	6.2	−5.6	常水位 −0.028	0.128	—	5.6
4 月	30.6	0.0	25.3	0.0	6.0	−0.7	常水位	0.100	—	0.7
5 月	49.7	0.0	29.8	0.0	6.2	13.7	常水位 +0.069	0.031	—	—
6 月	117.5	0.0	31.0	0.0	6.0	80.5	常水位 +0.100	0.000	60.5	—
7 月	300.6	0.0	25.5	0.0	6.2	268.9	常水位 +0.100	0.000	248.9	—

（续）

项目	汇流雨水量/（m³/月）	补水量/（m³/月）	蒸发量/（m³/月）	用水量/（m³/月）	渗漏量/（m³/月）	水量差/（m³/月）	水体水深/m	剩余调蓄高度/m	外排水量/（m³/月）	额外补水量/（m³/月）
8月	248.2	0.0	21.4	0.0	6.2	220.6	常水位+0.100	0.000	200.6	—
9月	78.5	0.0	19.1	0.0	6.0	53.4	常水位+0.100	0.000	33.4	—
10月	32.4	0.0	14.8	0.0	6.2	11.4	常水位+0.057	0.043	—	—
11月	9.8	0.0	7.8	0.0	6.0	−4	常水位−0.020	0.120	—	4.0
12月	3.1	0.0	5.4	0.0	6.2	−8.5	常水位−0.043	0.143	—	0.0
合计	894.6	0.0	204.6	0.0	73.0	—	—	—	543.4	10.3

注：表中水体水深为考虑外排水量、额外补水量等因素的水深。

4.3.6 设施比例计算

海绵设施设置比例是常见的海绵城市建设指标，包括透水铺装、下凹式绿地和绿色屋顶等。

1. 计算公式

依据《海绵城市建设技术指南——低影响开发雨水系统构建（试行）》，透水铺装率、下凹式绿地率和屋顶绿化率的计算公式见式（4-11）~式（4-13）。

$$下凹式绿地率=广义的下凹式绿地面积/绿地总面积 \tag{4-11}$$

$$透水铺装率=透水铺装面积/硬化地面总面积 \tag{4-12}$$

$$绿色屋顶率=绿色屋顶面积/建筑屋顶总面积 \tag{4-13}$$

其中，式（4-11）中广义的下凹式绿地泛指具有一定调蓄容积（在以径流总量控制为目标进行目标分解或设计计算时，不包括调节容积）的、可用于调蓄径流雨水的绿地，包括生物滞留设施、渗透塘、湿塘、雨水湿地等。需注意的是，在计算下凹式绿地率时，分子和分母中的面积均指其垂直投影面积。

进行场地下垫面分析会获取各类海绵设施的设置面积和不同类型下垫面的面积，可以此为基础计算各类海绵设施设置比例。

2. 案例详解

某新建住宅项目，总用地面积约为 2.6hm^2。本项目场地下垫面情况详见表 4-36，以此为依据计算各类海绵设施的设置比例。

表 4-36 下垫面分析表

下垫面类型	面积 /m^2	比例
硬质屋面	5306.5	20.3%
绿化屋面	0.0	0.0%
消防道及消防扑救面	5597.8	21.4%
人行、车行道及广场（硬质铺装）	1268.3	4.9%
人行、车行道及广场（透水铺装）	2365.5	9.0%
普通绿地	6529.9	25.0%
下凹式绿地	5064.2	19.4%
合计	26132.2	100.0%

根据下垫面分析表中提供的各类下垫面数据，分别计算下凹式绿地率、透水铺装率和绿色屋顶率（表 4-37）。

表 4-37 海绵设施设置比例计算表

<table>
<tr><th>指标</th><th colspan="2">下垫面类型</th><th>面积 /m^2</th><th>指标值</th></tr>
<tr><td rowspan="2">下凹式绿地率</td><td colspan="2">下凹式绿地</td><td>5064.2</td><td rowspan="2">44%</td></tr>
<tr><td colspan="2">普通绿地</td><td>6529.9</td></tr>
<tr><td rowspan="3">透水铺装率</td><td colspan="2">透水人行道、车行道及广场</td><td>2365.5</td><td rowspan="3">26%</td></tr>
<tr><td rowspan="2">硬质铺装</td><td>消防道及消防扑救面</td><td>5597.8</td></tr>
<tr><td>人行、车行道及广场</td><td>1268.3</td></tr>
<tr><td rowspan="2">绿色屋顶率</td><td colspan="2">绿化屋面</td><td>0.0</td><td rowspan="2">0%</td></tr>
<tr><td colspan="2">硬质屋面</td><td>5306.5</td></tr>
</table>

经计算，本项目下凹式绿地率为 44%，透水铺装率为 26%，绿色屋顶率为 0。

4.3.7 雨水资源利用率

雨水资源利用率是指雨水收集并用于道路浇洒、绿地灌溉等的雨水总量（按年计算，不包括汇入景观、水体的雨水量和自然渗透的雨水量），与年均降雨量（折算成毫米数）的比值。雨水资源化利用作为落实径流总量控制目标的一部分，应根据当地水资源条件及雨水回用需求，确定雨水资源化利用的总量、用途、方式和设施。

1. 计算公式

（1）雨水资源利用率可按式（4-14）计算。

$$R=\frac{W_{ya}}{W_{ar}}\times 100\% \tag{4-14}$$

式中 R——雨水资源利用率；

W_{ya}——年用雨水量（m^3）；

W_{ar}——年均降雨量（m^3）。

（2）依据《民用建筑节水设计标准》（GB 50555—2010），年雨水收集利用总量可按式（4-15）计算。

$$W_{ya}=(0.6\sim 0.7)\times 10\times \varphi_c h_a F \tag{4-15}$$

式中 W_{ya}——年用雨水量（m^3）；

φ_c——雨量径流系数；

h_a——常年降雨厚度（mm）；

F——计算汇水面积（hm^2），按第（3）条的规定确定；

0.6 ~ 0.7——除去不能形成径流的降雨、弃流雨水等外的可回用系数。

（3）计算汇水面积 F 可按式（4-16）、式（4-17）计算，并可与雨水蓄水池汇水面积相比较后取三者中最小值。

$$F=\frac{V}{10\varphi_c h_d} \tag{4-16}$$

$$F=\frac{3Q_{hd}}{10\varphi_c h_d} \tag{4-17}$$

式中 h_d——常年最大日降雨厚度（mm）；

V——蓄水池有效容积（m^3）；

Q_{hd}——雨水回用系统的平均日用水量（m^3）。

2. 案例详解

某海绵城市建设项目设置了透水铺装、下凹式绿地、雨水花园和雨水调蓄池等多样化的海绵设施。场地内分散设置 4 个雨水调蓄池，总调蓄容积为 1006m^3，其汇水区域面积约为 7.75hm^2，综合雨量径流系数为 0.74。根据雨水资源化利用需求，本项目将雨水回用于绿化浇灌、道路及广场浇洒，平均日用水量约为 114.85m^3。经查询，项目所在地区年均降雨厚度为1438mm，3年一遇重现期24小时最大降雨量为111.7mm。根据项目情况，按照式（4-16）和（4-17）分别计算汇水面积（表4-38），并选取最小值0.42hm^{2}作为计算汇水面积。

表4-38 计算汇水面积

序号	计算依据	计算值/hm^2
1	公式“$F=\frac{V}{10\varphi_c h_d}$”	1.22
2	公式“$F=\frac{3Q_{hd}}{10\varphi_c h_d}$”	0.42
3	雨水蓄水池汇水面积	7.75
计算汇水面积/hm^2		0.42

将计算汇水面积、雨量径流系数和年均降雨厚度代入式（4-15）可得年用雨水量约为2905.05m^3。由于项目所在地区年均降雨量为1438mm，换算成体积约为507526.28m^3。经计算，本项目雨水资源化利用率约为1%。

4.3.8 小结

海绵城市建设指标包括年径流总量控制率、雨水调蓄设施配建容积、外排雨水峰值径流系数和年径流污染削减率等。采用适宜的计算方法及计算公式进行指标计算，为项目达到海绵城市建设指标要求提供保障。

第5章　协　同

住房和城乡建设部印发的《海绵城市建设技术指南——低影响开发雨水系统构建（试行）》（建城函〔2014〕275号）中提出城市建设过程应在城市规划、设计、实施等各环节纳入低影响开发内容，并统筹协调城市规划、排水、园林、道路交通、建筑、水文等专业，共同落实低影响开发控制目标。

城市管理层面，城市人民政府应作为落实海绵城市——低影响开发雨水系统构建的责任主体，统筹协调规划、国土、排水、道路、交通、园林、水文等职能部门，在各相关规划编制过程中落实低影响开发雨水系统的建设内容。如图5-1所示，部分城市组建由水务、规划和自然资源、发改、住建、财政等多部门组建的海绵城市建设领导小组，通过多方协作宣传、贯彻海绵城市理念，并将其落实到实际的建设与运维中。

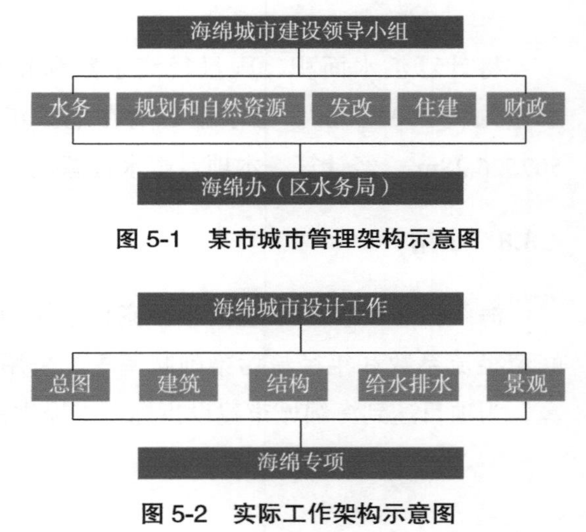

图5-1　某市城市管理架构示意图

图5-2　实际工作架构示意图

工程建设层面，海绵城市设计工作则涉及总图、建筑、结构、给水排水、园林景观等各个专业（图5-2），贯穿方案设计、初步设计、施工图设计等各个阶段，需要在各个阶段与各个专业开展协同工作。

本章将从总图、建筑、结构、给水排水、景观五个专业，分别阐述协同工作内容以及协同工作结果，并基于各专业工作特点进行针对性的案例分析，以便于充分了解各专业的工作内容，促进多专业融合设计，从而提高各专业协同工作效率保证海绵城市工作顺利推进。

5.1　与总图专业协同

总图设计即场地设计，主要用于表达场地的整体使用情况，具有综合性、立体化的特点。总图专业根据场地条件以及建设目的，按照相关规范与标准要求，进行场地设计，包括组织场地内各种建构筑物、道路交通、综合管线的平面及竖向关系，统筹场地整体的空间使用。总图专业需要统筹各专业的设计内容，并在总图中进行综合表达，在方案设计、初步设计、施工图设计等不同阶段均占有重要地位。与总图专业开展良好的协同工作，有利于为海绵方案的设计与落实打下坚实基础。

5.1.1 协同工作内容

海绵城市设计与总图设计密不可分，如图 5-3 所示，海绵城市设计要以总图为基础，基于总图进行场地条件分析及方案设计，方案形成过程中也需要和总图沟通协作，最终形成确定的方案后反馈给总图。海绵城市专项中的透水铺装、下凹式绿地、雨水调蓄池等海绵设施往往都需要体现在总图中。

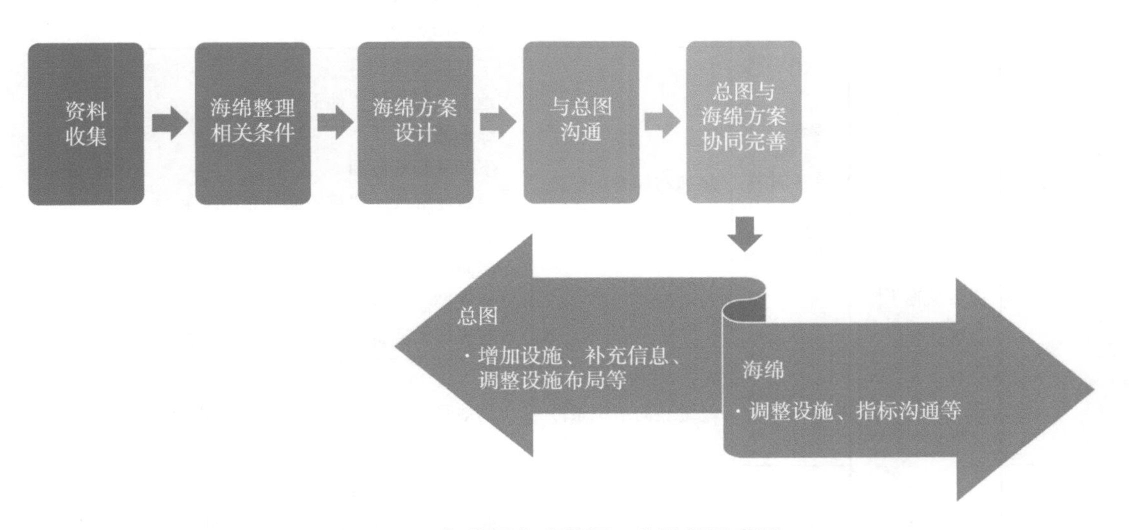

图 5-3 与总图专业协同工作流程示意图

海绵城市专项在与总图专业协同工作的过程中，需要注意以下两个方面：

（1）梳理总图专业中与海绵城市专项相关的关键信息。

（2）总图设计中体现海绵城市专项设计的相关内容。

为了使海绵城市专项设计与项目总体方案设计良好结合，保障海绵设计理念的贯彻落实，海绵城市专项宜于方案设计之初介入，及时开展相关研究，充分梳理总图信息（表 5-1），参与方案设计、初步设计与施工图设计，将海绵理念落实到设计阶段的方案文本、总平面图、竖向布置图、管道综合图等设计成果当中。

表 5-1　总图信息梳理一览表

序号	设计阶段	总图主要设计成果	总图中应重点关注的设计内容	总图中与海绵城市专项相关的信息
1	方案设计阶段	方案文本	方案设计理念及思路	是否要强调生态性？ 是否要利用场地及周边水系或绿地？ 有无针对非常规地形的特色设计？ ……
			方案布局及特点	是集中式布局还是分散式布局？ 绿地分布情况如何？ 排水条件如何？ 有无绿色屋面？ 有无水景？水景是否可调蓄？ ……
2	初步及施工图设计阶段	总平面图	经济技术指标表	下垫面构成 绿地率 下凹式绿地率 透水铺装率
			场地布局及主要设施分布	下垫面构成如： 地下室轮廓线（地下开发情况） 绿地范围 下凹式绿地范围 建筑轮廓线（建筑屋面分布情况） 有无绿色屋面及绿色屋面范围 消防场地范围 透水铺装范围 有无雨水调蓄池及雨水调蓄池布置等
			场地竖向组织条件	场地竖向组织是否与汇水分区相协调？
3		竖向布置图	场地竖向组织条件	场地竖向组织是否与汇水分区相协调？ 如无竖向布置图，则参见总平面图
4		管道综合图	市政排口条件	排口位置与汇水分区是否匹配？
			场地管道、设施布局及排水组织	有无雨水调蓄池？ 雨水调蓄池位置与市政排口是否协调？ 雨水调蓄池位置与汇水分区是否匹配？

注：总图相关图纸构成及内容引自《民用建筑工程总平面初步设计、施工图设计深度图样（含光盘）》（05J804）。

1. 方案设计阶段

方案设计阶段的主要成果包括项目背景、设计理念、设计方法、具体的设计方案及相关设计专项等，海绵城市专项以此为基础开展工作。

（1）方案设计阶段的海绵工作流程。海绵城市专项工作开展的前期，为基础资料收集分析。基础资料包括项目所在地政策要求、上位规划条件、设计任务书、地形图、用地红线（坐标）、周边市政道路资料、周边市政管线资料、地勘报告、防洪资料、可行性研究报告、项目建议书以及其他相关文字纪要、方案整体的设计理念等。海绵城市专项需要基于对项目建设条件的综合评估，结合总图设计方案，在充分与总图专业进行沟通后，制订海绵城市设计方案相关技术路线。

（2）与总图专业协同的重复性工作。此阶段将初步确定场地设计方向。如，当场地内竖向变化较大时，可通过诊断评估以及与总图专业沟通，来确定采取梯级降低的竖向设计方案还是整体填方抬高场地的竖向设计方案。在雄安新区某项目中，由于场地地形低洼，河网遍布，海绵城市专项经与总图专业协同，充分梳理建设条件及多种设计方案的可行性后，决定将整个场地抬高，以保障场地的安全性，同时奠定了整个场地的竖向组织基础。

2. 初步及施工图设计阶段

初步及施工图设计阶段主要是对方案阶段海绵城市设计方案进行深化，主要成果包括初步设计文件、施工图设计文件等。初步设计、施工图设计阶段与总图专业的协同工作主要围绕总图中的总平面图、竖向布置图、管道综合图等设计文件中与海绵城市专项相关的内容展开。

（1）总平面图。如图 5-4 所示，总平面图通常包括设计说明、经济技术指标表、图例以及图面等主要设计内容，分别表达不同的项目设计信息。同时，海绵城市设计方案也应在其中有所体现。

1）设计说明。设计说明要对项目进行基本描述，包括设计依据及基础资料、场地概述、总平面图布置、竖向设计、交通组织等内容。

设计说明中应体现海绵城市专项设计内容，如海绵城市专项相关设计依据，透水铺装、下凹式绿地等海绵设施的规模，相关海绵指标达标情况等。此项内容由海绵城市专项主导推进，向总图专业提供相关设计要求，再由总图专业落实到总图的设计说明当中。

2）经济技术指标表。经济技术指标表主要包括总用地面积、总建筑面积、建筑基底总面积、道路广场总面积、绿地总面积、容积率、建筑密度、建筑高度、建筑层数、绿地率、小汽车停车泊位数、自行车停放数量等内容。

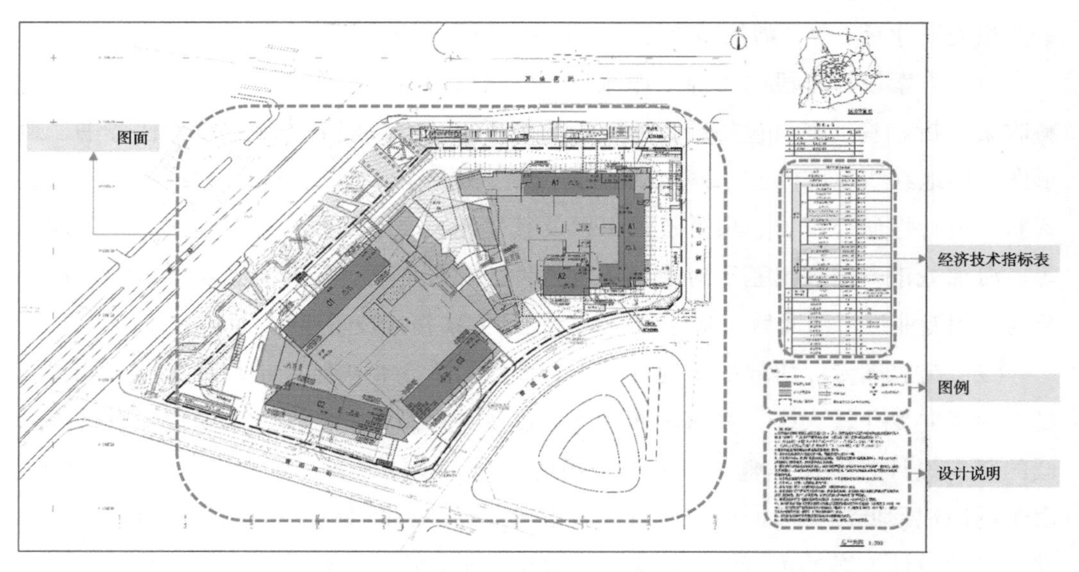

图 5-4　总平面图示意图

经济技术指标表中应显示海绵城市专项设计相关指标，如透水铺装面积、透水铺装率、下凹式绿地面积、下凹式绿地率等。此项内容由海绵城市专项主导推进，向总图专业提供相关设计要求，再由总图专业落实到总图的经济技术指标表当中。

3）图例及图纸信息。总平面图信息较为复合，需利用不同的图例对各项信息加以区分，以便于读图人快速清晰地理解设计内容。其中，地下室轮廓线、绿地范围、下凹式绿地范围、建筑轮廓线、有无绿色屋面及绿色屋面范围、消防场地范围、透水铺装范围、有无雨水调蓄池及雨水调蓄池布置、场地竖向组织等场地布局以及相关设施布置信息都关系到海绵城市设计方案的形成与落地。如，通过地下室轮廓线可以明确项目的地下开发情况，通过建筑轮廓线可以明确建筑分布情况，结合绿色屋面范围、绿地范围、透水铺装范围、消防场地及其他铺装范围等设计内容，可以深度表达项目场地的下垫面构成情况，可以初步判断场地的下垫面构成并进行进一步的综合径流系数、产流情况等数据计算，为海绵城市设计方案提供支撑。计算方式详见第 4 章。

总平面图图面应显示透水铺装、下凹式绿地、雨水调蓄池等各项海绵设施，并予以不同的图例加以区分，以便于清晰表达各项设施的布局。此项内容由海绵城市专项主导推进，向总图专业提供相关设计要求，再由总图专业落实到总图的设计文件当中。

（2）竖向布置图。如图 5-5 所示，竖向布置图通常包括设计说明、图例以及图面等内容，分别表达不同的项目信息。

场地竖向直接关系到场地的雨水径流组织。通过竖向布置图，可以获得场地四邻的道路、地面、水面及其他关键性标高，建筑物、构筑物的室内外设计标高，场地内部道路、广场的设计标高及地面坡度坡向，并通过以上竖向信息判断场地的径流组织与汇水分区是否匹配。

海绵城市设计方案应充分结合以上信息，使海绵城市设计方案与总图设计相协调，从而保障场地雨水径流组织的合理性。

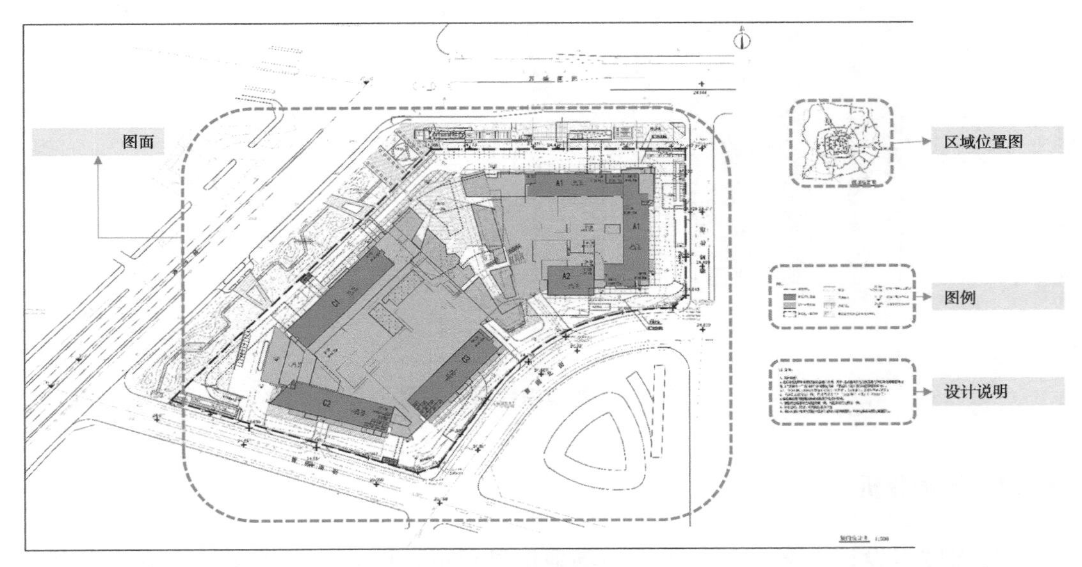

图 5-5 竖向布置图示意图

（3）管道综合图。如图 5-6 所示，管道综合图通常包括设计说明、区域位置图、图例以及图面等内容。

管道综合图应显示雨水管线、雨水调蓄池（如有）等设施的布置信息以及市政排口的分布。基于以上信息，首先可以判断管道综合图是否满足海绵城市设计方案的汇水分区的要求，或结合管道综合图与竖向布置图进行汇水分区划分。同时，雨水调蓄池位置、汇水分区以及市政排口应相互协调。随着协同工作的开展，可基于管道综合图中的设计信息，结合海绵城市设计方案的计算结果，判断雨水调蓄池的规模及位置是否合理。随着项目的推进，应持续与总图专业沟通设计情况，以保障总图管道综合图中的雨水调蓄池的规模及位置等设计内容与海绵城市设计方案保持一致。

海绵城市专项经过计算复核后，应与给水排水专业、总图专业沟通是否设置雨水调蓄池以及设置的具体规模，再由给水排水专业提资给总图专业并最终落实到管道综合图上。此项内容由海绵城市专项及给水排水专业主导推进，向总图专业提供相关资料，再由总图专业落实到总图的设计文件当中。

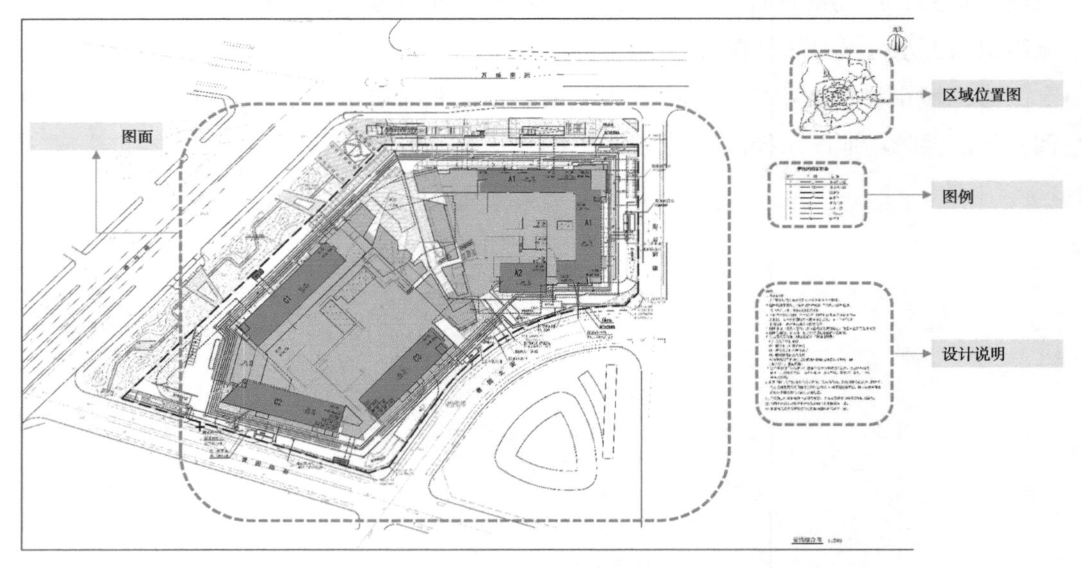

图 5-6　管道综合图示意图

5.1.2　案例分析

海绵城市设计方案基于总图中的场地信息形成，而总图设计文件中应落实海绵城市专项的设计成果，两者应相互融合。但在实际工作中，基于设计工作量大、设计进度安排紧张等原因，常出现总图的竖向设计、管道设计与海绵城市专项设计不一致等问题。因此，在设计过程中海绵城市专项与总图专业应保持紧密的沟通协作，了解总图的工作内容并将海绵城市专项的需求向总图专业进行明晰的表达。双方基于项目情况，确定最终的结果：由总图增加设施、补充信息、调整设施布局等，或由海绵城市专项调整设施布局及规模等。

以下两个案例，将分别展示基于总平面图、竖向布置图等不同设计文件，就以上问题展开的不同的协同工作。

1. 总平面图协同工作

某项目总用地面积 55966.535m^2，总建筑面积 176180.000m^2，建筑密度 60%，容积率为 2.1。如图 5-7 所示，此项目为交通枢纽综合体建筑，包含公交快线、常规公交、应急社会停车、出租车、自行车等多种交通功能配置，以及中、高端酒店，度

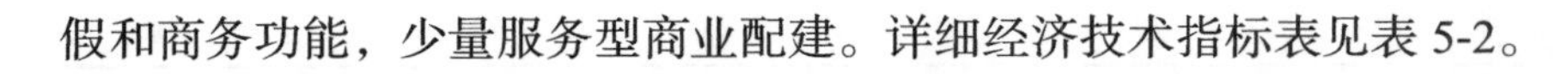
假和商务功能，少量服务型商业配建。详细经济技术指标表见表 5-2。

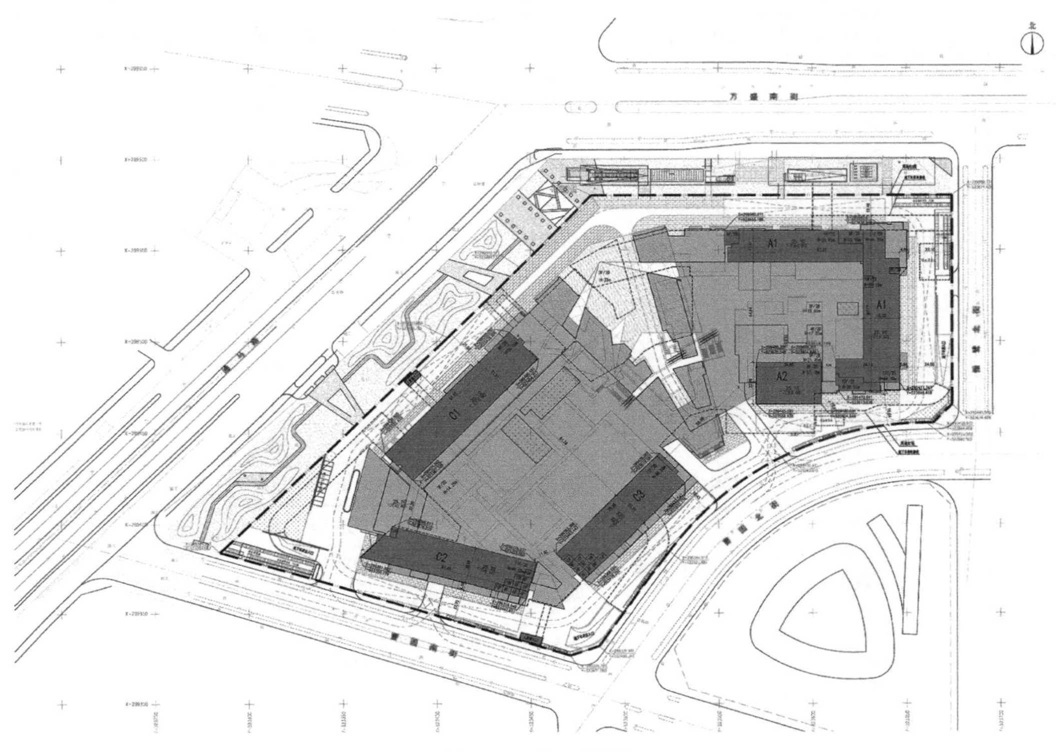

图 5-7 总平图面

表 5-2 经济技术指标表

<table>
<tr><th colspan="8">综合经济技术指标</th></tr>
<tr><th>序号</th><th colspan="4">项目</th><th>数量</th><th>单位</th><th>备注</th></tr>
<tr><td>1</td><td colspan="4">建设用地面积</td><td>55966.535</td><td>m^2</td><td></td></tr>
<tr><td>2</td><td colspan="4">总建筑面积</td><td>176180.000</td><td>m^2</td><td></td></tr>
<tr><td rowspan="9">其中</td><td rowspan="9">枢纽部分</td><td colspan="3">地上总建筑面积</td><td>30850.000</td><td>m^2</td><td></td></tr>
<tr><td rowspan="7">其中</td><td colspan="2">枢纽换乘空间</td><td>2960.000</td><td>m^2</td><td></td></tr>
<tr><td colspan="2">枢纽业务用房</td><td>1935.000</td><td>m^2</td><td></td></tr>
<tr><td colspan="2">公交业务用房</td><td>4145.000</td><td>m^2</td><td></td></tr>
<tr><td colspan="2">公交快线功能用房</td><td>1100.000</td><td>m^2</td><td></td></tr>
<tr><td colspan="2">公安用房</td><td>2425.000</td><td>m^2</td><td></td></tr>
<tr><td colspan="2">常规公交上落客及停驻车区</td><td>7445.000</td><td>m^2</td><td></td></tr>
<tr><td colspan="2">公交快线上落客及停驻车区</td><td>10840.000</td><td>m^2</td><td></td></tr>
<tr><td colspan="3">地下总建筑面积</td><td>12850.000</td><td>m^2</td><td></td></tr>
</table>

（续）

<table>
<tr><th colspan="7">综合经济技术指标</th></tr>
<tr><th>序号</th><th colspan="3">项目</th><th>数量</th><th>单位</th><th>备注</th></tr>
<tr><td rowspan="15">其中</td><td rowspan="6">枢纽部分</td><td rowspan="5">其中</td><td>枢纽换乘空间</td><td>5970.000</td><td>m^2</td><td></td></tr>
<tr><td>公交业务用房(食堂)</td><td>530.000</td><td>m^2</td><td></td></tr>
<tr><td>出租车</td><td>1071.000</td><td>m^2</td><td></td></tr>
<tr><td>枢纽停车</td><td>3765.000</td><td>m^2</td><td>含60辆枢纽办公停车</td></tr>
<tr><td>枢纽机房</td><td>1514.000</td><td>m^2</td><td></td></tr>
<tr><td colspan="2">小计</td><td>43700.000</td><td>m^2</td><td></td></tr>
<tr><td rowspan="9">一体化开发部分</td><td colspan="2">地上总建筑面积</td><td>86150.000</td><td>m^2</td><td></td></tr>
<tr><td rowspan="3">其中</td><td>商业</td><td>19000.000</td><td>m^2</td><td></td></tr>
<tr><td>酒店</td><td>66798.000</td><td>m^2</td><td></td></tr>
<tr><td>人防出入口</td><td>352.000</td><td>m^2</td><td></td></tr>
<tr><td colspan="2">地下总建筑面积</td><td>46330.000</td><td>m^2</td><td></td></tr>
<tr><td rowspan="3">其中</td><td>商业</td><td>2000.000</td><td>m^2</td><td></td></tr>
<tr><td>车库、设备用房、酒店后勤</td><td>31524.000</td><td>m^2</td><td rowspan="2">含300辆社会停车</td></tr>
<tr><td>人防车库</td><td>12806.000</td><td>m^2</td></tr>
<tr><td colspan="2">小计</td><td>132480.000</td><td>m^2</td><td></td></tr>
<tr><td rowspan="2">3</td><td colspan="2" rowspan="2">地下联通通道面积</td><td>红线内</td><td>1681.000</td><td rowspan="2">m^2</td><td rowspan="2">含用地红线内与地铁M7/S6及碧桂园用地地下联通通道面积</td></tr>
<tr><td>红线外</td><td>384.000</td></tr>
<tr><td>4</td><td colspan="3">容积率</td><td>2.1</td><td></td><td></td></tr>
<tr><td>5</td><td colspan="3">建筑密度</td><td>60</td><td>%</td><td></td></tr>
<tr><td>6</td><td colspan="3">建筑高度</td><td>45.00</td><td>m</td><td>最高</td></tr>
<tr><td>7</td><td colspan="3">建筑层数</td><td>11</td><td>层</td><td>最高</td></tr>
<tr><td>8</td><td colspan="3">机动车停车位</td><td>669</td><td>个</td><td></td></tr>
<tr><td rowspan="4">其中</td><td colspan="3">酒店停车位</td><td>220</td><td>个</td><td>按照40%折减</td></tr>
<tr><td colspan="3">商业停车化</td><td>89</td><td>个</td><td>按照40%折减</td></tr>
<tr><td colspan="3">枢纽停车位</td><td>60</td><td>个</td><td></td></tr>
<tr><td colspan="3">社会车辆停车位</td><td>300</td><td>个</td><td></td></tr>
<tr><td>9</td><td colspan="3">非机动车停车位</td><td>2178</td><td>个</td><td></td></tr>
<tr><td rowspan="3">其中</td><td colspan="3">酒店停车位</td><td>915</td><td>个</td><td rowspan="3">地面自行车停车位574个</td></tr>
<tr><td colspan="3">商业停车位</td><td>315</td><td>个</td></tr>
<tr><td colspan="3">枢纽停车位</td><td>948</td><td>个</td></tr>
</table>

注：本项目上位规划无绿地率要求。

结合本项目的上位规划要求及本底条件，确定本项目海绵城市建设控制目标，具体目标详见表 5-3。

表 5-3 本项目海绵城市相关目标一览表

序号	指 标	建设目标	性质
1	年径流总量控制率	≥ 85%	控制性
2	下凹式绿地率	≥ 60% （地标要求≥ 50%，绿建要求≥ 60%，两者取大值）	控制性
	透水铺装率	≥ 70%	控制性
3	外排雨水峰值径流系数	≤ 0.4	控制性
4	雨水调蓄设施配建	每千平方米硬化面积配建调蓄容积不小于 $50m^3$	控制性
	实际调蓄容积	$2406.84m^3$ （千平方米配建调蓄设施容积、年径流总量控制率、外排雨水峰值径流系数，三者取大值）	控制性

此项目在海绵方案设计及海绵指标的图纸落实阶段均展开了协同工作。

（1）方案设计阶段。通过项目信息的梳理、分析与方案设计，海绵城市专项明确了年径流总量控制率、下凹式绿地率、透水铺装率、外排雨水峰值径流系数、雨水调蓄池等一系列建设目标，并将目标要求反提给总图专业。双方针对透水铺装率的要求进行了进一步的沟通。

总图专业：“此项目建筑密度达 60%，地面铺装围绕建筑呈环状分布，多为消防扑救场地及消防车道，很难实现透水铺装率的要求，这该怎么办呢？”

海绵城市专项：“首先，‘透水铺装率≥ 70%’为《海绵城市雨水控制与利用工程设计规范》（DB11/ 685—2021）中第 5.2.2 条第 6 款的要求，必须达到。”

“5.2.2 新建建筑与小区项目海绵城市雨水控制与利用规划应符合下列规定：

6 公共停车场、人行道、步行街、自行车道和休闲广场、室外庭院的透水铺装率不应小于 70%。”

海绵城市专项：“其次，透水铺装率的计算仅包含公共停车场、人行道、步行街、自行车道、休闲广场和室外庭院等区域。消防扑救场地及消防车道不在透水铺装要求范围内，其面积不纳入透水铺装率的分母。公共停车场、人行道、步行街、自行车道、休闲广场和室外庭院等区域的铺装达到透水铺装率≥ 70% 即可。”

总图专业：“此项目为交通枢纽综合体建筑，含星级酒店及综合商业，对于场地品质要求较高，大面积采用透水砖是否会影响项目品质呢（图 5-8）？”

海绵城市专项：“随着建材技术的不断革新，透水砖的品质也在不断提高，同时已有品质良好的建成案例（图 5-9），在设计与施工过程中，注意加强对材料选型的把控即可。”

图 5-8　透水砖示意图（一）

图 5-9　透水砖示意图（二）

最终，双方通过沟通确定由总图专业重新布置透水铺装以满足透水铺装率 ≥ 70% 的要求。

（2）海绵指标落实阶段。随着方案的推进，各项总图相关经济技术指标会不断更新，需要保证设计的同步更新。

海绵方案及其各项指标要求确定后，随着设计的推进，应不断互相确认设计内容的一致性，以保障海绵城市专项的落实。在实际项目中，常出现设计说明及图纸中的海绵城市专项相关内容未及时更新的问题。

1）设计说明：如图 5-10 所示，设计说明与表 5-2 中的海绵城市相关目标相比，下凹式绿地指标、调蓄池容积均未更新。

11、本项目依据北京市规划委员会《关于加强雨水利用工程规划管理有关事项的通知（试行）》（市规发〔2012〕791 号），《新建建设工程雨水控制与利用技术要点（暂行）》（市规发〔2012〕1316 号），《海绵城市雨水控制与利用工程设计规范》（DB11/685—2021）的相关要求进行设计。本项目透水铺装比例不低于 70%，下凹绿地比例不低于 50%，本项目西南角设置 1 个 $1050m^3$、南侧设置 1 个 $225m^3$、东侧设置一个 $1200m^3$，总共容积 $2475m^3$ 的三个雨水调蓄池。

图 5-10 设计说明问题示意图

2）图纸：如图 5-11 所示，图纸内容与表 5-2 中的海绵城市相关目标相比，下凹式绿地指标未更新，调蓄池容积未更新，透水铺装范围未体现。

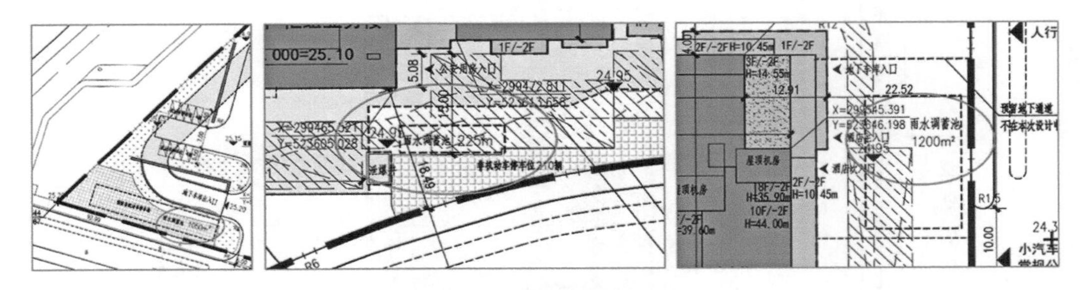

图 5-11 图纸问题示意图

鉴于以上情况，总图专业与海绵城市专项最终应互相确认设计说明、图纸、数据等内容，保障整体设计的统一。

2. 竖向布置图协同工作

某项目总用地面积 $100000m^2$，总建筑面积 $94990m^2$，建筑密度 30%，容积率为 1.5，绿地率为 45%。此项目为综合医疗建筑，包含门诊楼、住院楼、特殊工艺楼及其他配建。

如图 5-12 所示，本项目原始场地地势低洼，市政道路及建筑的设计标高与原始场地竖向高差较大。基于以上问题，为避免进行大面积的土方挖填工作，总图专业与各专项共同探讨场地的竖向设计方案，最终形成统一意见，即充分利用原始地形竖向，提高下凹式绿地率，结合下沉庭院的设计，尽量降低土方需求与地下室荷载（图 5-13）。

图 5-12 原始场地照片

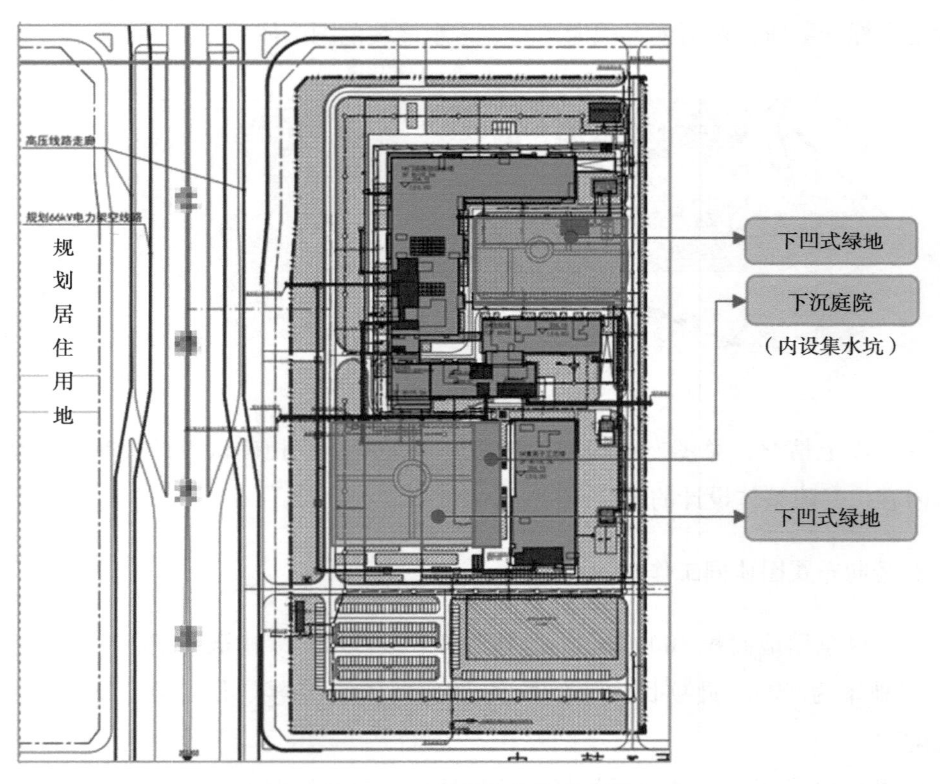

图 5-13 下沉场地分布示意图

经土方平衡计算后发现，利用原有地形设置下沉广场及下凹式绿地后，仍需要较大的填方量，故方案中进一步增大局部下沉绿地的深度，将场地与市政道路间的外围防护林区域调整为沟渠。

场地竖向关系着土方挖填、建筑地下结构荷载、场地及市政管线条件等多方因素，需综合考虑进行设计。

海绵城市专项就此设计方向展开深入研讨并提出疑问：

1）根据此设计方向，设置下凹深度最大为 2m 的下凹式绿地。如图 5-14 所示，为满足海绵城市的要求，场地内雨水管线低于 –2m，同时市政管渠应低于场地内雨水管线。需明确场地内外管道系统的标高是否符合要求。

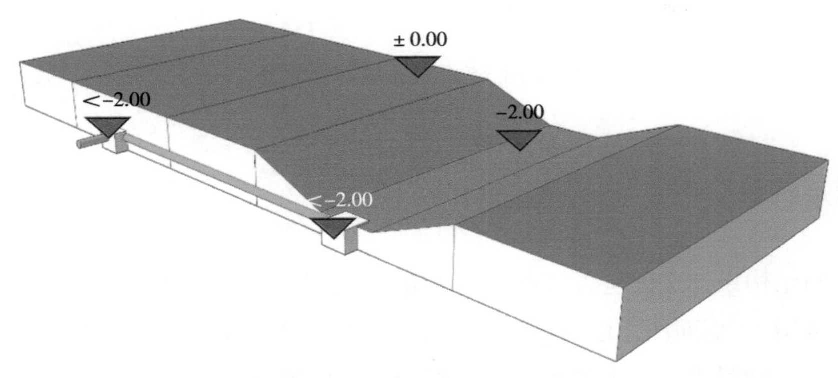

图 5-14 沟渠竖向排水示意图

2）如图 5-15 所示，沟渠处高差过大，毗邻人行道区域需增设栏杆，会产生相应的增量。

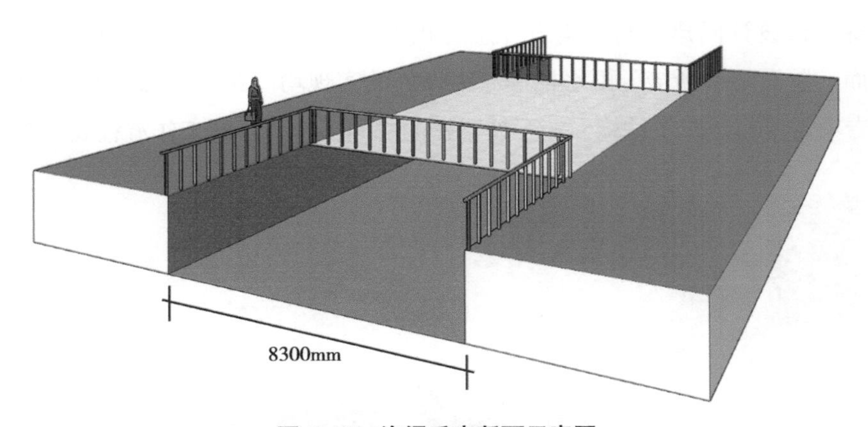

图 5-15 沟渠垂直断面示意图

经与总图专业进一步研讨，最终明确场地内外管道系统的标高符合要求，同时采用梯形沟渠断面形式，沟渠两侧设置缓坡以避免较大高差的直壁，降低防护栏杆的用量，如图 5-16 所示。

建设项目的影响因素较多，施工现场的变化也会影响项目设计的推进，应注意海绵城市设计方案的同步完善。

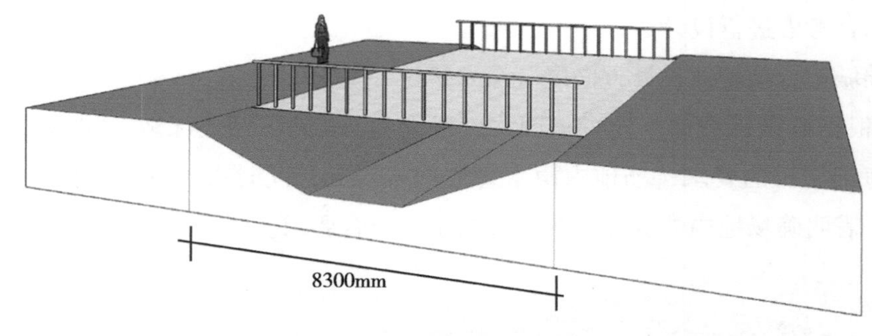

图 5-16 沟渠梯形断面示意图

5.2 与建筑及结构专业协同

建筑与结构设计文件包含场地内各建筑物、构筑物的平面图（包括屋面）、立面图（涉及幕墙）、剖面图，以及局部放大图、材料做法及荷载等设计内容。建筑及结构设计是建设项目设计任务的重要组成部分，与建筑及结构专业开展良好的协同工作，有利于绿色设施的实施，促进整体海绵设计方案的协调统一。

5.2.1 协同工作内容

海绵城市设计同建筑与结构设计息息相关，海绵城市设计方案中的下凹式绿地、绿色屋面、屋面雨水断接、雨水桶等海绵设施的实现均需建筑与结构专业的配合，海绵城市专项需要与建筑及结构专业开展紧密的协同工作，协同工作流程如图 5-17 所示。

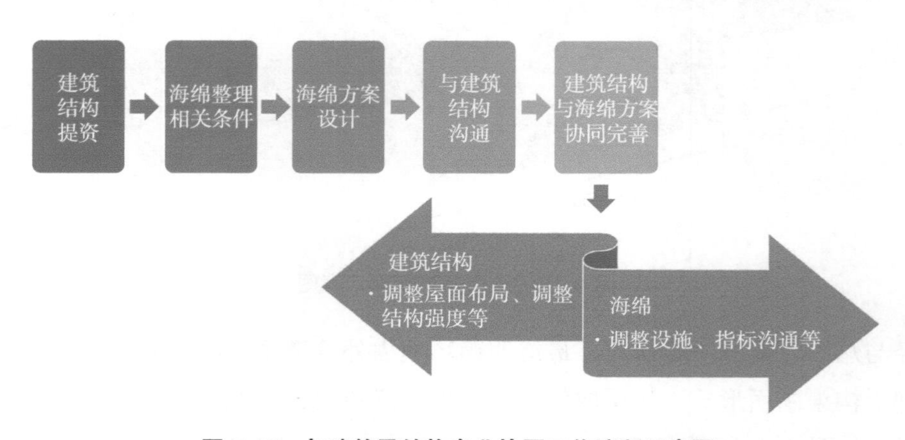

图 5-17 与建筑及结构专业协同工作流程示意图

海绵城市专项在与建筑及结构专业协同工作的过程中，需要注意以下两个方面：

（1）梳理建筑及结构专业与海绵城市专项相关的关键信息。

1）结构专业的地下顶板荷载关系到海绵城市设计方案中下凹式绿地的设置。

2）建筑专业的屋面的类型（包括有无绿化）及排水形式、结构专业的屋面荷载，关系到海绵城市设计方案中绿色屋面的设置。

3）建筑专业的屋面、平台的排水形式，建筑专业的立面形式，关系到海绵城市设计方案中屋面雨水断接、雨水桶的设置。

（2）将海绵城市专项与建筑及结构设计文件融合，使建筑及结构专业的相关内容与海绵城市专项设计相一致。

在与建筑及结构专业协同工作的过程中，一方面，需要了解建筑、结构专业设计文件的构成及内容，充分考虑结构的荷载安全问题，以及建筑的功能定位、品质需求；另一方面，需要贯彻海绵城市设计方案的理念，明确阐述海绵设施的需求要点，让建筑、结构专业为海绵设施的落实提供条件。

1. 方案设计阶段

在方案设计阶段，海绵城市专项应与建筑专业充分协作，使海绵城市设计的生态理念得以在建筑设计中延伸，设置生态海绵设施，促进生态调蓄。如图 5-18 所示，某建筑以“绿色城市山谷”为概念进行建筑设计，将建筑设计成为一个海绵体，将建筑屋顶设计为多层退台，同时在各屋顶设置大面积的屋顶绿化。海绵城市专项在进行设计的过程中，利用屋面、平台的绿化及旱溪等生态设施滞蓄雨水，实现了建筑形态与生态调蓄的有机结合。

海绵城市专项设计与建筑设计相互呼应，共同促成场地的生态化建设。

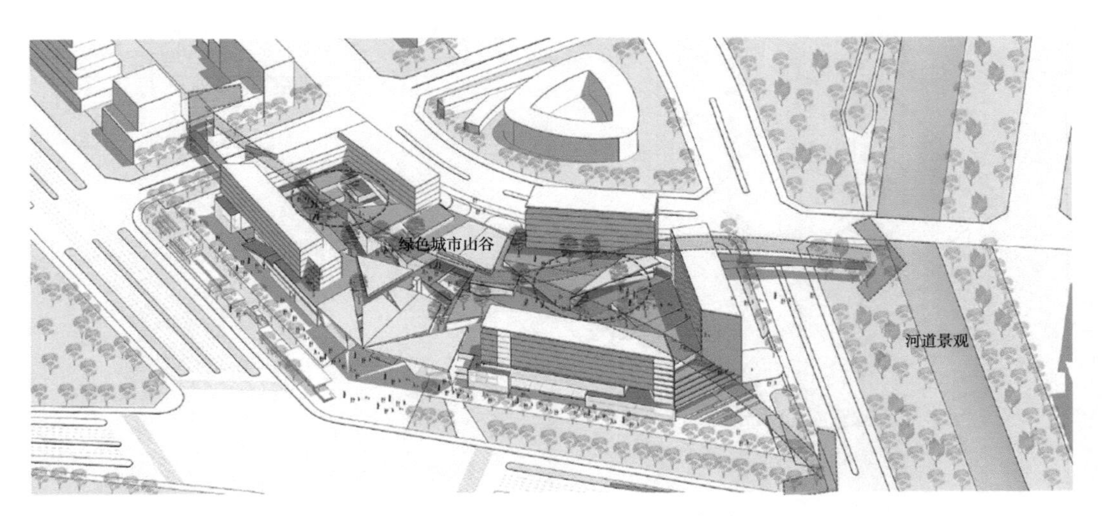

图 5-18 概念方案设计分析示意图

2. 初步及施工图设计阶段

建筑及结构专业的初步设计文件及施工图设计文件中，屋面、顶板的覆土厚度、建筑平面及立面等相关设计文件直接关系到海绵城市设计方案中绿色屋面、下凹式绿地、屋面雨水断接、雨水桶等海绵设施的设置。建筑及结构专业应基于海绵城市设计方案需求，将绿色屋面、下凹式绿地等海绵设施及其具体要求落实到相关设计文件中。

（1）屋面设计。屋面的类型、竖向、排水形式以及屋面结构荷载关系到海绵城市设计方案中绿色屋面以及屋面雨水断接的设置。屋面的类型、竖向及分布常见于屋面的平面设计文件中（图 5-19），同时材料做法表中包含如不上人屋面、上人屋面、种植屋面等各类屋面的具体做法（表 5-4），剖面设计文件及结构设计文件则可进一步明确各层屋面的竖向关系、覆土厚度等。通过建筑屋面的类型可以初步判断设置绿色屋面的可行性，如坡屋顶就不适宜设置绿色屋面。同时，除明确的种植屋面外，在进行海绵城市设计时可着重注意屋面的平面空间及结构荷载是否能满足绿色屋面的要求，以便于设置新的绿色屋面。

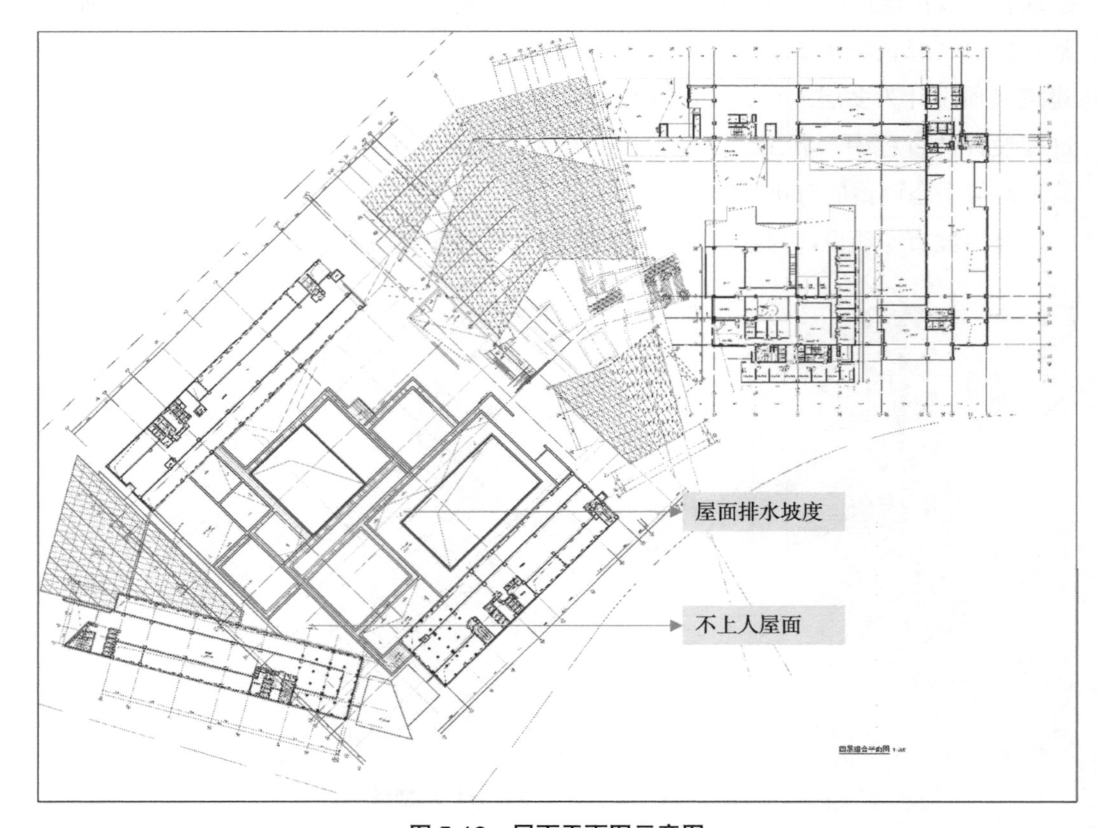

图 5-19　屋面平面图示意图

表 5-4 材料做法表

材料做法表——室外部分（屋面做法）参考图集：19BJ1-1							
编号	图集号	做法名称	厚度（mm）	燃烧等级	用料及分层做法	使用位置	备注
屋 1	平屋正 -3	不上人混凝土屋面（正置式）	最薄 250	B1	1.50 厚 C20 细石混凝土（浅色），随打随抹平，6m×6m 分缝，缝宽 10，缝内下部填 B1 级硬泡聚氨酯条，上部填密封膏； 2.0. 1 厚聚氯乙烯塑料薄膜隔离层； 3.3+3 厚弹性体改性沥青 SBS 防水卷材（聚酯胎 II 型）； 4.20 厚 DS 砂浆找平层； 5. 最薄 40 厚 A3 型复合轻集料垫层，找 2% 坡； 6.130 厚挤塑聚苯板保温层； 7. 钢筋混凝土屋面（与室内及屋面管井 / 风井交接处设置与墙体同厚的 C20 导墙，高度高于室外完成面至少 300mm）	1. 酒店客房楼顶层大屋面； 2. 屋顶楼梯间 / 设备用房屋面； 3. 人防室外独立出入口屋面； 4. 酒店及商业三层裙房屋面	1. 保温层燃烧等级 B1 级 2.I 级防水； 3. 酒店及商业裙房屋面浮铺 40 厚浅色卵石（具体详景观设计）

当确定要设置的绿色屋面面积及范围后，屋面设计文件应与海绵城市设计方案保持一致，在平面、剖面设计文件及材料做法表中明确其规模和做法，以保障海绵城市设计方案的有效落地。

（2）顶板的覆土厚度。如图 5-20 所示，地下层平面图通常表达地下层的各功能空间布局及规模，明确建筑地下开发情况，从而明确覆土范围。剖面图则明确地下层顶板与地坪的竖向关系，明确场地覆土情况。不同项目所在地对于下凹式绿地的覆土要求不尽相同，可结合地下层相关设计文件，初步判断满足下凹式绿地设置条件的场地范围。

（3）建筑平面及立面设计。建筑平面及立面设计中，平面设计文件表达各层的功能空间布局及规模，立面设计文件结合材料做法表则表达建筑各方向立面的做法。结合建筑平面及立面设计文件可以判断建筑的主次立面，从而斟酌采取屋面雨水外排断接措施的可行性。如图 5-21 所示，某项目建筑功能主要为商场及酒店，立面为绿植墙或玻璃幕墙，建筑前是人行广场，出于建筑品质及行人步行体验等方面的考虑，此建筑不宜采取屋面雨水外排断接措施。

当采取屋面雨水外排断接措施时，建筑平面及立面设计文件应结合海绵城市设计方案落实雨落管的布置情况。由建筑、结构、给水排水专业等落实到相关设计文件当中。

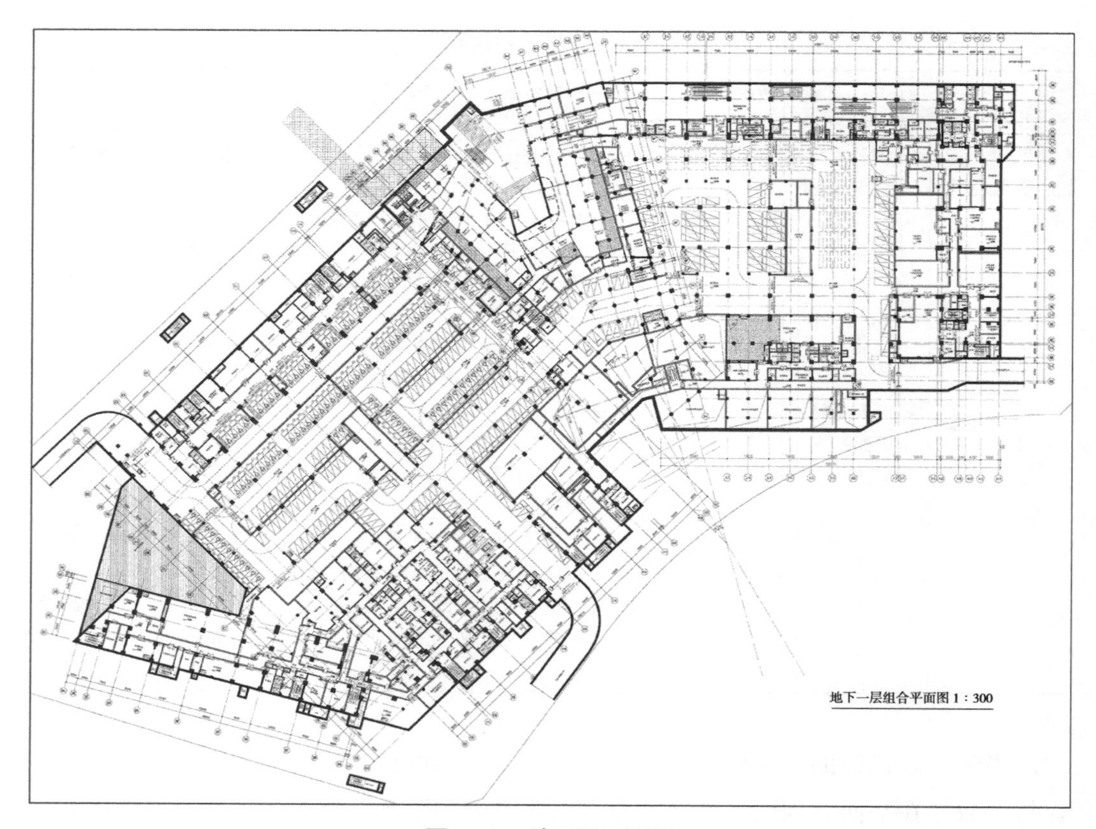

图 5-20　地下层平面图

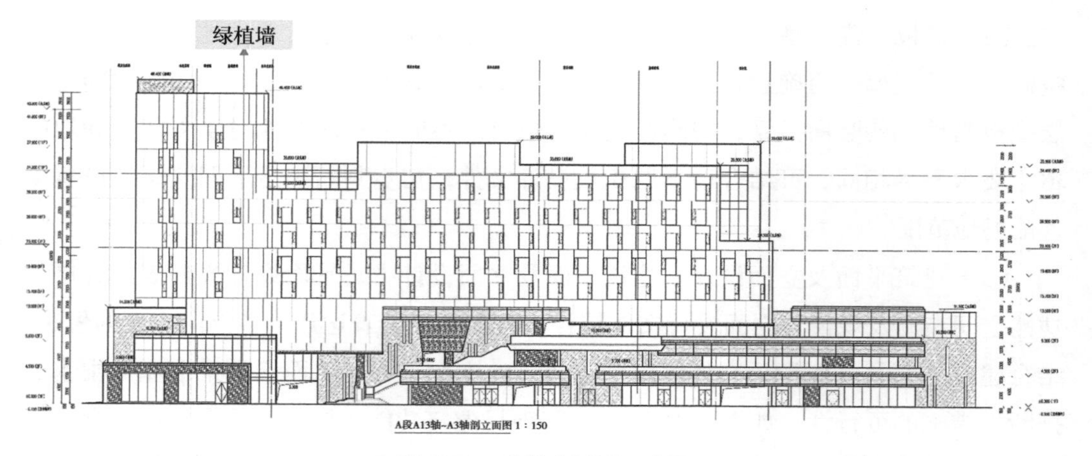

图 5-21　建筑立面图示意图

5.2.2　案例分析

在实际工作中，需要海绵城市专项充分了解建筑及结构专业的工作内容并将海绵城市专项的需求向建筑及结构专业进行明晰的表达。双方基于项目建设条件，协同完成设计任务：由建筑及结构专业完善设计，满足海绵城市专项对于建筑屋面布局、结构强度的需求；或由海绵城市专项调整设施布局及规模等。

以下三个案例，将分别展示基于绿色屋顶、下凹式绿地、屋面雨水断接等不同调蓄措施展开的不同的协同工作。

1. 绿色屋顶

某项目总用地面积 5582.00m^2，总建筑面积 22445.42m^2，建筑密度 65%，容积率为 2.4。此项目为商业建筑，包含主力店、商铺、餐饮、地下车库及其他配建。

此项目原设计为二层屋顶设置绿化屋顶，其余为上人屋顶。海绵城市设计方案以整体 579.00m^2 的二层屋顶为绿化屋面进行了设计与计算。在后续对二层进行屋顶景观设计深化的过程中，出现因增加活动空间及设施而导致整体绿色屋顶面积不足的问题。

面对有限的设计条件该怎么办呢?

海绵城市专项基于以上情况，与建筑及结构专业进行沟通，试图在其他屋顶设置屋顶绿化以补充绿色屋顶的面积缺口。但此调整方案仍面临着两个较大的难题：

（1）合理性：其他屋顶均未做覆土的荷载考虑，无法直接在其他屋顶设置屋顶绿化。

（2）经济性：大面积增加屋顶荷载的增量成本较大。

经过对海绵城市设计方案、建筑及结构图纸的多次研讨，各方最终确定在其他屋顶选择梁柱跨度较小的区域设置点状、带状的屋顶绿化，不足的调蓄量由其他调蓄设施弥补（图 5-22）。

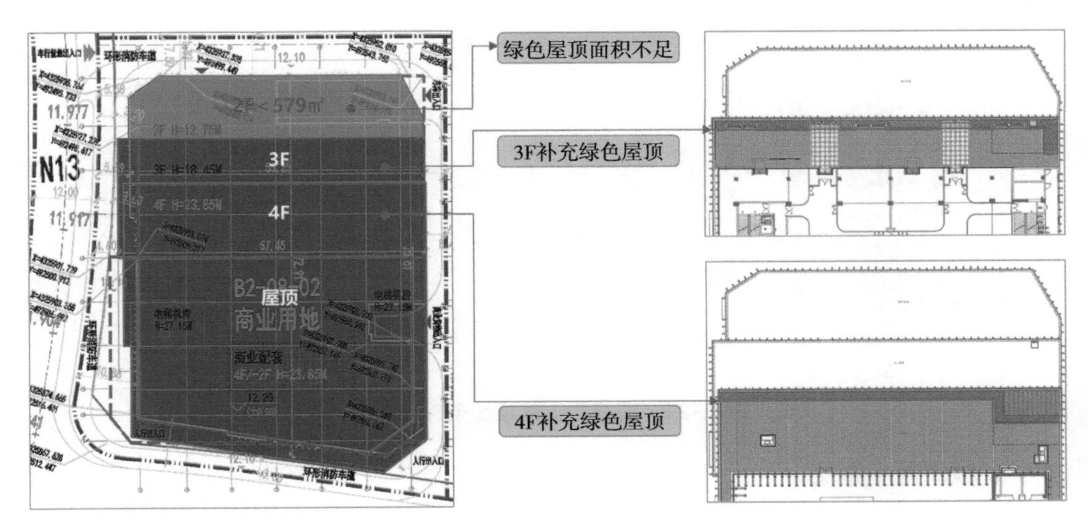

图 5-22　项目绿色屋顶调整方案示意图

2. 下凹式绿地

某项目为轨道交通上盖二级开发项目，一级开发为轨道交通停车场，上盖二级开发为住宅小区及其他配建。轨道交通部分原结构设计的荷载较小，未考虑住宅小区部分的覆土厚度需求。

首先，项目所在地要求下凹式绿地覆土厚度应≥ 1.5m，此项目上盖区域大部分覆土不足 1.5m，不满足当地对于下凹式绿地覆土厚度的要求。其次，覆土厚度不足会限制景观植物群落的种植与生长（图 5-23），故浅覆土区域的植被多以地被、灌木为主，植被的存活率也会因覆土浅、蒸发量大等原因大大降低。

图 5-23　同类上盖项目植被现状

经海绵城市专项前期介入，与一级开发的建筑及结构专业沟通，大幅度提高了二级开发场地内的覆土条件，使二级开发区域内整体覆土厚度达到了 1.5m 的要求（图 5-24）。

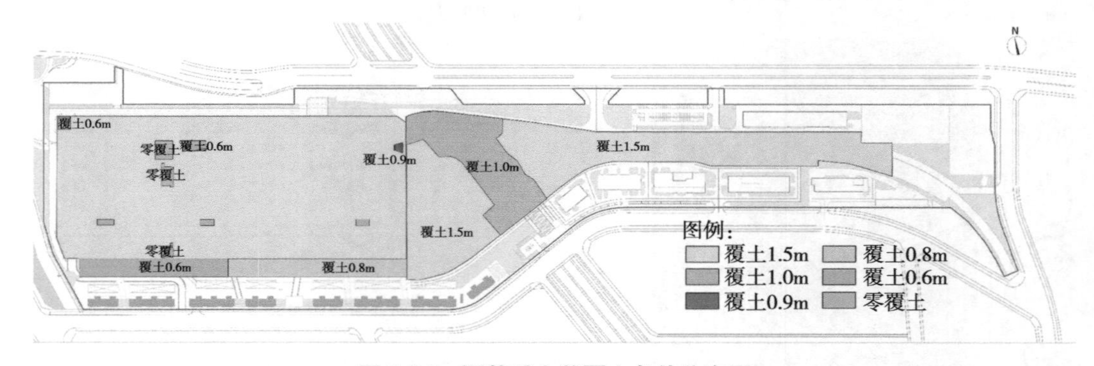

图 5-24　调整后上盖覆土条件分布图

3. 屋面雨水断接

并非所有的项目都要一味增加设施，要综合考虑项目条件与设施的适宜性。如

图 5-25 所示，某项目为交通枢纽综合体，综合考虑未采取屋面雨水断接措施。

此项目若采取屋面雨水断接措施将面临建筑高度、建筑立面两方面的问题。建筑高度方面，建筑体四周高，为酒店及交通枢纽办公楼，建筑高度约为 36m；中间低，为交通枢纽中央换乘空间以及上盖庭院，建筑高度约为 23m。若四周建筑屋面雨水断接外排，雨水下落会产生较大势能。建筑立面方面，建筑外立面进行了较为精致的立面设计，裙房部分主要为玻璃幕墙，局部采用了金属板及垂直绿化。若采取屋面雨水断接外排，雨落管易影响建筑立面的呈现效果。

基于以上问题，海绵城市专项与建筑专业展开协同工作。最后出于保障立面品质考虑，不做外侧雨落管断接处理，改为向内断接。

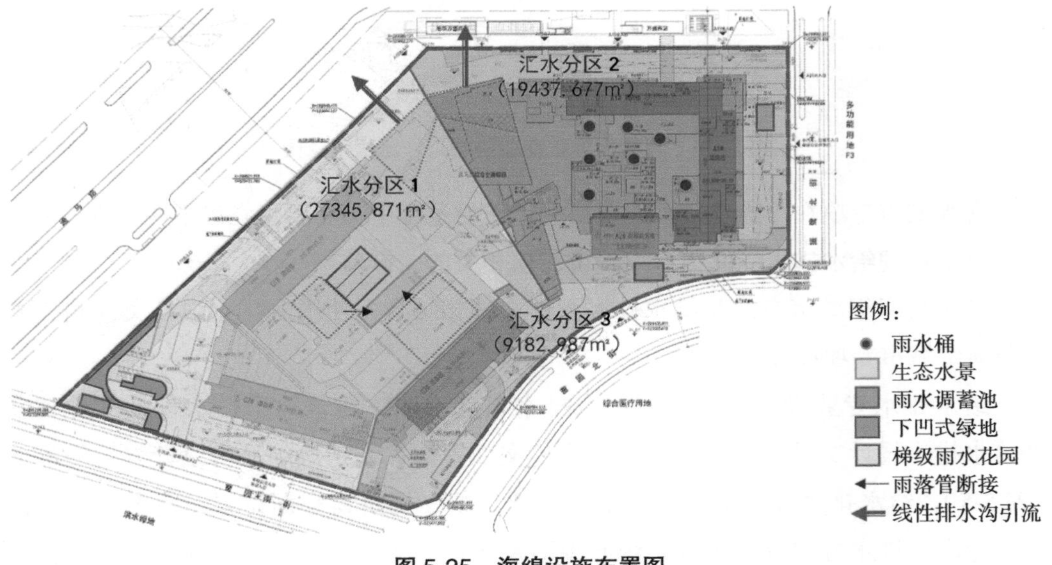

图 5-25 海绵设施布置图

5.3 与给水排水专业协同

给水排水设计文件通常包含建筑各层的给水排水、室外场地的给水排水、雨水回用（如有）等设计内容。海绵城市专项需要基于项目建设条件与海绵城市设计方案的各项指标，与给水排水专业沟通建筑与场地的排水设计意向，再各自进行设计与深化。

5.3.1 协同工作内容

给水排水设计方案中的雨水管网、调蓄设施等直接关系到海绵城市设计方案中下凹式绿地、绿色屋面、屋面雨水断接、雨水桶等海绵设施的设置，海绵城市设计方案与给水排水设计方案共同作用于场地才能更好地保障场地排水的安全性与生态性。海绵城市专项与给水排水专业的协同工作流程如图 5-26 所示。

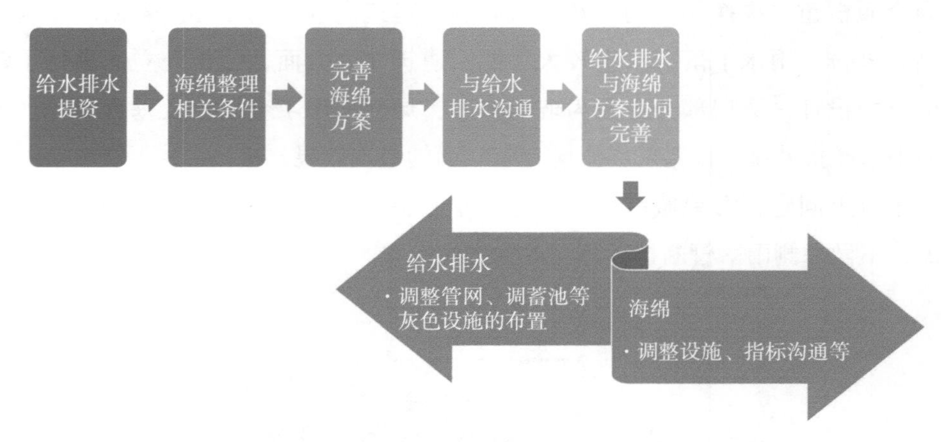

图 5-26　与给水排水专业协同工作流程示意图

海绵城市专项在与给水排水专业协同工作的过程中，需要注意以下两个方面：

（1）梳理给水排水专业与海绵城市专项相关的关键信息。

（2）将海绵城市专项与给水排水设计文件相结合，使给水排水设计文件相关内容与海绵城市专项设计相一致。

给水排水专业设计成果中，给水排水设计说明、建筑给水排水设计文件、室外给水排水设计文件、雨水回用系统设计文件等都关系到海绵城市设计方案的落地（表 5-5）。给水排水设计文件通常要表现建筑物、构筑物平面位置，室内外管井位置、标高、排水方向等，包含系统原理图及流程图等相关信息。海绵城市专项在与给水排水专业协同工作的过程中，一方面需要梳理给水排水专业设计文件的构成及内容，另一方面需要贯彻海绵城市设计方案的理念，通过与给水排水专业的沟通协作，实现场地生态调蓄。

表 5-5　给水排水设计文件信息梳理一览表

序号	设计成果	给水排水设计文件中应重点关注的设计内容	给水排水设计文件中与海绵城市专项相关的信息
1	给水排水设计说明	场地排水方式、雨水利用方式	雨水组织、收集、净化、回用等
2	建筑给水排水设计文件	屋面排水组织	屋面雨水断接
3	室外给水排水设计文件	外线布置、市政接口、调蓄设施	汇水分区划分、海绵设施布置
4	雨水回用系统设计文件	雨水利用方式	雨水组织、收集、净化、回用等

1. 给水排水设计说明

给水排水设计说明主要针对给水排水设计方案及相关图纸进行说明与解释，通常包括设计依据，项目概况，设计范围，室内外给水、排水、中水、雨水设计，各类设施及相关系统等设计内容。给水排水设计说明应对场地雨水利用与控制情况进行说明，明确海绵城市专项的技术路线及雨水调蓄设施、雨水回用系统（如有）等灰色设施的具体规模，以便海绵城市设计方案落实。此部分由海绵城市专项主导推进，再为给水排水专业提供相关要求，最终由给水排水专业落实到相关设计文件当中。

2. 建筑给水排水设计文件

建筑给水排水设计文件中包含建筑各层的排水组织，其中屋面层排水设计文件中会明确表达屋面的排水组织，显示管线及排水设施分布。海绵城市专项可通过建筑屋面层排水设计文件判断屋面采用的是内排水系统还是外排水系统，从而进一步判断有无进行屋面雨水断接的条件，并明确具体的断接方式。

3. 室外给水排水设计文件

室外给水排水设计文件可用于明确场地排水组织、排水分区，显示管线的坡度、方向及埋深，还有设施的布局以及市政接口的方位等设计内容。海绵城市专项在与给水排水专业的协同工作中，应保障排水分区与海绵城市设计方案的汇水分区相契合，与雨水调蓄设施的规模相一致；路面雨水口应设置在相邻的绿地范围内，下凹式绿地内设置溢流雨水口，且需测算保证 24h 内排空。雨水调蓄设施的布置由海绵城市专项主导，由给水排水专业落实。如上一级设计条件中尚未确定市政排口条件，可根据海绵城市设计方案及给水排水设计方案向上反提市政排口的设置建议。

4. 雨水回用系统设计文件

当项目需要设置雨水回用系统时，海绵城市专项应将此需求同步到给水排水专业，并由给水排水专业完成雨水回用相关设计，并将雨水回用系统设计文件提供给海绵城市专项。

5.3.2 案例分析

在实际工作中，需要海绵城市专项基于海绵方案设计，将技术路线、汇水分区、海绵设施布局、相关指标设置等内容落实到给水排水图中。双方基于项目情况就有争议项进行进一步商讨与完善，协同完成设计任务，保障方案统一、切实可行，最后确定：由给水排水专业调整管网、调蓄池等灰色设施的布置，满足海绵城市设计方案的需求；或由海绵城市专项调整设施布局及规模等。

以下两个案例，将分别展示基于雨水调蓄设施及海绵设施的具体指标展开的不同的协同工作。

1. 雨水调蓄设施

某项目总用地面积 5582.00m²，总建筑面积 22445.42m²，建筑密度 65%，容积率为 2.4。此项目为分期建设项目，一期建筑已完成并投入使用，二期仅东北侧一独栋科研用房。此建筑为科研办公类建筑园区，包含科研实验、办公、地下车库及其他配建。

此项目针对雨水调蓄池的设施展开了协同工作。因项目一期已建设完毕，故项目具备较为完整的给水排水设计资料及完备的给水排水条件。如图 5-27 所示，场地南侧、东侧存在两个市政雨水排口。目前的给水排水方案中将场地划分为两个汇水分区，汇水分区 1 雨水由市政排口 01 排出，汇水分区 2 雨水由市政排口 02 排出。同时管线设计显示，汇水分区 1 的雨水汇入雨水调蓄池，雨水调蓄池设置在汇水分区 2 的绿地内，雨水经过雨水调蓄池再从汇水分区 1 的市政排口 01 排出。调蓄池的设置与汇水分区划分不匹配。

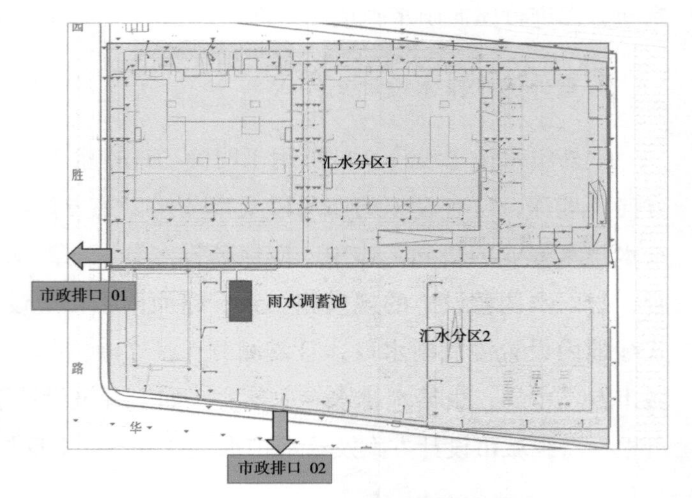

图 5-27 汇水分区及市政排口示意图

项目本底优良。场地内绿地实土较多，覆土条件较好，覆土区域覆土深度在 2.0m 左右。场地内设有景观水体，可改造为调蓄水景，增大调蓄量。

现状雨水调蓄池与汇水分区相悖，且无雨水回用需求，无设置必要。海绵城市专项基于此，与给水排水专业沟通取消雨水调蓄池的设置。但因项目规划条件书内明确了此建设项目应配套建设雨水收集利用系统，且每 10000m² 建设用地宜建设不小于 100m³ 的雨水调蓄池，故保留设置雨水调蓄池。

2. 海绵设施具体指标

某项目用地面积为44645.50m²，总建筑面积为452104.60m²，建筑密度为49.3%，主塔办公楼高度为240.85m，副塔办公楼高度为164.15m。主要功能含办公、商业等。

此项目针对海绵设施具体指标展开协同。

当场地条件十分有限，设置雨水调蓄池是完成场地调蓄量的重要措施。

此项目旨在打造集工作、商业、生活、创业为一体的智慧产业集聚区，下方有轨道交通穿行，开发强度大，容积率为6.93、建筑密度为49.30%，硬质下垫面占比较高。经与主管部门沟通，可下调生态设施分项指标，完成整体调蓄量即可。因绿色、蓝色设施建设条件有限，则上调雨水调蓄池调蓄量以平衡场地调蓄量。但由于此项目下方有轨道交通穿行，开发强度大，地下结构复杂，需斟酌雨水调蓄池的数量、规模、位置等。经与给水排水专业反复沟通，并与轨道交通方协同工作，最终落实了调蓄池的设置需求（图5-28），达成海绵城市建设目标。

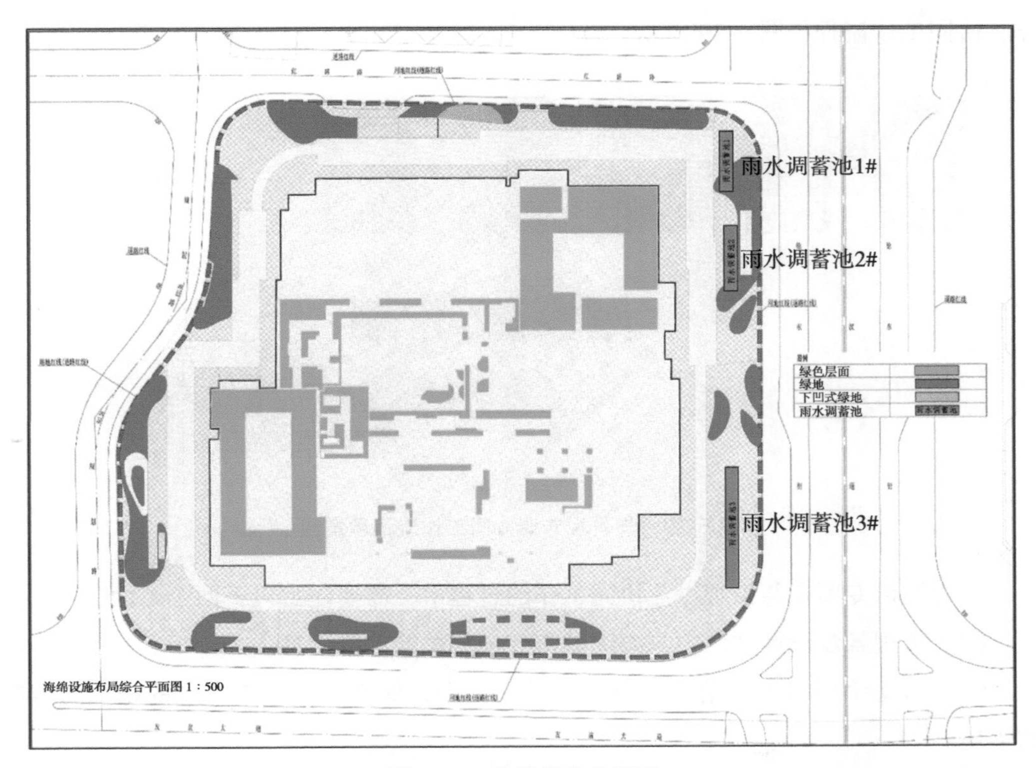

图5-28 海绵设施布置图

5.4 与景观专业协同

海绵城市专项与景观专业密不可分，在欧美国家，雨水管理早已写入法律条文，是执业景观设计师必须要掌握的技术。景观设计文件通常包含景观设计说明、总平面设计、土建设计、绿化设计以及水电设计等。海绵城市设计相关海绵设施需要景观专业辅助最终实施落地。

5.4.1 协同工作内容

海绵城市设计在场地中布置的相关设施将依托景观设计落地实施，尤其是下凹式绿地、雨水花园、生态水景、透水铺装等设施需由景观专项实现最终的落地。景观专业设计成果中，景观方案文本、景观设计说明、景观总平面图及竖向设计图、铺装分布图及铺装做法图、植物配置图等均关系到海绵城市设计方案的落地。海绵城市设计方案中的场地竖向及径流组织，下凹式绿地、绿色屋面、透水铺装等海绵设施都需要体现在景观设计当中。海绵城市专项需要与景观专业开展紧密的协同工作，协同工作流程如图 5-29 所示。

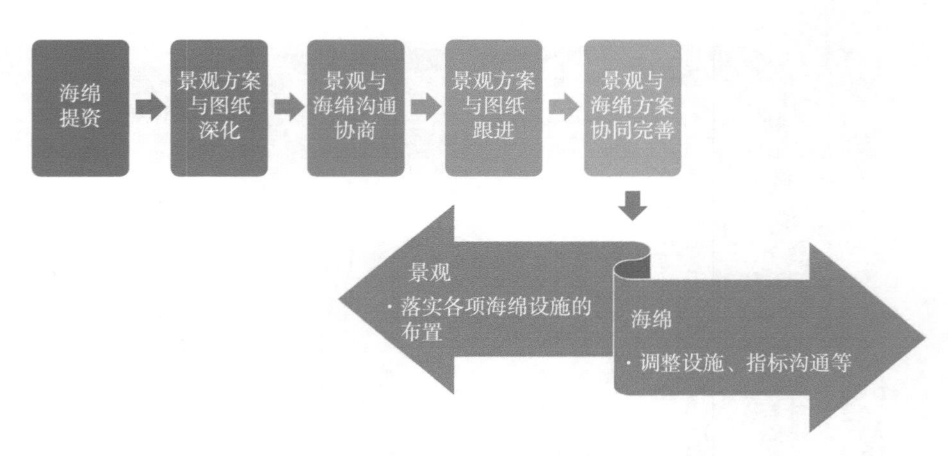

图 5-29 与景观专业协同工作流程示意图

海绵城市专项在与景观专业协同工作的过程中，需要注意以下两个方面：

（1）梳理景观设计文件中与海绵城市专项相关的关键信息。

（2）将海绵城市专项落实到景观设计文件中，保障海绵城市专项的相关内容有效落地。

海绵城市专项应向景观专业提供海绵城市设计方案，并针对海绵城市总平面图或设施布局图、下垫面分析图、竖向设计图、雨水径流组织和溢流排放图等设计文件进行充分协同沟通，见表 5-6。由景观专业将海绵城市专项的相关设计要求纳入景观设计之中，并于设计说明、竖向设计文件、种植设计文件、铺装设计文件以及景观给水排水相关设计文件中进行相应的表达。涉及实施可行性的部分，应充分沟通并形成统一意见，分别落实于各专项的设计当中。

表 5-6 资料梳理一览表

<table>
<tr><th>序号</th><th>设计成果</th><th>海绵城市专项中应重点向景观专业传达的设计内容</th><th>海绵城市专项相关景观设计文件</th></tr>
<tr><td>1</td><td>总平面图或设施布局图</td><td>海绵设施规模及布局等</td><td>设计说明、铺装设计文件、种植设计文件等</td></tr>
<tr><td>2</td><td>下垫面分析图</td><td>场地下垫面构成情况等</td><td>铺装设计文件等</td></tr>
<tr><td>3</td><td>竖向设计图</td><td rowspan="2">下凹式绿地等海绵设施的标高；溢流雨水口的布局、标高及选型；场地雨水径流组织等</td><td>竖向设计文件</td></tr>
<tr><td>4</td><td>雨水径流组织和溢流排放图</td><td>竖向设计文件以及景观给水排水相关设计文件</td></tr>
</table>

1. 设计说明

海绵城市专项在与景观专业开展协同工作时，应重视景观设计说明及水电工程中的景观给水排水设计说明等相关设计说明文件。景观设计说明通常包含设计依据、场地概述、组成元素、景观节点等主要设计内容，竖向、种植、水景（如有）、铺装等相关说明，以及技术经济指标等。景观给水排水设计说明包括设计依据、工程概况、给水设计（含水源及用水量等）、系统、排水设计、主要设备表等。景观设计说明以及景观给水排水设计说明中的相关设计内容均应与海绵城市设计方案相一致。

景观设计说明应表现透水铺装、下凹式绿地、雨水调蓄池等海绵设施的规模。景观给水排水设计说明则应表现雨水组织情况，是否回用雨水及对应的设计内容等。以上内容均由海绵城市专项主导，由景观专业及景观配套给水排水专业落实。

2. 竖向设计文件

景观竖向设计文件中包含场地内相关建、构筑物室内 ±0.00 设计标高（相当绝对标高值）以及建、构筑物室外地坪标高，道路标高，自然水系、人工水景控制标高，地形设计标高及坡向，主要节点的控制标高及地面排水方向等设计信息。

景观竖向设计应与海绵城市专项中的竖向设计图、雨水径流组织和溢流排放图相契合。景观场地竖向应满足海绵城市专项中对于场地雨水径流组织的要求，下凹式绿地、景观水体等设施的竖向应符合海绵设施的布置要求。当下凹绿地具有调蓄功能时，景观专业在竖向设计中应实现下凹式绿地底标高、溢流雨水口顶标高等相应设计内容，以保障相应的调蓄量；景观水体的底标高、进水管及溢流管标高应满足雨水自然排放、储存空间的要求，且可实现水量平衡。此项由海绵城市专项主导，由景观专业落实到景观相关设计文件当中。

3. 种植设计文件

景观种植设计文件包含种植设计相关说明，苗木表，乔木、灌木、地被等分类种植平面布置，屋顶花园、下沉庭院、景观水体等分区种植平面布置信息。

其中屋顶花园、下凹式绿地的范围应与海绵城市设计方案总平面图或设施布局图相契合。植被宜选取乡土植物，并根据屋顶花园、下凹式绿地、景观水体等不同区域的场地特性选择适当的植被。屋顶花园应充分考虑建筑结构荷载与屋面灌溉排水条件，宜选用抗涝抗旱能力强的浅根系植物；下凹式绿地中的植物应耐涝耐淹，景观水体区域应优选根系发达的水生植物，并根据不同常水位水深进行配置。此项工作由海绵城市专项主导推进，再向景观专业提供相关要求，最终由景观专业落实到景观种植设计文件中。

4. 铺装设计文件

景观铺装设计文件包含室外景观铺装的形状、材料、面层样式、颜色及不同类型铺装的范围与相应的做法等信息。

其中透水铺装的范围、比例及相关做法应与海绵城市专项中的总平面图或设施布局图、下垫面分析图相契合。透水铺装比例达到海绵城市设计方案的要求，且应注意透水铺装的面层及构造做法均应透水。此项由海绵城市专项主导推进，再向景观专业提供相关要求，最终由景观专业落实到景观铺装设计文件中。

5. 景观给水排水相关设计文件

景观给水排水相关设计文件包含室外景观给水、雨水等管道平面位置及管径、水流方向、阀门井、水表井、检查井、溢流井及其他给水排水构筑物的位置，场地内给水、排水等管道与场地及城市管道系统连接点的控制标高和位置等信息。

以上内容应与海绵城市专项中的雨水径流组织和溢流排放图相契合。溢流雨水口的布局、顶标高以及规格选型应满足海绵城市设计方案的排水要求，避免雨水外溢。此项由海绵城市专项主导推进，再向景观专业提供相关要求，最终由景观给水排水专业落实到景观给水排水相关设计文件中。

5.4.2 案例分析

在实际工作中，需要海绵城市专项充分了解景观及配套专业的工作内容并将海绵城市专项的需求向景观及配套专业进行明晰的表达。双方基于项目情况，协同完成设计任务：海绵城市专项提出海绵设施布置的位置及规模，双方沟通协商后，由景观专业具体落实。

以下案例分别展示了基于场地竖向及不同调蓄措施展开的不同的协同工作。

1. 竖向设计协同工作

某项目用地面积为 26132.20m²，地上总计容建筑面积为 81009.82m²，地下总建筑面积为 33873.80m²，容积率为 3.10，建筑密度为 19.98%，为商住混合用地。

与总图中竖向布置图的协同工作不同，景观竖向的协同工作通常更关注场地设施的竖向细节。

此项目就场地铺装及下凹式绿地的竖向设计展开了协同工作。

此项目景观场地竖向，与总图、海绵城市设计方案的场地竖向及径流组织图基本一致，但存在部分海绵设施相关竖向设置不当的问题。如图 5-30 所示，局部近建筑区域设置下凹式绿地却未设置溢流口，易造成积水。如图 5-31 所示，部分下凹式绿地竖向高于场地铺装且相邻铺装设有立道牙，场地雨水无法进入绿地。经与景观专业沟通，由景观专业调整相关图纸以满足海绵城市专项要求。补充应设的溢流口，并调整绿地竖向与道牙做法以引导路面雨水进入绿地。

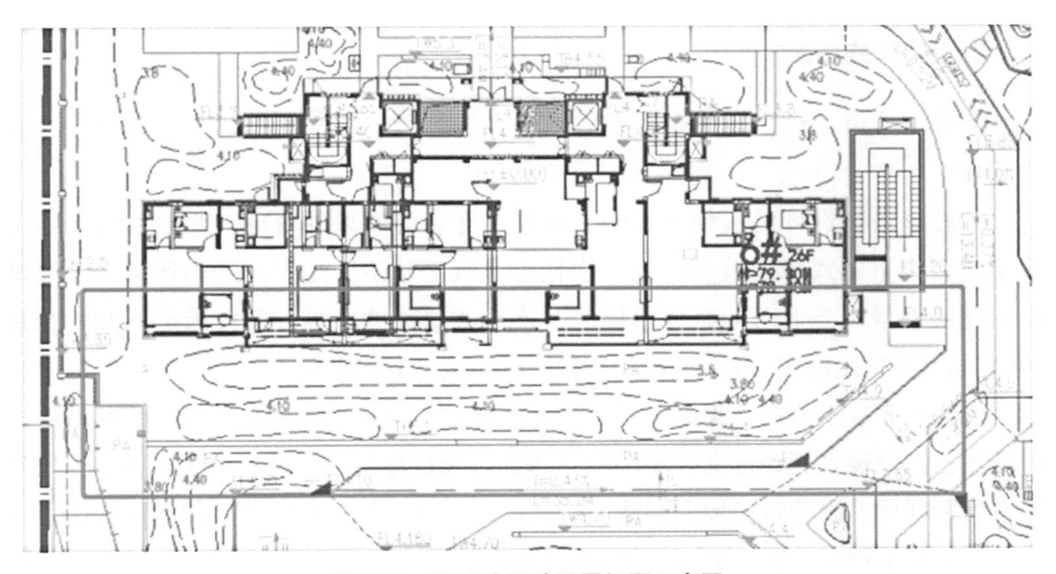

图 5-30 下凹式绿地设置问题示意图

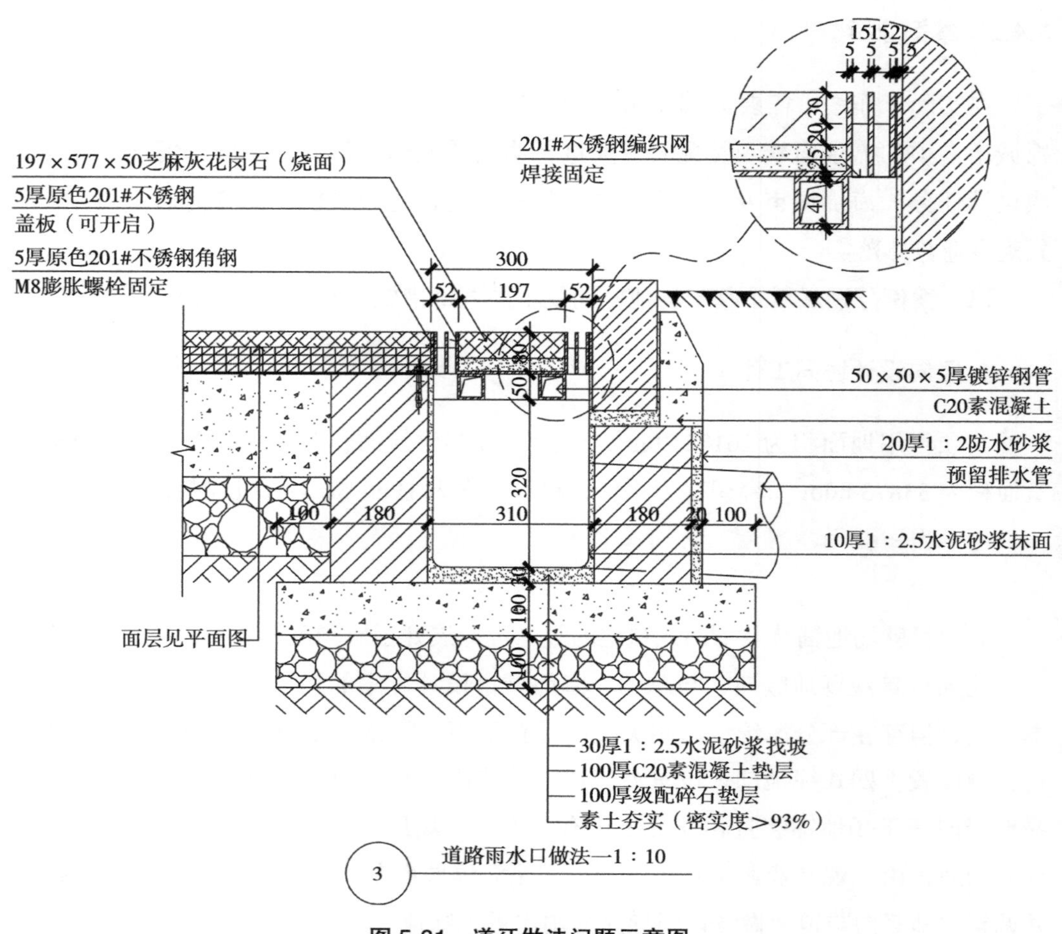

图 5-31　道牙做法问题示意图

2. 海绵设施协同工作

景观设计中，相关海绵设施的规模、做法等也需要与海绵城市专项保持一致，将海绵城市设计方案落实到景观设计当中。

在进行景观设计的过程中，出于对设计理念与效果的考虑，此项目的景观专业希望减少下凹式绿地范围以便于在核心景观区塑造微地形。经沟通后，海绵城市专项明确景观专业可调整透水铺装及下凹式绿地的布局，但应满足下凹式绿地 5064.20m^2 及透水铺装 2365.50m^2 的规模要求以满足调蓄需求。

景观专业基于协同结果完善相关设计文件并提交给海绵城市专项，海绵城市专项经复核后发现景观设计文件中仍存在海绵设施指标浮动、设施做法不当、种植品种不当等问题。因塑造微地形导致下凹式绿地面积不足；透水铺装仅面层选择了透水砖而垫层不透水（图 5-32）；局部单元入户前设有下凹式绿地，其中种植的金桂、紫薇、红枫等植物不耐淹，后期易影响景观品质。经沟通后，由景观专业扩大下凹式绿地的设置范围，以满足相应的指标要求；由海绵城市专项为景观专业提供透水铺装做法大样以供图纸修正；为保证单元入口的绿化景观效果，取消此处的下凹式绿地，从其他位置设置下凹式绿地用以弥补指标要求。

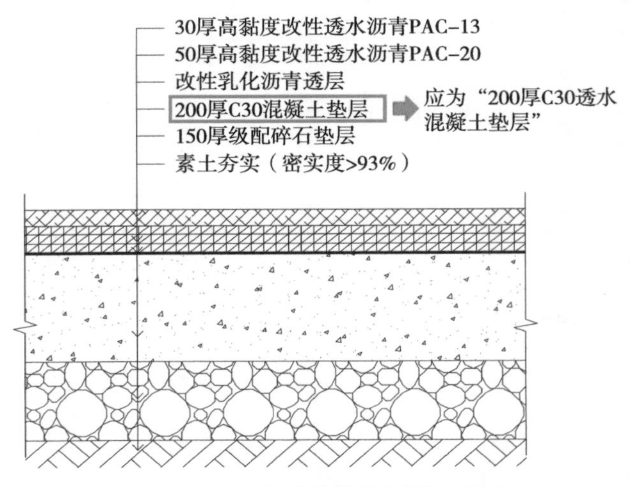

图 5-32 透水铺装做法问题示意图

此外，此项目的绿化灌溉需要市政供水，但市政供水要求“提供中水需设置雨水回用池，在雨水回用量不足时供水”。此项目的海绵城市设计方案可实现生态调蓄，在设计方案中未设置雨水回用池。出于场地生态性考虑，海绵城市专项特出具说明，详细阐述了本项目海绵方案及指标达成情况：

（1）本项目可以实现生态调蓄，不需要调蓄池。

“本项目通过采用生态化的海绵设施，让雨水得到自然积存、自然渗透和自然净化，达到对雨水径流总量的控制、污染物的削减，未设置雨水调蓄池，由下凹式绿地进行雨水调蓄。”

（2）本项目所在地降水分布不均，不具备雨水回用条件。

“由于 ×× 市降雨时空分布不均，本项目收集的雨水不具备回用条件，为保证场地内植物存活需求，营造多重丰富的生态景观，构建健康宜人的居住环境，需市政提供灌溉水源。”

此说明并未通过。海绵城市专项结合市政供水要求再次调整了海绵城市设计方案，增设规模为 360.00m^3 的雨水调蓄池，同时下调下凹式绿地等设施的规模，下凹式绿地面积由 5064.20m^2 调整至 1754.20m^2（图 5-33），最终完成了项目设计任务。

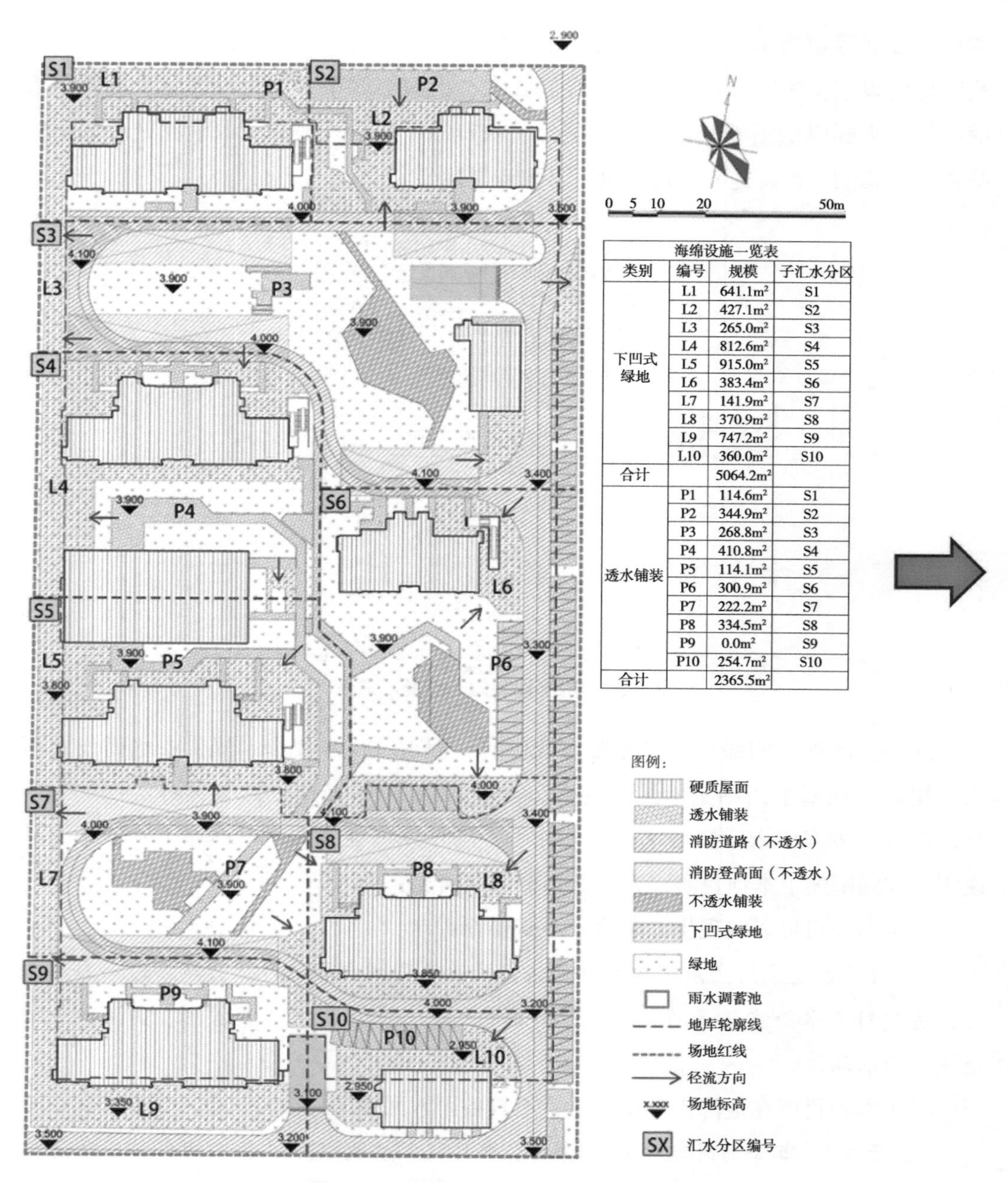

海绵设施一览表

类别	编号	规模	子汇水分区
下凹式绿地	L1	641.1m²	S1
	L2	427.1m²	S2
	L3	265.0m²	S3
	L4	812.6m²	S4
	L5	915.0m²	S5
	L6	383.4m²	S6
	L7	141.9m²	S7
	L8	370.9m²	S8
	L9	747.2m²	S9
	L10	360.0m²	S10
合计		5064.2m²	
透水铺装	P1	114.6m²	S1
	P2	344.9m²	S2
	P3	268.8m²	S3
	P4	410.8m²	S4
	P5	114.1m²	S5
	P6	300.9m²	S6
	P7	222.2m²	S7
	P8	334.5m²	S8
	P9	0.0m²	S9
	P10	254.7m²	S10
合计		2365.5m²	

图 5-33 海绵城市设计方案调整示意图

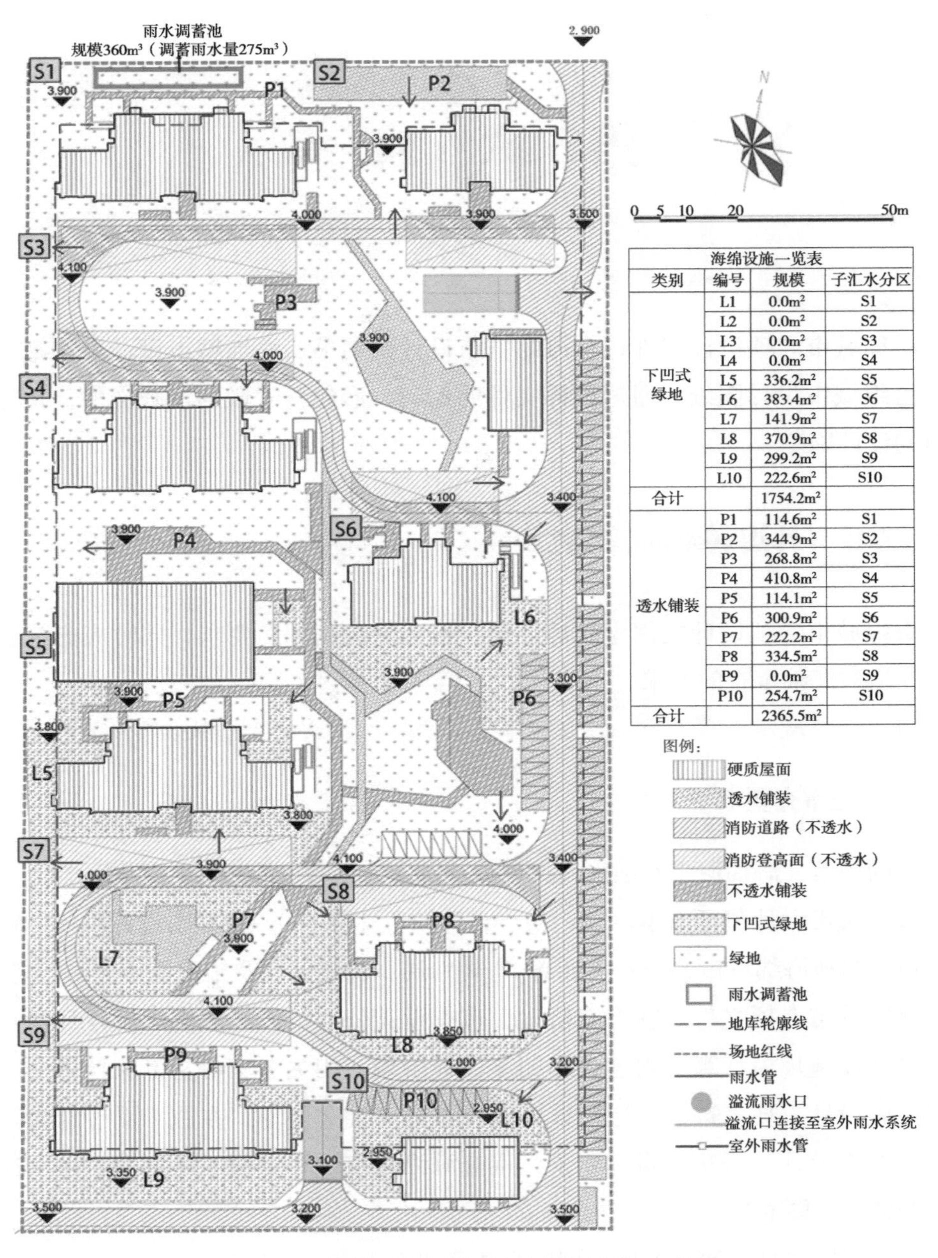

海绵设施一览表

类别	编号	规模	子汇水分区
下凹式绿地	L1	0.0m²	S1
	L2	0.0m²	S2
	L3	0.0m²	S3
	L4	0.0m²	S4
	L5	336.2m²	S5
	L6	383.4m²	S6
	L7	141.9m²	S7
	L8	370.9m²	S8
	L9	299.2m²	S9
	L10	222.6m²	S10
合计		1754.2m²	
透水铺装	P1	114.6m²	S1
	P2	344.9m²	S2
	P3	268.8m²	S3
	P4	410.8m²	S4
	P5	114.1m²	S5
	P6	300.9m²	S6
	P7	222.2m²	S7
	P8	334.5m²	S8
	P9	0.0m²	S9
	P10	254.7m²	S10
合计		2365.5m²	

图 5-33 海绵城市设计方案调整示意图（续）

5.5 小结

海绵城市设计涉及多专业，需要多方协同工作，各专业、专项应加强工作沟通，高效科学地实践海绵城市专项设计工作，避免工作脱节，影响建设目标的实现。

第6章　编　制

海绵城市专项设计文件包含海绵城市设计说明书、海绵城市设计方案基本信息表和海绵城市设计图纸。通过设计文件的编制，形成各阶段的审查文件，指导海绵城市的设计施工。

6.1　专项文件编制要求通用性解读

海绵城市专项设计文件应满足建筑工程文件编制深度要求，同时应充分了解项目所在地对海绵审查的要求。

问：海绵城市专项设计文件在哪个阶段提交？涉及的审查机构有哪些？

6.1.1　各地审查要求

不同城市，海绵城市专项设计文件提交的工作阶段和审查部门不同。

海绵城市设计包括方案阶段、初步设计阶段（如有）、施工图设计阶段。审查部门则包括当地海绵城市办公室（如有）、规划局、住建部以及施工图审查部门等。

海绵城市专项文件：在方案阶段，审查设计依据、设计原则、设计目标、海绵指标以及设施规模计算等内容；在初步设计阶段，相关专家参与专家评审会，审查海绵设施设计、技术选择、达标计算以及方案审批文件等；在施工图设计阶段，审查海绵城市设计是否达到指标要求，审查海绵城市设计专篇、计算书、雨水控制与利用图纸等（图 6-1）。

本书将以北京市通州区城市副中心和苏州市为例，进行详细介绍。

1. 北京市通州区城市副中心

北京市通州区城市副中心 2016 年入选第二批海绵试点城市，2017 年发布《北京市通州区人民政府办公室关于印发通州区海绵城市建设试点建设管理暂行办法的通知》，成立了由区水务、国土、发改、住建以及财政组成的海绵办，并明确了海绵办中各个部门的具体任务（图 6-2）。

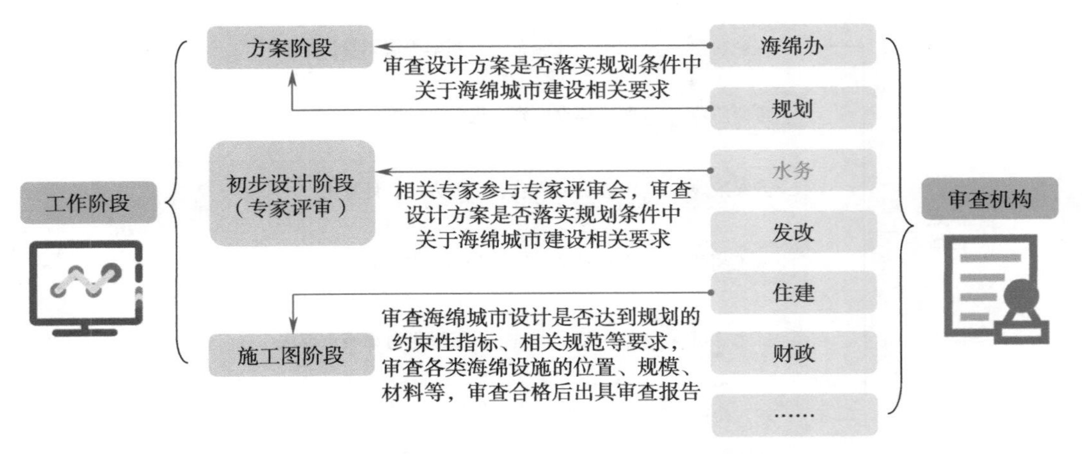

图 6-1　专项设计文件提交的工作阶段和审查部门

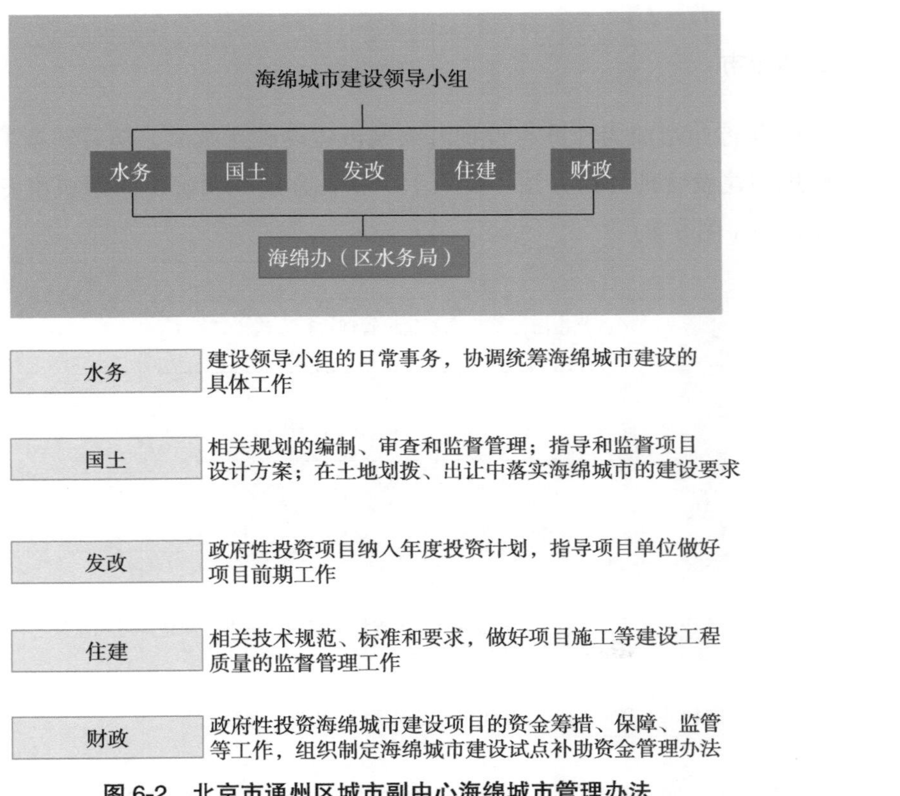

图 6-2　北京市通州区城市副中心海绵城市管理办法

北京市通州区城市副中心对于试点区域，实行“两审一验”（图 6-3）。即在方案阶段审查海绵城市目标要求、海绵方案及计算书；施工图阶段审查海绵专篇、海绵城市设计计算书以及雨水控制与利用相关图纸；并在竣工阶段按照海绵城市文件对项目进行验收。

图 6-3 北京市通州区城市副中心试点区域海绵城市管理办法

2. 苏州市

2016 年苏州市成为江苏省首批海绵城市建设试点城市，随后颁布了《苏州市海绵城市规划建设管理暂行办法（试行）》，并在办法中明确了海绵城市专项设计的建设管理办法（图 6-4）。

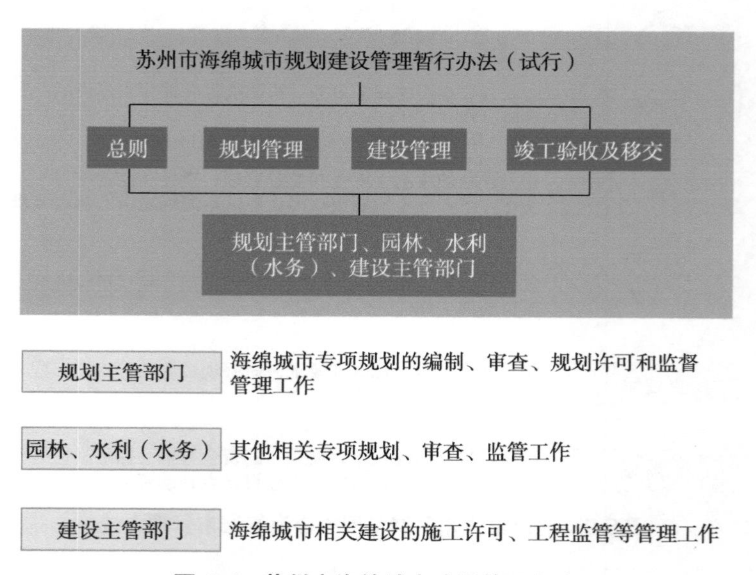

图 6-4 苏州市海绵城市建设管理办法

苏州市海绵城市设计审查为“三审一验”（图 6-5）。“三审”为在方案阶段审查海绵城市设计依据、设计原则、设计目标、海绵指标以及海绵设施规模等；初步设计阶段则审核海绵设施设计、技术选择、达标计算以及方案审批文件；施工图阶段审查雨水控制与利用工程说明、竖向设计及雨水控制与利用设施、措施具体设计内容等。"一验"为在竣工阶段，规划、建设、水务、园林对相应项监督验收，并针对设施等关键环节专项验收。

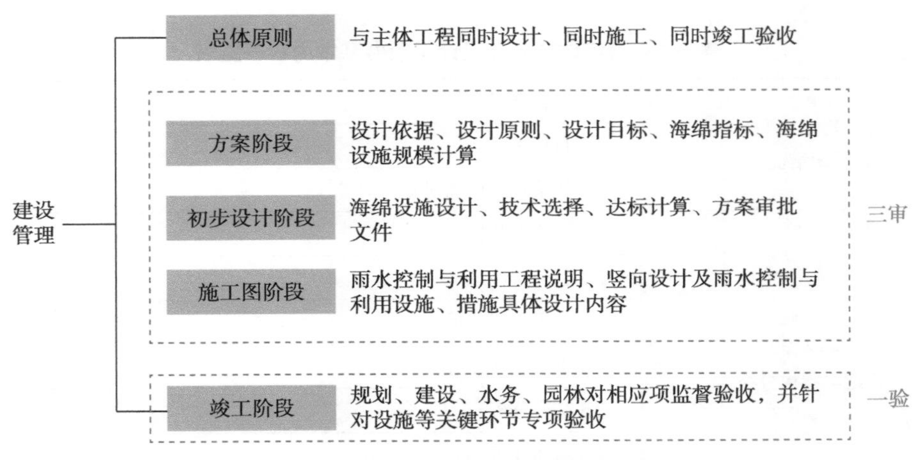

图 6-5 苏州市海绵城市建设管理内容

6.1.2 专项文件内容

海绵城市专项设计文件通常包括海绵城市设计说明书、海绵城市设计计算书、海绵城市专项设计基本信息表和海绵城市专项设计相关图纸（图 6-6）。

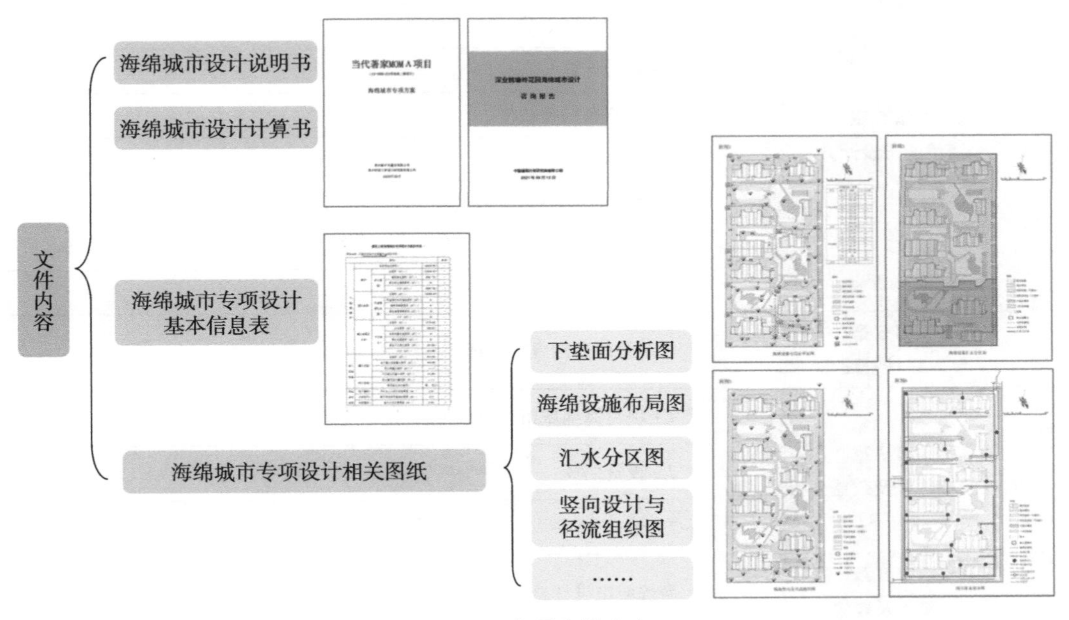

图 6-6 专项文件内容

1. 海绵城市方案设计说明书

包括项目的基本情况、问题与需求分析、海绵城市建设指标、设计依据及原则、海绵城市设计方案、维护管理、投资估算及效益分析、结论及建议等（表 6-1）。

表 6-1　海绵城市方案设计说明书基本内容一览表

章节	内容
第 1 章 基本情况	1.1 项目概况
	1.2 自然条件
	1.3 政策及上位规划要求
第 2 章 问题与需求分析	2.1 下垫面分析
	2.2 竖向条件
	2.3 地下空间分析
	2.4 市政管网分析
	2.5 交通分析
	2.6 绿地分析
	2.7 优劣势总结
第 3 章 海绵城市建设指标	约束性指标和引导性指标
第 4 章 设计依据及原则	4.1 设计依据
	4.2 思路及原则
第 5 章 海绵城市设计方案	5.1 技术路线
	5.2 汇水分区划分
	5.3 设计计算
	5.4 设施布局及规模
	5.5 技术措施要点
	5.6 场地竖向与径流组织
	5.7 植物配置
	5.8 海绵城市建设目标校核
第 6 章 维护管理	海绵设施后期维护管理
第 7 章 投资估算及效益分析	7.1 项目海绵城市建设规模
	7.2 投资估算
	7.3 效益分析
第 8 章 结论及建议	海绵城市设计总结

2. 海绵城市设计计算书

计算书包括年径流总量控制率等约束性指标计算、溢流设施能力核算、导流设施能力核算、排空时间核算以及荷载核算等内容。

3. 海绵城市设计方案基本信息表

基本信息表包括项目的基本信息、设施选用、海绵城市建设指标以及项目指标达成情况（表 6-2）。

表 6-2 某项目海绵城市设计方案基本信息表

<table>
<tr><td>项目名称</td><td></td><td colspan="2">项目地点</td><td></td></tr>
<tr><td>用地面积</td><td></td><td colspan="2">专项投资 / 万元</td><td></td></tr>
<tr><td>建筑密度</td><td></td><td colspan="2">绿地率</td><td></td></tr>
<tr><td>用地类型</td><td colspan="4">■建筑小区类 □城市道路 □绿地广场 □河道水系 □其他</td></tr>
<tr><td>建设单位</td><td></td><td colspan="2">联系人及电话</td><td></td></tr>
<tr><td>编制单位 / 资质等级</td><td></td><td colspan="2">项目负责人及电话</td><td></td></tr>
<tr><td rowspan="7">设施选用及规模</td><td>技术主要类型</td><td>单项设施</td><td>规模</td><td>控制容积 /m^3</td></tr>
<tr><td rowspan="3">绿色设施类型及规模</td><td></td><td></td><td></td></tr>
<tr><td></td><td></td><td></td></tr>
<tr><td></td><td></td><td></td></tr>
<tr><td>灰色设施类型及规模</td><td></td><td></td><td></td></tr>
<tr><td>雨水管渠设计重现期 / 年</td><td colspan="3"></td></tr>
<tr><td>其他</td><td colspan="3">—</td></tr>
<tr><td colspan="5">主要指标落实情况</td></tr>
<tr><td>指标类型</td><td>指标</td><td colspan="2">目标值</td><td>设计值</td></tr>
<tr><td rowspan="4">约束性指标</td><td>年径流总量控制率 /（%）</td><td colspan="2">70</td><td></td></tr>
<tr><td>单位面积控制容积 /（m^3/hm^2）</td><td colspan="2">85</td><td></td></tr>
<tr><td>年 SS 总量去除率 /（%）</td><td colspan="2">—</td><td></td></tr>
<tr><td>综合径流系数</td><td colspan="2">0.5</td><td></td></tr>
<tr><td rowspan="3">引导性指标</td><td>绿色屋顶率 /（%）</td><td colspan="2">—</td><td></td></tr>
<tr><td>透水铺装率 /（%）</td><td colspan="2">—</td><td></td></tr>
<tr><td>下凹式绿地率 /（%）</td><td colspan="2">—</td><td></td></tr>
<tr><td colspan="5">海绵城市专项方案概述（理念、思路、技术路线以及项目特点、创新点以及系统性设计要点等）：</td></tr>
</table>

4. 海绵城市专项设计系列图纸

海绵城市专项设计图纸包括项目总平面图、项目竖向设计图、汇水分区图、海绵设施布置及定位图、排水系统径流组织图、管线综合图、海绵设施大样图等。

6.2 海绵城市设计说明书

海绵城市设计说明书应包括项目概况（地点、范围、主要内容）、设计依据、目标指标；总体方案设计、主要海绵设施设计说明、海绵设施植物配置、工程投资、海绵城市施工要点（包括海绵城市施工注意事项、施工工序等要点）、施工质量主控项目和参数、其他注意事项等内容以及工程量清单等。

6.2.1 【第 1 章　基本情况】

基本情况一般包括项目概况、自然条件和政策及上位规划要求等内容。

1. 项目概况

项目概况须包含项目建设地点、所属管控分区、工程范围、主要工程内容、海绵指标、实施期限、投资估算及效益分析等；分析阐述项目建设背景，对项目及周边道路、管网、水体以及竖向等现状与规划情况，防洪排涝、水环境治理等要求阐述清楚。文字描述项目概况的同时，可结合项目经济技术指标表表达项目的主要建设内容。

典型案例 1

本项目位于武汉市武昌城区，属于武汉市海绵城市江南片区，基地可达性较好，距离武汉天河国际机场仅 22.9km，距离武昌火车站只有 7.4km。基地周边环境主要为居住区、学校以及商业用地。项目用地规整，用地面积为 44720.00m^2，总建筑面积为 452009.90m^2，建筑密度为 0.492，主要功能含办公、商业等，主塔办公楼高度为 240.85m，副塔办公楼高度为 164.15m（表 6-3）。

表 6-3　经济技术指标表

项目	指标
规划净用地面积 /m^2	44720.00
总建筑面积合计 /m^2	452009.90

（续）

项目		指标
计容积率建筑面积 /m^2		310000.00
商业服务设施建筑面积 /m^2		310000.00
其中	地上商业建筑面积 /m^2	99333.10
	地下商业建筑面积 /m^2	10000.00
	办公建筑面积 /m^2	191676.68
	酒店建筑面积 /m^2	8080.39
	物业管理用房 /m^2	909.83
不计容积率建筑面积 /m^2		142009.90
其中	地上避难区及设备区面积 /m^2	15028.92
	地下室建筑面积 /m^2	126980.98
容积率 /（%）		6.93
建筑基底面积 /m^2		22011.51
建筑密度		0.492
绿化率 /（%）		14
机动车停车位 / 个		2307
非机动车停车区面积 /m^2		3500.00

2. 自然条件

详细阐述项目所在地的降雨条件、地形地貌、地质条件和地下水位等内容。

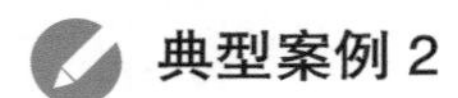

典型案例 2

【降雨条件分析】

武汉市属于亚热带东南季风气候区，主要气候特点为夏季炎热、冬季寒冷、降水充沛。年平均气温 19℃，极端最高气温 41.3℃，极端最低气温 –18.1℃。多年平均降水量 1261.2mm，降水多集中在 6 ~ 8 月，占全年的 41%；最大年降水量 2107.1mm，最大日降水量 332.6mm（表 6-4）。

表 6-4　年径流总量控制率与设计降雨量对应一览表

年径流总量控制率 /（%）	55	60	65	70	75	80	85
设计降雨量 /mm	14.9	17.6	20.8	24.5	29.2	35.2	43.3

【地形地貌分析】

场地位于武汉市武昌区长江以南、徐东大街与友谊大道交叉口西侧，原为居民区，经拆迁回填整平而成，地貌上属长江Ⅰ级阶地，地势平坦，场地高程在22.07 ~ 22.98m之间，与周边市政道路基本持平。

【地质条件分析】

场地地层在勘探深度范围内由上至下主要由填土（Qml）、第四系全新统冲积层（Q4al）粉质黏土、淤泥质粉质黏土、粉土、砂土、圆砾等及下伏第三系 - 白垩系公安寨组（K2E1g）强至中风化泥岩、泥质砂岩、砂砾岩等地层组成。项目场地整体地质条件较好、差异较小，无次生灾害隐患，可确保海绵措施设置的安全和稳定（图 6-7）。

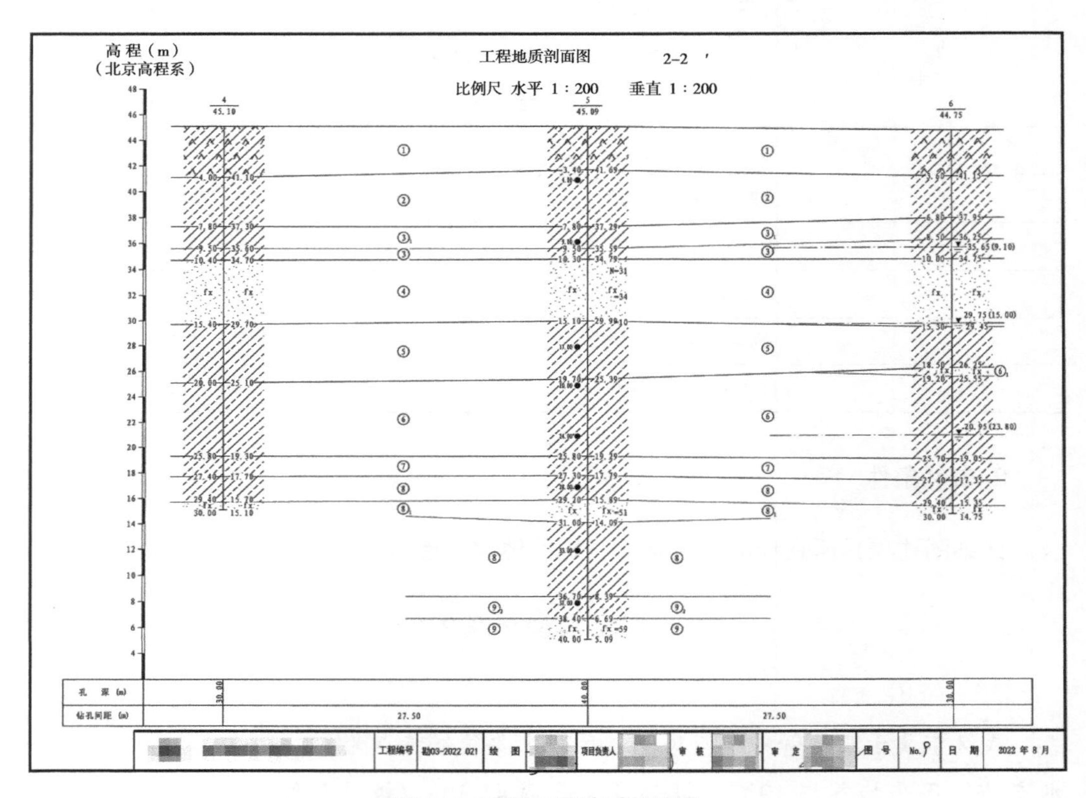

图 6-7 项目工程地质剖面图

【地下水位条件分析】

场地内地下水主要分为上层滞水、承压水及基岩裂隙水三种类型。

上层滞水赋存于表层填土层中，主要接受地表水、周边生活用水与降水补给，地下水位、水质、水量变化主要受日常气候影响，动态不稳定，勘察期间测得其地下水位埋深为 1.0 ~ 2.6m（标高 19.83 ~ 21.26 m），地下水位较高。

承压水主要赋存于下部砂层及卵砾层中，与长江水有较强的互补关系，动储量丰富，初看阶段暂未进行承压水观测，待详勘阶段进一步查明。

基岩裂隙水主要分布于下部基岩的风化节理裂隙中，主要接受区域地下水体及上部砂卵石层地下水的垂直入渗补给，水位一般较深，局部裂隙发育的地段赋水量可能较丰富，基岩裂隙水对拟建建筑物施工影响小。场地附近无对地下水有影响的污染源。

3. 政策及上位规划要求

对项目所在区域相关政策文件和上位规划进行分析梳理。

典型案例 3

2016 年，武汉市国土资源和规划局、武汉市规划院正式编制《武汉市海绵城市专项规划（2016 ~ 2030 年）》。《武汉市海绵城市专项规划（2016 ~ 2030 年）》中指出：通过加强城市规划建设管理，综合采取“渗、滞、蓄、净、用、排”等措施，充分发挥建筑、道路和绿地、水系等生态系统对雨水的吸纳、蓄滞和缓释作用。以示范区海绵城市建设为起点，积累经验，探索模式，在全市推进海绵城市建设。至 2020 年和 2030 年，城市建成区 20% 和 80% 分别达到海绵城市建设目的要求。

《武汉市海绵城市专项规划（2016 ~ 2030 年）》中，明确了建筑与小区建设工程的年径流量控制率取值。以所在的排水分区的年径流总量控制率管控基准值为基础，并结合项目用地性质和建设特点予以调整，并规定了各建设分区内，海绵设施设置比例（图 6-8）。

4.2.3 建筑与小区建设工程的年径流总量控制率取值：

1 以所在排水分区的年径流总量控制率管控基准值为基础（详见图 7.2.1，不在图 7.2.1 范围内的建筑与小区建设工程的年径流总量控制率按 70% 取值），并结合项目用地性质和建设特点予以调整，具体调整幅度按表 4.2.3 执行。调整后的取值不足 60% 的按 60% 取值，调整后的取值大于 85% 的按 85% 取值。

表 4.2.3 建筑与小区年径流总量控制率调整值一览表

建设特点	居住	工业	公共管理公共服务	商业服务	公用设施	物流仓储	交通设施
改造	0	0	0	–5%	–5%	0	–5%
新建	+5%	+5%	+5%	–5%	0	+5%	–5%

图 6-8 政策及上位规划要求

第 19 条 在各建设分区内，统一控制的指标均按此表 2 进行控制。

表 2 统一管控指标一览表

指标名称		控制值	控制类型
透水铺装率	新建项目	≥ 40%	强制性
	改造项目	≥ 30%	引导性
下凹式绿地率	新建项目	≥ 25%	强制性
	改造项目	≥ 25%	引导性
雨水资源化利用率		≥ 5%	引导性
绿色屋顶率		≥ 30%	引导性

说明：雨水资源化利用率 = 雨水资源化利用量 / 自来水总使用量。

图 6-8 政策及上位规划要求（续）

6.2.2 【第 2 章 问题与需求分析】

对场地建设条件进行分析，包括场地下垫面分布情况、竖向与汇水、地下空间、交通流线、下垫面径流系数、屋顶雨水排放方式、绿地空间和景观环境分析等。针对存在问题和需求，分析项目海绵城市建设必要性和需求，落实相关政策及规划要求等。

1. 下垫面分析

结合下垫面解析表和下垫面分析图描述场地下垫面类型，并标明下垫面径流系数取值来源。下垫面分析应体现项目特点，如硬质占比较大、绿地空间充足等。

典型案例 4

本项目用地面积为 44645.50m^2，场地内地上地下空间采取高强度开发，根据本项目总平面图可知，本项目下垫面构成主要为：硬质屋面、绿色屋面、消防道路（含消防登高面）、广场铺装、绿地、水景等（图 6-9、表 6-5、表 6-6）。

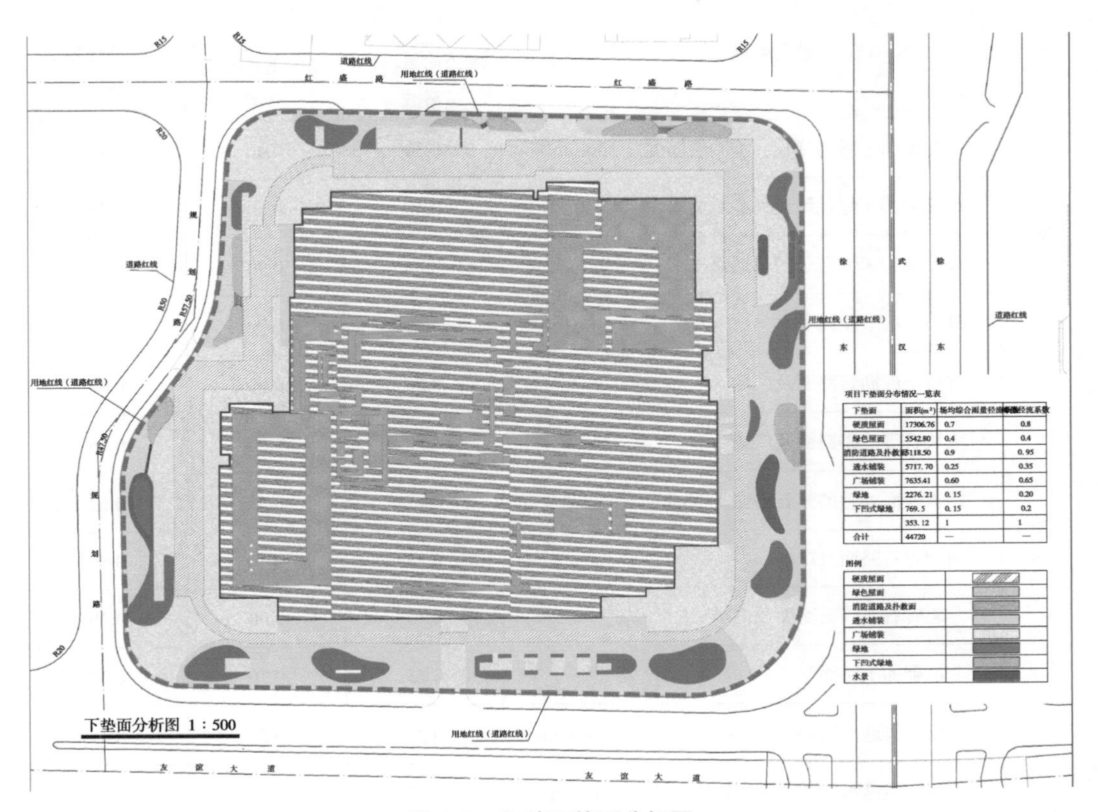

图 6-9 场地下垫面分析图

表 6-5 场地下垫面解析表

序号	下垫面类型	面积 /m²	比例
1	绿地	3598.73	8.0%
2	广场铺装	12891.69	28.9%
3	消防道路及扑救面	5119.64	11.5%
4	硬质屋面	17979.20	40.3%
5	绿色屋面	4866.22	10.9%
6	水景	190.02	0.4%
7	总计	44645.50	100.0%

表 6-6　不同下垫面径流系数取值一览表

下垫面类别		雨量径流系数		流量径流系数
		年均雨量径流系数	场均雨量径流系数	
屋面	绿化屋面（绿色屋顶，基质层厚度≥ 300mm）	0.30	0.40	0.40
	绿化屋面（绿色屋顶，基质层厚度 <300mm）	0.40	0.50	0.55
	硬屋面、未铺石子的平屋面	0.80	0.90	0.95
	铺石子的平屋面	0.60	0.70	0.80
路面	混凝土或沥青路面及广场	0.80	0.90	0.95
	大块石等铺砌路面及广场	0.50	0.60	0.65
	沥青表面处理的碎石路面及广场	0.45	0.55	0.65
	级配碎石路面及广场	0.35	0.40	0.50
	干砌砖石或碎石路面及广场	0.35	0.40	0.40
	非铺砌的土路面	0.25	0.30	0.35
铺装	非植草类透水铺装（工程透水层厚度≥ 300mm）	0.20	0.25	0.35
	非植草类透水铺装（工程透水层厚度 <300mm）	0.30	0.40	0.45
	植草类透水铺装（工程透水层厚度≥ 300mm）	0.06	0.08	0.15
	植草类透水铺装（工程透水层厚度 <300mm）	0.12	0.15	0.25
绿地	无地下建筑绿地	0.12	0.15	0.20
	有地下建筑绿地（地下建筑覆土厚度≥ 500mm）	0.15	0.20	0.25
	有地下建筑绿地（地下建筑覆土厚度 <500mm）	0.30	0.40	0.40
水面	水面	1.00	1.00	1.00

2. 竖向条件

结合图纸表达，描述场地整体走势，如东高西低、场地内是否存在较大高差、场地与周边环境高程情况等。

典型案例 5

本项目场地竖向较为平坦，地面高程 22.07 ~ 22.98m 之间，相对高差约 0.91m。应充分考虑雨水外排的可能性，通过设置反坡、挡土墙及排水沟等措施，确保场地内雨水径流不外排（图 6-10）。

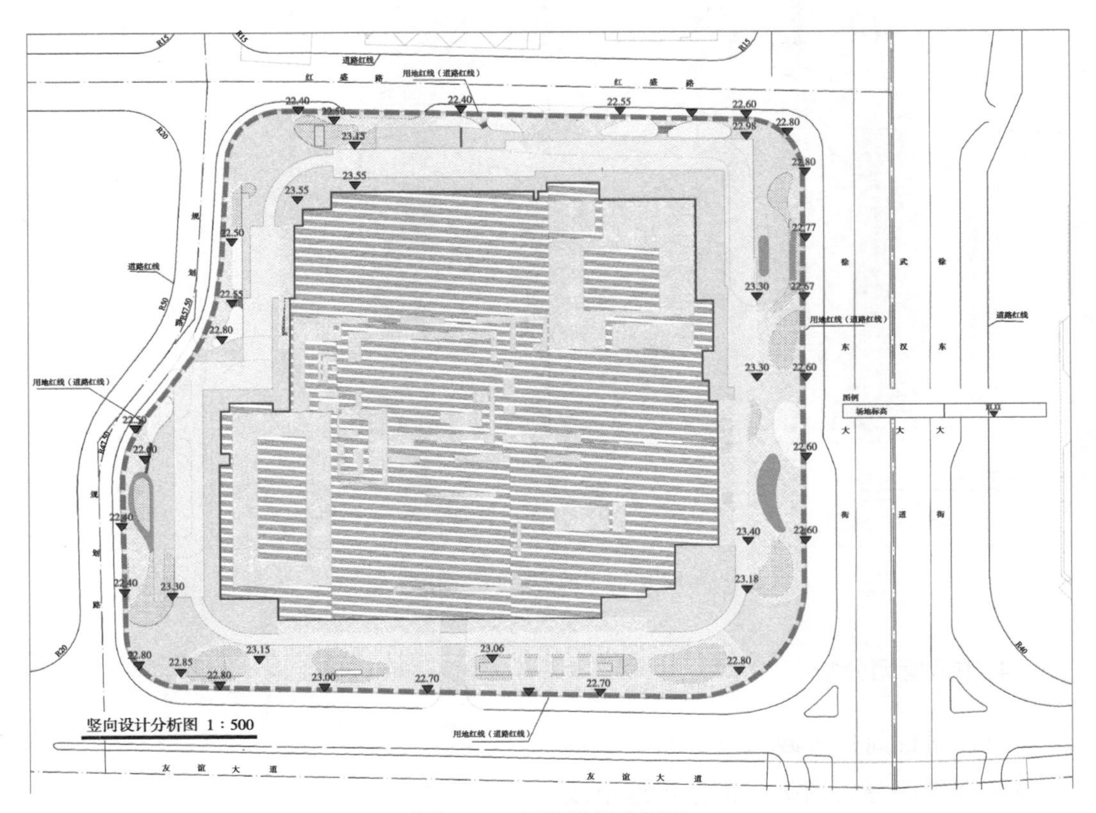

图 6-10 场地竖向分析图

3. 地下空间分析

结合场地地下空间开发范围图和场地剖面图，描述场地地下开发情况（较大或较小），和地下室顶板覆土条件等。

典型案例 6

本项目进行了地下空间开发，开发强度较大，地下室建筑面积为 137034.05m^2（图 6-11）。

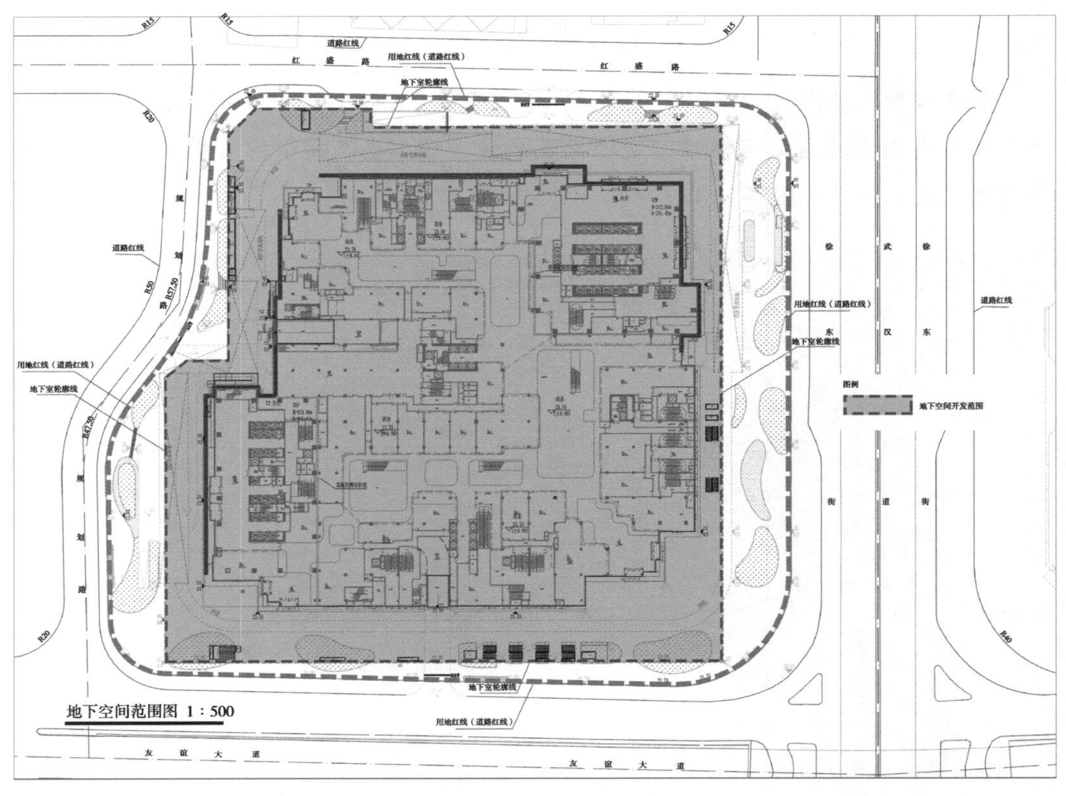

图 6-11　地下空间范围图

4. 市政管网分析

结合项目周边市政管网分析图、场地内综合管网分布图等，描述场地市政接口分布位置及数量。

典型案例 7

本项目周围道路管网设施完善，四周均布有市政雨水管网，管径分别为 DN600、DN500、DN400、DN300 不等。小区内部采取雨污分流，雨污水管网接市政雨水井、污水井，有效避免雨水污水外渗问题，避免对城市环境造成污染（图 6-12、图 6-13）。

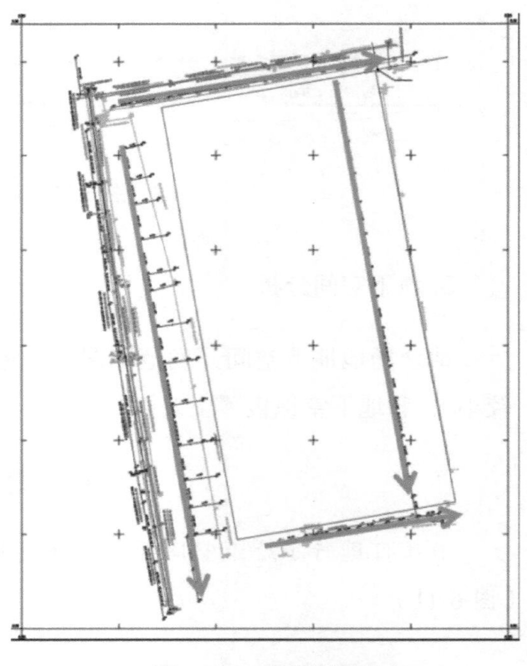

图 6-12　市政管网图

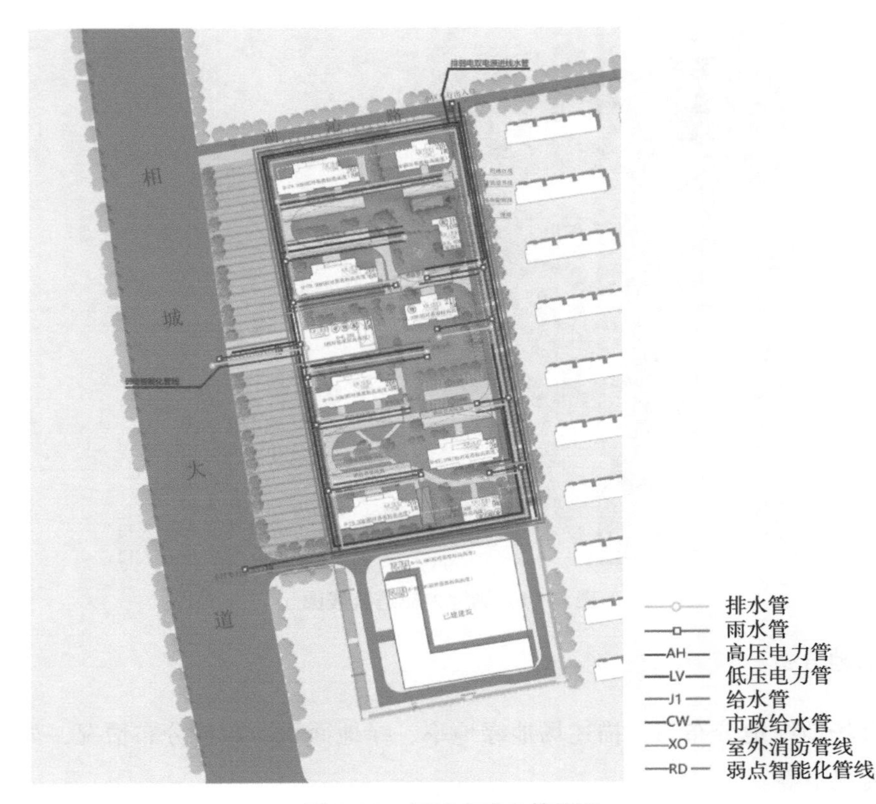

图 6-13 场地内综合管线图

5. 交通分析

结合场地交通流线分析图，描述场地交通主要出入口、场地内是否人车分流、场地内是否分布地面停车场等。

典型案例 8

本方案遵循安全性、舒适性、简洁易达的原则进行区内道路系统的规划，采用人车分流的方法，并建立安全舒适的步行系统。场地内共设三个出入口，主要人行出入口设在相城大道上，北侧和南侧为车行出入口。小区共设置 963 辆机动车停车（含已建地块增补部分），分为地面和地下两部分，其中地面停车 96 辆，地下停车 867 辆。地面停车位主要设置在新建地块东侧。设地下停车，地下车库出入口两个。非机动车停车小区共设置 1061 辆非机动车停车（含已建地块增补部分），其中地面停车 665 辆，地下 396 辆。地下车库出入口布置在小区车行出入口附近，最大限度减少机动车对小区的影响。在中央花园中结合景观设计步行系统，减少与机动车的交叉（图 6-14）。

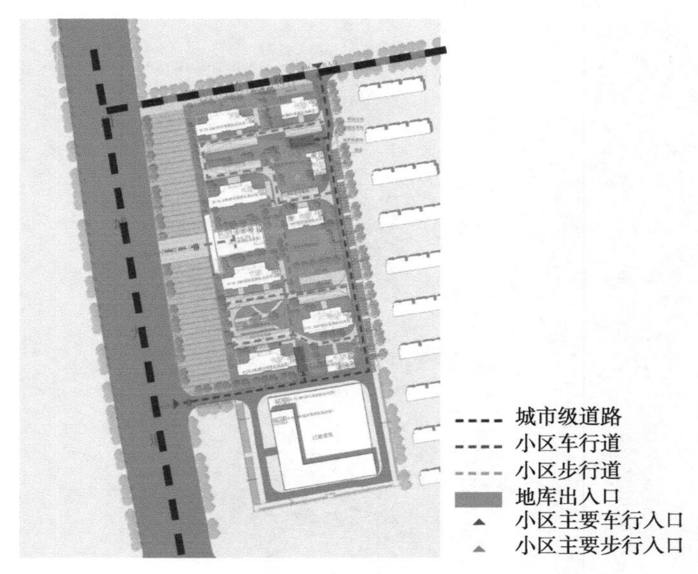

图 6-14　场地内交通流线图

6. 绿地分析

结合场地绿地分布图，描述场地绿地率、绿地面积、绿地分布情况，如较为零散或较为规整等。

典型案例 9

本项目最大限度的设置绿地，总体绿地率为 25%，绿地面积为 9170.25m^2（图 6-15）。

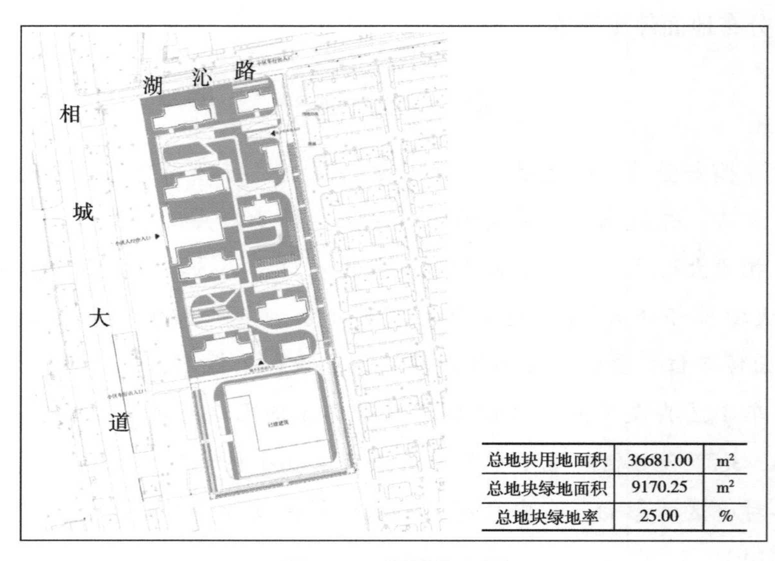

总地块用地面积	36681.00	m^2
总地块绿地面积	9170.25	m^2
总地块绿地率	25.00	%

图 6-15　绿地分布图

7. 优劣势总结

综合以上分析内容，对场地海绵城市建设的优劣势或重点、难点进行阐述，一般可用表格形式进行表达。

典型案例 10

针对本项目场地竖向、地下空间、管线综合、下垫面情况、绿地空间等建设条件分析，总结优劣势（表 6-7）。

表 6-7　优劣势对比总结表

编号	优势	劣势
1	场地内地质较好，地下水位较低，且最大限度设置绿地，为低影响开发措施的设置提供空间、安全等有利条件	本项目场地开发强度大，可利用于设置雨水调蓄池的实土区域空间十分有限
2	场地周边市政管网（雨水管网）覆盖全面，为雨水径流组织、设置低影响开发措施的末端调蓄设施提供设置条件	场地内竖向高于场地外，应做好措施，避免雨水径流外排
3	场地内虽设有地面停车位，但交通动线组织基本达到了人车分流，为透水铺装的设置提供条件	场地竖向较为平整，不利于雨水径流通过重力流、自然地汇入生态设施内
4	社区服务配套等公共建筑层高较低，适宜对屋面雨水通过雨落管断接进行引导和收集	场地内覆土绿地厚度较低（1200mm），低影响开发措施的设置受限

6.2.3 【第 3 章　海绵城市建设指标】

结合上位规划要求，明确项目海绵城市建设指标，包括约束性指标和引导性指标。

典型案例 11

依据项目规划意见书，本项目应达到年径流总量控制率 70%、综合雨量径流系数≤ 0.5、单位面积控制容积≥ 85 等控制性指标，并结合项目实际情况，设置透水铺装、下凹式绿地率等技术措施。

表 6-8　建设项目海绵设施建设目标表

指标类型	序号	指标	目标值
约束性指标	1	年径流总量控制率 /（%）	70
	2	单位面积控制容积 /（m^3/ha）	85
	3	年 SS 总量去除率 /（%）	—
	4	综合径流系数	0.5

（续）

指标类型	序号	指标	目标值
引导性指标	5	绿色屋顶率 /（%）	—
	6	透水铺装率 /（%）	—
	7	下凹式绿地率 /（%）	—

6.2.4 【第 4 章　设计依据及原则】

列举项目所涉及的国家相关法律、法规、条例，与海绵城市设计相关的政策、条件及其涉及的规范、规程和技术标准等。同时，根据项目类型、指标要求，结合自身特点，尤其是在海绵城市建设上存在重点、难点的项目，因地制宜地提出项目海绵城市设计策略及原则。

【设计依据】

设计依据需要重点参考项目所在区、城市以及省份发布的海绵城市专项规划、雨水控制与利用规范以及海绵城市建设管理办法等相关文件。

设计依据一般按照相关法规文件、相关技术标准及技术规程包括国家标准、地方标准和行业标准，以及其他相关依据的顺序进行罗列。但项目类型较为特殊，如为“轨道交通综合利用类项目”，有其相应的“海绵设计导则”，且本项目海绵指标依据《导则》选取，可在论述中表达考虑项目的特殊性，充分参考相关设计《导则》文件，合理选取海绵城市建设指标。

典型案例 12

【无特殊参考依据】

1. 相关法规文件

（1）《关于做好城市排水防涝设施建设工作的通知》（国办发〔2013〕23 号）。

（2）《海绵城市建设技术指南——低影响开发雨水系统构建（试行）》（住建部，2014 年 10 月）。

（3）《国务院办公厅关于推进海绵城市建设的指导意见》（国办发〔2015〕75 号）。

（4）《江苏省政府办公厅关于推进海绵城市建设的实施意见》（苏政办发〔2015〕139 号）。

（5）《江苏省住房和城乡建设厅印发关于推进海绵城市建设指导意见的通知》（苏建城〔2015〕331 号）。

（6）《江苏省海绵城市建设导则》（初步成果）（省住建厅，2016 年）。

（7）《苏州市海绵城市专项规划（2015~2020年）》。

……

2. 相关标准及技术规程

（1）《海绵城市雨水控制与利用工程设计规范》（DB11/685—2021）。

（2）《城市道路与开放空间低影响开发雨水设施（海绵城市建设系列）》（15MR105）。

（3）《雨水集蓄利用工程技术规范》（GB/T 50596—2010）。

……

3. 其他相关依据

（1）项目市政条件。

（2）海绵城市专项设计任务书。

（3）双方签订的设计合同内所包含的服务性条款要求。

（4）甲方对各阶段设计图纸的评审意见。

【特殊参考依据】

4. 设计依据——《北京城市轨道交通车辆基地综合利用规划设计指南》

根据北京市规划和自然资源委员会于2020年9月发布的《北京城市轨道交通车辆基地综合利用规划设计指南》中海绵城市建设相关要求，具体如下：

（1）对综合利用场地雨水实施外排总量控制，场地年径流总量控制率达到70%的要求，无上位条件要求的满足外排径流系数0.5的要求。

（2）为实现雨水有效调控与利用要求，综合利用项目应合理配建雨水调蓄设施，按照每千平方米硬化面积配建调蓄容积不小于30m^3的雨水调蓄设施设置。

6.2.5 【第5章　海绵城市设计方案】

本部分为海绵城市方案设计的核心内容，应表达项目海绵城市设计的总体方案、技术路线、汇水分区、设计调蓄容积计算、设施布局与规模、场地竖向及径流组织设计、植物配置以及海绵城市建设目标校核等内容。

1. 技术路线

描述场地内雨水由源头至末端的控制与利用路径（图6-16）。

典型案例13

基于建设条件分析与上位规划解读，为本项目制订适宜的技术路线，即在源头通过设置“绿色”的海绵措施，如透水铺装、下凹式绿地等处置源头雨水径流，从而促进雨水下渗，减少排放；通过初期雨水弃流设施，对雨水进行过滤和净化；溢流雨水通过雨水管灌排至“灰色”的雨水调蓄池，以应对中大降雨事件；超标雨水则通过雨水管渠安全溢流。经以上路径构建弹性的、可持续的雨水循环系统，促进雨水在场地内的自然积存、自然下渗和自然净化，促进绿色生态城市的建设（图 6-16）。

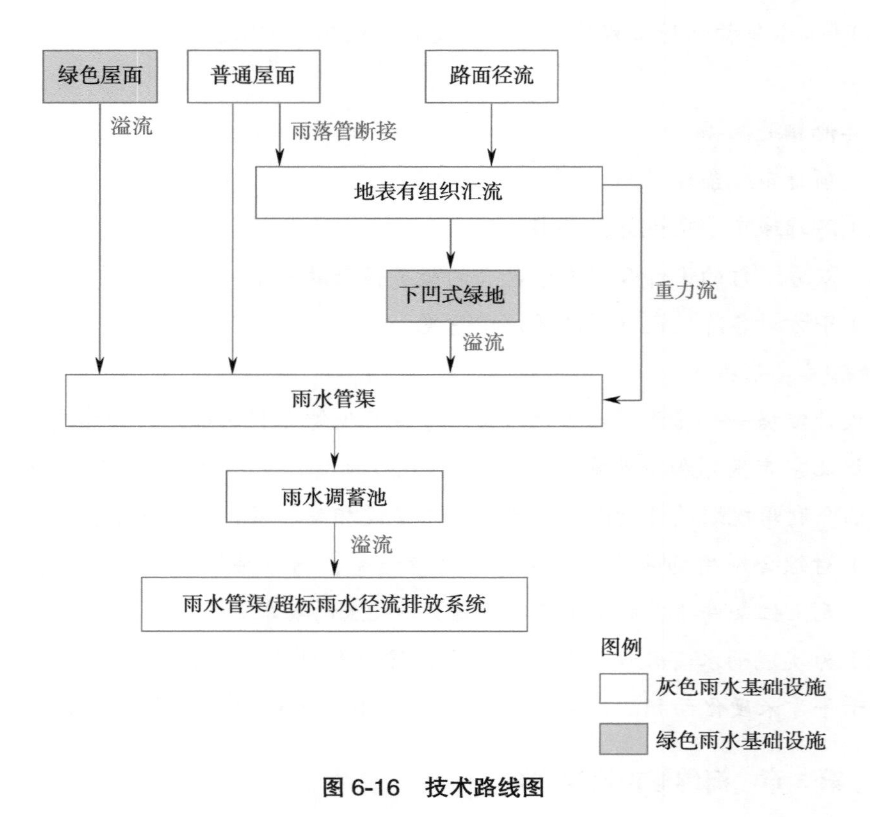

图 6-16　技术路线图

2. 汇水分区划分

结合场地空间条件合理划分汇水分区，描述各汇水分区的规模、需控制的雨水径流量和选取的海绵设施等内容。

典型案例 14

依据本项目场地竖向标高、下垫面功能、综合管线及绿化景观的布置等，将本项目划分为两个汇水分区，汇水分区 1 位于场地北部，面积为 16469.78m^2，汇水分区 2 位于场地南部，面积为 28175.72m^2（图 6-17）。

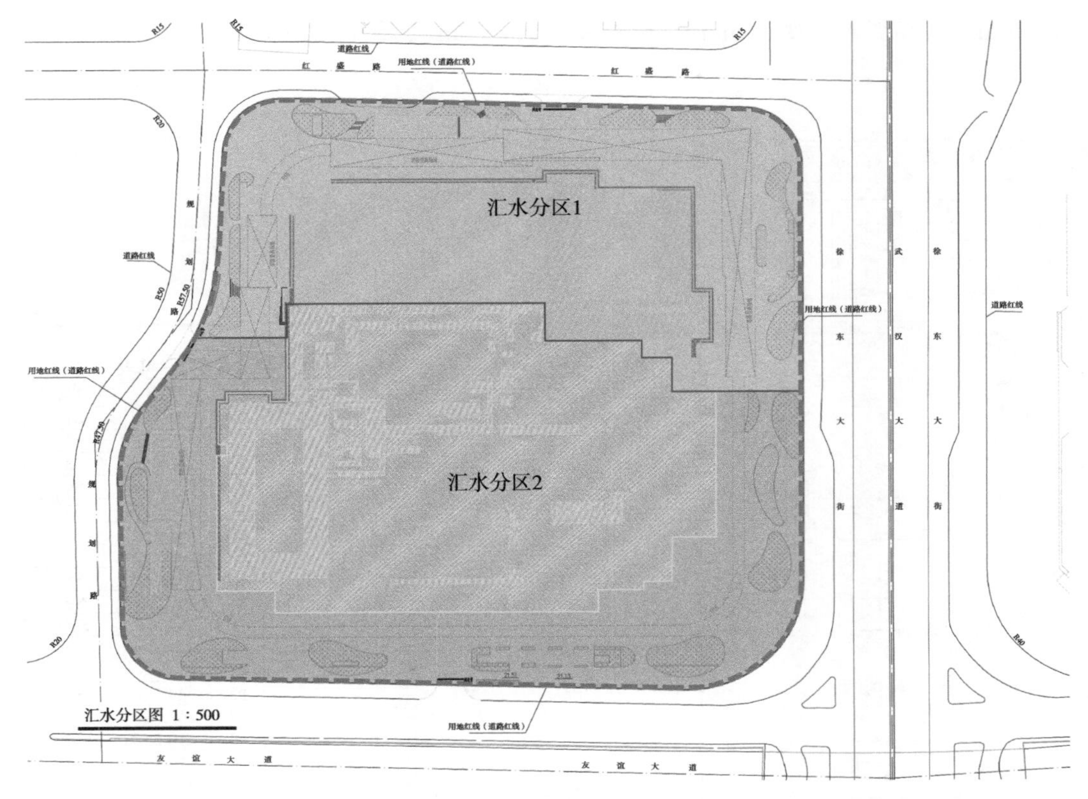

图 6-17 汇水分区划分图

3. 设计计算

根据《海绵城市建设技术指南——低影响开发雨水系统构建（试行）》或地方标准中的计算方法，结合项目海绵城市建设目标，计算项目场地下垫面、综合雨量径流系数、年径流总量控制率以及各汇水分区所需调蓄容积等内容。此部分的具体示例内容可见第 4 章。

4. 设施布局与设施规模

依据各分区设计调蓄容积计算结果与海绵城市建设各类指标，结合海绵设施分布图以及设施规模一览表，描述场地海绵设施选取及功能等内容。

典型案例 15

以实现项目海绵城市建设目标为出发点，综合考虑各海绵设施的适用性、功能性、经济性、生态性及景观效果，以先绿色后灰色、先地上后地下的原则，结合项目实际需求等情况合理布局海绵设施。其中，设置下凹式绿地 5064.2m^2（下凹深度

100mm，实际调蓄深度 50mm）、透水铺装 2365.5m²（图 6-18、表 6-9）。

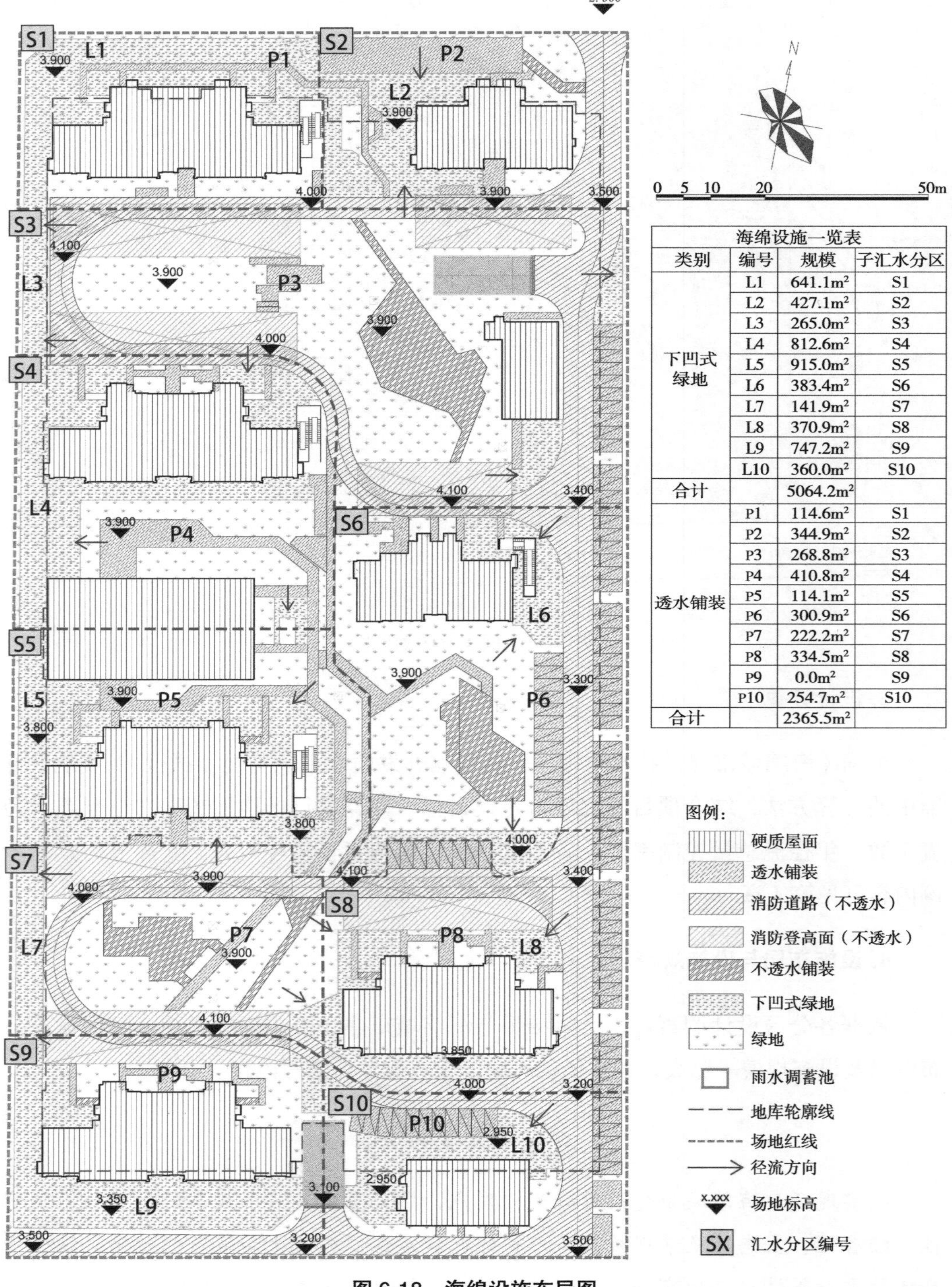

海绵设施一览表			
类别	编号	规模	子汇水分区
下凹式绿地	L1	641.1m²	S1
	L2	427.1m²	S2
	L3	265.0m²	S3
	L4	812.6m²	S4
	L5	915.0m²	S5
	L6	383.4m²	S6
	L7	141.9m²	S7
	L8	370.9m²	S8
	L9	747.2m²	S9
	L10	360.0m²	S10
合计		5064.2m²	
透水铺装	P1	114.6m²	S1
	P2	344.9m²	S2
	P3	268.8m²	S3
	P4	410.8m²	S4
	P5	114.1m²	S5
	P6	300.9m²	S6
	P7	222.2m²	S7
	P8	334.5m²	S8
	P9	0.0m²	S9
	P10	254.7m²	S10
合计		2365.5m²	

图 6-18　海绵设施布局图

表 6-9 设施规模一览表

汇水区编号	汇水面积 /m²	硬质屋面 / m²	硬质路面 / m²	透水铺装 / m²	下凹式绿地 /m²	绿地 / m²	综合径流系数	流量（L/S）	设计调蓄容积 / m³	设计降雨量 / mm	年径流总量控制率 /（%）	SS 去除率 /（%）	单位面积控制容积 /（m³/hm²）
S1	1854.2	656.8	23.2	114.6	641.1	418.5	0.420	28.61	32.1	41.16	92.00	69.00	172.9
S2	1878.8	379.0	324.1	344.9	427.1	403.7	0.460	31.75	21.4	24.71	80.00	60.00	113.7
S3	4713.5	337.9	2118.8	268.8	265.0	1722.9	0.530	91.77	26.5	10.61	79.00	59.00	56.2
S4	3044.8	1041.1	108.6	410.8	812.6	671.7	0.450	50.33	40.6	29.65	82.00	62.00	133.4
S5	2711.3	1037.5	244.9	114.1	915.0	399.8	0.490	48.80	45.8	34.44	85.00	64.00	168.7
S6	3163.2	425.1	1039.0	300.9	383.4	1014.8	0.500	58.10	19.2	12.12	59.00	44.00	60.6
S7	2064.8	0.0	867.0	222.2	141.9	833.7	0.470	35.65	7.1	7.31	25.00	19.00	34.4
S8	2596.9	599.5	1010.2	334.5	370.9	281.8	0.620	59.14	18.5	11.52	57.00	43.00	71.4
S9	2413.2	550.6	616.5	0.0	747.2	498.9	0.490	43.44	37.4	31.59	83.00	62.00	154.8
S10	1691.5	279.0	513.8	254.7	360.0	284.1	0.520	32.31	18.0	20.46	75.00	56.00	106.4
合计	26132.2	5306.5	6866.1	2365.5	5064.2	6529.9	0.499		266.5		72.20	58.51	102.0

5. 技术措施要点

结合海绵技术措施的定义、适宜性、构造做法以及实施效果等内容，分别详细描述项目所采取的绿色、灰色和蓝色海绵设施。结合项目场地特性及海绵设施布置的适宜性，明确各类海绵设施设置的位置、功能及规模。海绵设施布置及技术措施要点应具有针对性，而非千篇一律的描述。有关海绵设施的详细内容可见第 3 章第 3.3 节。

6. 场地竖向与径流组织

结合场地竖向及径流组织图，描述通过海绵城市设计后，场地雨水径流组织情况。

典型案例 16

本方案在海绵城市设计过程中，综合分析场地内竖向标高及其他要素，考虑地块内的易积水易内涝点，并通过合理的布置透水铺装、生态停车场、下凹式绿地等海绵设施，对地块内的雨水径流进行有效控制（图 6-19）。

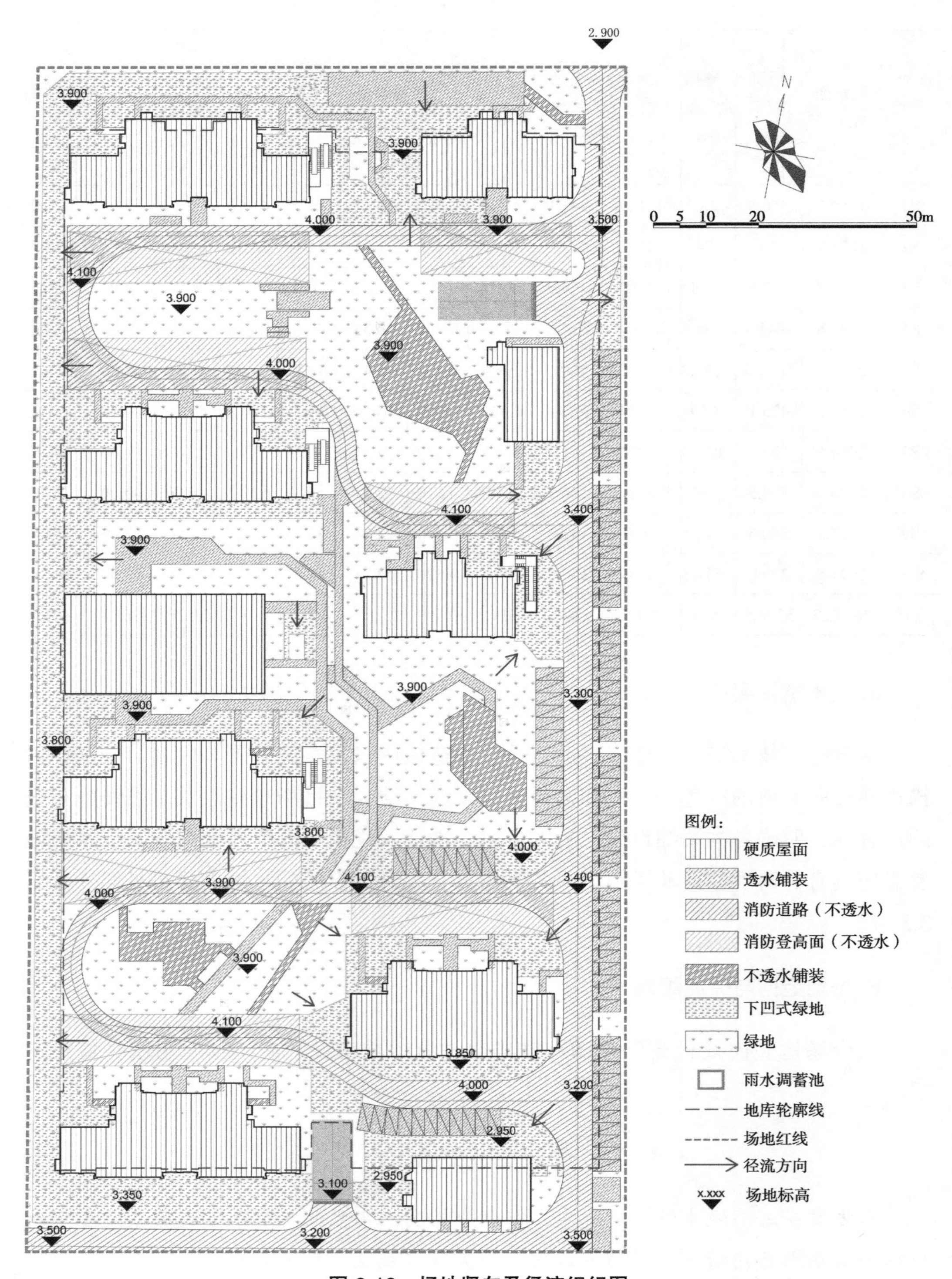

图 6-19　场地竖向及径流组织图

7. 植物配置

针对各类海绵设施适用的植物品种，明确项目所采用的植物种类，并对栽植方式加以说明，提出植被后续养护要求。

典型案例 17

本方案在海绵城市设计过程中，综合分析场地内竖向标高及其他要素，考虑地块内的易积水易内涝点，并通过合理地布置透水铺装、生态停车场、下凹式绿地等海绵设施，对地块内的雨水径流进行有效控制。

【植物品种选择】

植物是海绵技术措施的重要组成部分，应当因地制宜地选取植物品种，使海绵城市建设达到最佳效果。在植物品种的选择过程中，应尽量选择具有耐周期性短期水淹、耐干旱、耐贫瘠、耐浅土层、抗冲刷并具有一定观赏性的植物。植草沟、生态滞留池地被植物，宜选取根系发达、叶茎短小、适宜密植的多种宿根草本植物组合，提升延阻能力、净化污染物、沉积物，加固土壤防止水土流失。应当尽量选取本土化植物进行搭配，最大化因地制宜。同时应当兼顾生态性、功能性与观赏性。

【植物养护管理】

（1）应编制养护管理计划，并按计划认真实施，必须严控植物高度、疏密度，保持适宜的根冠比和水分平衡。

（2）根据植物习性和墒情及时浇水，结合中耕除草、平整树台，必须保证雨水设施内植物全覆盖，及时进行补植。

（3）应根据每种植物的生长特性进行针对性养护，加强病虫害观测，控制突发性病虫害发生，主要病虫害及时防治。更换长势不佳、有病虫害的植株。对一个生长周期后雨水设施内植物的长势进行跟踪调查，分析各品种的适应性，调整适应性不佳的植物品种。

（4）在植物休眠期应着重注意进水口、溢流口应设置碎石缓冲或采取其他防冲刷措施，避免溢流口阻塞。

（5）应定期对生长过快的植物进行适当修剪，根据降水情况对植物进行灌溉，对板结土壤进行松土，摘除花后残花、黄叶、病虫叶等。

（6）应及时对雨水设施内的落叶、杂草进行清理。

（7）应及时收割湿地内的水生植物，定期清理水面漂浮物和落叶。

（8）严禁使用除草剂、杀虫剂等农药。

8. 海绵城市建设目标校核

根据项目海绵设施布置规模，按照分区核算海绵设施面积、实际调蓄容积、年径流总量控制率、年 SS 总量去除率等上位规划要求的海绵指标。具体指标核算内容详见第 4 章。

6.2.6 【第 6 章　维护管理】

部分城市对海绵设施的维护管理做出要求，宜根据项目所选取的海绵设施，提出维护管理要点（表 6-10、表 6-11）。

【植物养护管理】

表 6-10　下凹式绿地维护措施表

检查内容	检查周期
植物覆盖率是否达到 90%	建造后 2 年内 1 月 1 次， 以后 1 年 4 次
是否有枯死	
是否需要修剪	
配水、溢流设施是否有淤积 5% 植被浅沟出现底部淤积	大暴雨后 24h 内
排水是否顺畅	
边坡是否有坍塌	
台坎是否被冲开	
维护内容	**维护周期**
补种、清除杂草、施肥，保证植物生长	按植物要求定期
清除溢流设施，配水设施淤积垃圾清除草沟底部淤积	根据检查结果确定
修补坍塌部分，保持断面形状	
修整草沟底部，保持草沟坡度	
恢复台坎设置	

表 6-11　透水铺装维护措施表

检查内容	检查周期
雨水入渗情况	在大暴雨 24h 内
维护内容	**维护周期**
清楚路面垃圾	按照环卫要求定期清扫
透水面层清理（吸尘器抽吸、高压水冲洗）	根据透水路面检查结果确定 根据路面卫生状况不同，2 ~ 3 年左右一次
更换透水面砖	5 ~ 10 年左右一次

6.2.7 【第 7 章　投资估算及效益分析】

根据项目海绵城市设计方案，对各类海绵设施的单价及总体增量进行估算，估算海绵城市建设总体投资以及海绵城市单位面积平均造价，并从环境效益、社会效益和经济效益三个方面说明项目建设海绵城市带来的效益。

典型案例 18

根据本项目选择的海绵城市建设技术措施，估算海绵城市建设成本，结果见表6-12、表 6-13。

表 6-12　低影响开发设施基础成本估算表

序号	海绵设施	运用范围	数量 /m²	单价成本 / (元 /m²)	成本造价 / 万元
1	透水铺装	轻质荷载区域	2365.5	500	118.3
2	下凹式绿地	室外绿地	5064.2	100	50.6
3	合计				168.9
4	场地面积约为：26132.2 m²，造价约为：64.6 元 /m²				

表 6-13　低影响开发设施增量成本估算表

序号	海绵设施	运用范围	数量 /m²	增量成本 / (元 /m²)	增量成本造价 / 万元
1	透水铺装	轻质荷载区域	2365.5	0	0
2	下凹式绿地	室外绿地	5064.2	0	0
3	合计				0
4	场地面积约为：26132.2 m²，造价约为：0 元 /m²				

6.2.8 【第 8 章　结论及建议】

本部分是对海绵城市设计方案的总结，包括汇水分区的划分、海绵设施选取、调蓄容积计算以及海绵城市目标落实情况等。

6.3　海绵城市设计方案基本信息表

基本信息表包括项目的基本信息、设施选用、海绵城市建设指标以及项目指标达成情况。表 6-14 为某城市海绵城市专项设计方案自评表：

表 6-14 建设工程海绵城市专项设计方案自评表

项目名称：____________

指标					备注
下垫面解析	项目用地总面积 /m²			44645.50	
	屋顶	总面积 /m²		22851.50	
		软化屋面	屋面绿化面积 /m²	5247.60	
			其他软化屋面面积 /m²	0.00	
			小计 /m²	5247.60	
	硬化地面	总面积 /m²		17050.18	
		可渗透硬化地面	可渗透机动车道路面积 /m²	0.00	
			植草砖铺装面积 /m²	0.00	
			其他渗透铺装面积 /m²	0.00	
			小计 /m²	0.00	
	绿化地面及水体	总面积 /m²		4743.82	
		下沉绿化	水体面积 /m²	223.10	
			生物滞留设施面积 /m²	0.00	
			雨水花园面积 /m²	0.00	
			其他下沉绿化面积 /m²	142.30	
			小计 /m²	365.40	
专门设施核算	蓄水设施	总容积 /m³		431.35	
		地下蓄水设施蓄水容积 /m³		410.00	
		雨水桶蓄水容积 /m³		—	
		下沉绿化可蓄水容积 /m³		21.35	
	排水设施	雨水管网设计重现期 / 年		5	
		有无独立污水管网		有√ 无□	
用地竖向控制	地下建筑	户外出入口挡水设施高度 /m		0.50	
	内部场平	高于相邻城市道路的高度 /m		0.20	
	地面建筑	室内外正负零高差 /m		0.45	
综合评价	评价指标			目标值	完成值
	控制性	年径流总量控制率 /（%）		50.00	50.65
		峰值径流系数		0.85	0.81

（续）

指标				备注
综合评价	控制性	硬化地面中可透水地面面积占比 / (%)	—	—
		污染物削减率（以 TSS 计）/ (%)	40.00	45.00
	引导性	下凹式绿地率 / (%)	—	3.15
		雨水资源化利用量占其绿化浇洒、道路冲洗和其他生态用水总量比 / (%)	—	—
		软化屋面率 / (%)	—	22.96

6.4 海绵城市设计计算书

计算书包括年径流总量控制率、外派雨水峰值径流系数、年径流污染削减率、设施比例等指标计算、溢流设施能力核算、导流设施能力核算、排空时间核算以及荷载核算等内容。

（1）年径流总量控制率等指标计算。合理选取径流系数，计算的下垫面与图纸一致，渗透系数、地下水位等参数与提供的地勘资料一致；汇水分区与设计图纸一致，海绵设施汇水分区控制容积计算正确和合理，各海绵设施调蓄容积与汇水面积相匹配。其他指标详细计算内容详见本书第 4 章。

（2）溢流设施能力核算。溢流设施的溢流能力要满足对应汇水分区排水设计要求。

（3）导流设施能力核算。排水路缘石开口、转输植草沟、排水沟等导流设施的导流能力要满足对应分区排水标准要求。

（4）排空时间核算。具有储存功能的海绵设施，其雨水排空时间应满足相关要求。

（5）荷载核算。对于绿色屋顶和立体绿化设计要满足荷载和安全要求。

6.5 海绵城市设计图纸

海绵城市设计图纸是海绵城市专项设计成果之一，以图示化的方式表达项目海绵城市设计的主要内容。其作用包括两方面，其一用于项目审查，其二用于指导项目实施落地。图纸一般包括场地汇水分区图、下垫面分析图、海绵设施布局总平面图、竖向设计与雨水径流组织图等（图 6-20）。

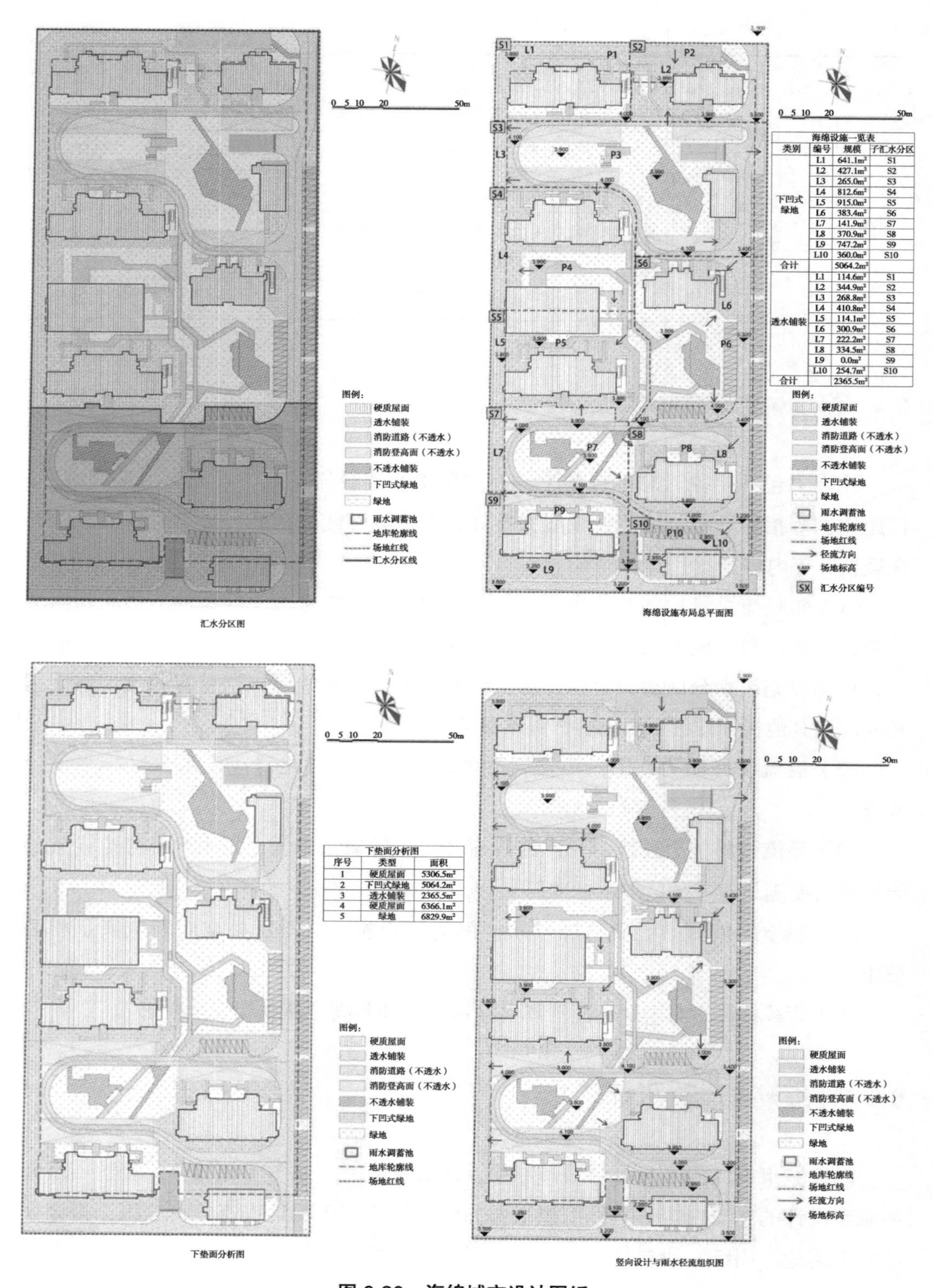

海绵设施一览表			
类别	编号	规模	子汇水分区
下凹式绿地	L1	641.1m²	S1
	L2	427.1m²	S2
	L3	265.0m²	S3
	L4	812.6m²	S4
	L5	915.0m²	S5
	L6	383.4m²	S6
	L7	141.9m²	S7
	L8	370.9m²	S8
	L9	747.2m²	S9
	L10	360.0m²	S10
合计		5064.2m²	
透水铺装	L1	114.6m²	S1
	L2	344.9m²	S2
	L3	268.8m²	S3
	L4	410.8m²	S4
	L5	114.1m²	S5
	L6	300.9m²	S6
	L7	222.2m²	S7
	L8	334.5m²	S8
	L9	0.0m²	S9
	L10	254.7m²	S10
合计		2365.5m²	

下垫面分析图		
序号	类型	面积
1	硬质屋面	5306.5m²
2	下凹式绿地	5064.2m²
3	透水铺装	2365.5m²
4	硬质屋面	6366.1m²
5	绿地	6829.9m²

图 6-20 海绵城市设计图纸

6.5.1 海绵城市专项设计图纸概述

海绵城市专项设计图纸的绘制始于方案策划，止于项目实施落地。通过多样的绘图工具将海绵城市设计有序地表达在图纸上，保障项目海绵城市设计实施落地。

1. 工作内容

海绵城市专项设计图纸的工作包括资料整理、数据统计、图纸绘制和表格绘制等内容。在海绵城市设计工作开展之初，应收集与项目相关的图纸文件，包括建筑总图、管线综合设计图、景观设计图等。在开展海绵城市设计时，我们需要根据海绵城市设计的内容与重点，将相关图纸、文件进行梳理，提取海绵城市设计相关信息，在 CAD 等制图工具中进行数据计算与整理。

2. 图纸信息

海绵城市图纸不仅体现海绵城市设计内容，还体现了项目的总图设计、建筑设计、排水设计及景观设计等内容（图 6-21）。

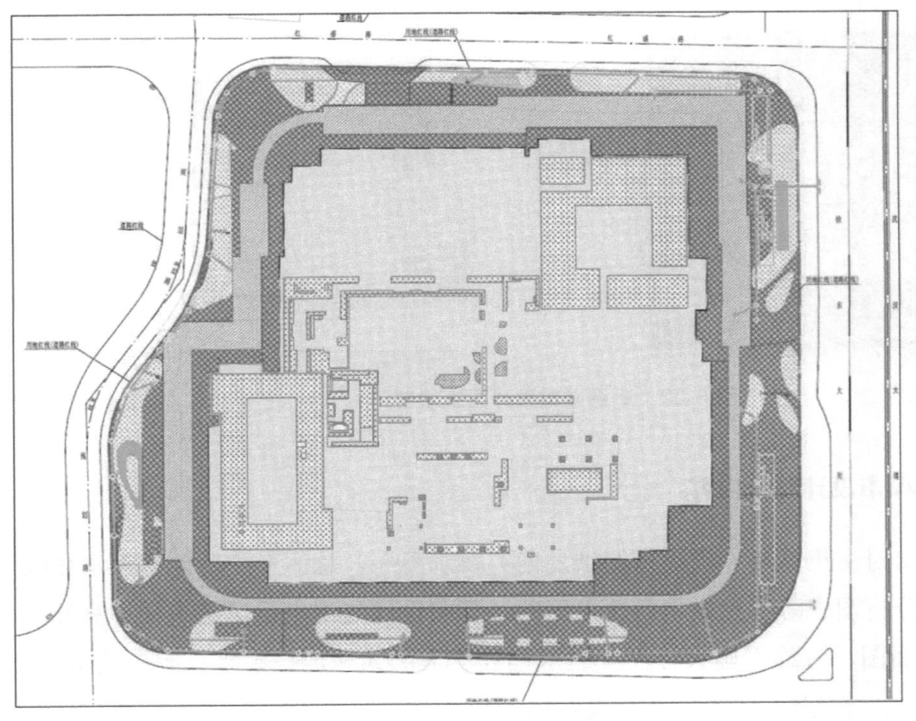

■总图设计（场地红线、消防道路及扑救面、竖向设计）

■建筑设计（建筑屋顶轮廓线、绿色屋顶分布）

■排水设计（排水方向、排水管道、雨水口、溢流口、雨水调蓄池、市政接口）

■景观设计（绿地设计、下凹式绿地分布、硬质铺装、透水铺装、下凹式绿地标高）

图 6-21 海绵城市设计图纸所体现的信息

3. 图纸用途

海绵城市专项图纸以图示化的方式将海绵城市设计的重点和主要内容进行展示。主要用途有三：方案阶段可表达海绵城市设计技术路线、海绵设施布局等内容；审查阶段用于表达建设目标的实现；施工阶段用于指导海绵措施实施落地。

4. 绘制工具

海绵城市专项设计图纸的绘制工具，如图 6-22 所示，主要包括 CAD、Photoshop 和 PPT。CAD 用于图纸整理和数据统计；Photoshop 和 PPT 可美化处理图片用于汇报。

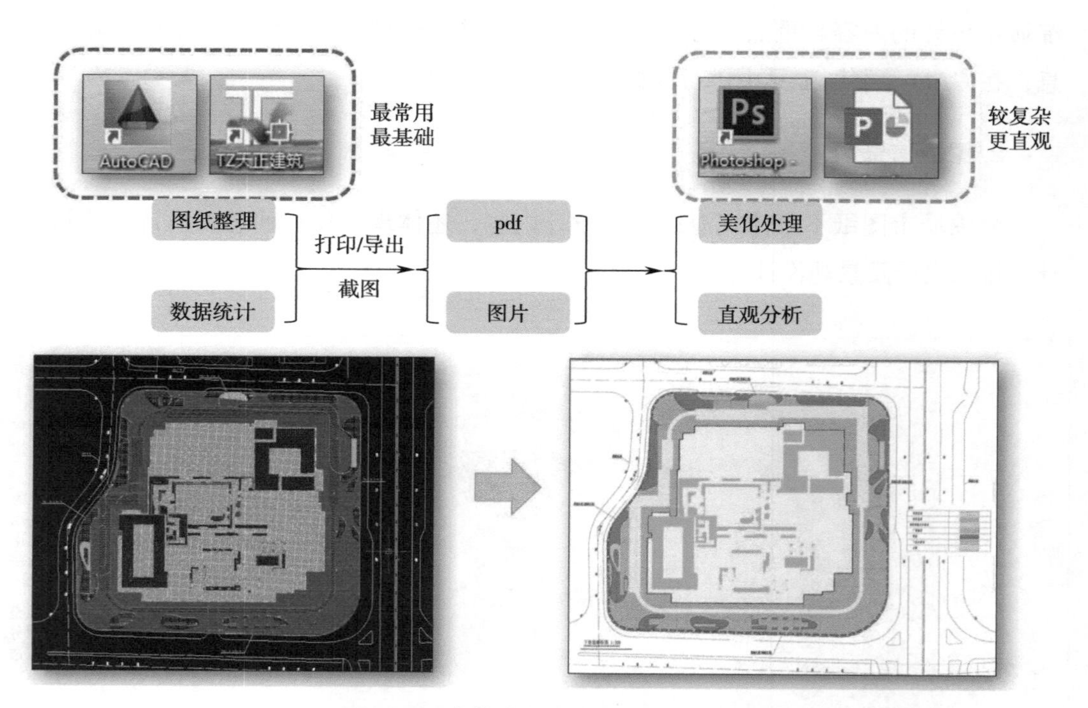

图 6-22 海绵城市设计图纸绘制工具

6.5.2 海绵城市设计图纸内容

不同城市对海绵城市专项设计图纸的内容要求不一，总体上主要包括汇水分区图、下垫面分析图、海绵设施布局总平面图、竖向设计与雨水径流组织图、室外雨水排水总平面图、海绵设施大样图（透水铺装、下凹式绿地、雨水花园、植草沟、截污型雨水口、绿色屋顶）等，详见表 6-15。

表 6-15 海绵城市设计图纸内容一览表

<table>
<tr><th colspan="3">海绵城市设计图纸</th></tr>
<tr><td>序号</td><td colspan="2">图纸名称</td></tr>
<tr><td>1</td><td colspan="2">汇水分区图</td></tr>
<tr><td>2</td><td colspan="2">下垫面分析图</td></tr>
<tr><td>3</td><td colspan="2">海绵设施布局平面图</td></tr>
<tr><td>4</td><td colspan="2">竖向设计与雨水径流组织图</td></tr>
<tr><td>5</td><td colspan="2">室外雨水排水总平面图</td></tr>
<tr><td rowspan="6">6</td><td rowspan="6">海绵设施大样图</td><td>透水铺装</td></tr>
<tr><td>下凹式绿地</td></tr>
<tr><td>雨水花园</td></tr>
<tr><td>植草沟</td></tr>
<tr><td>截污型雨水口</td></tr>
<tr><td>……</td></tr>
</table>

1. 汇水分区图

汇水分区图应表达场地汇水分区划分情况，包括分区边界、编号、面积、各汇水分区的设计调蓄水量等信息。

2. 下垫面分析图

下垫面分析图应表达项目总平面布局、各类下垫面类型（屋面、道路及广场、绿地等），并结合表格表达各类型下垫面的雨量径流系数、峰值径流系数等关键信息。

3. 海绵设施布局总平面图

海绵设施布局总平面图应表达各类海绵设施分布情况、各类海绵设施规模、室外雨水管道布设情况、雨水口 / 溢流口布置情况、地面雨水径流组织情况等。

4. 竖向设计与雨水径流组织图

竖向设计与雨水径流组织图应表达场地周边环境（市政道路、市政绿地等）的竖向高程；表达场地内道路、室外场地、建（构）筑物等主要节点的具体高程，包括场地道路交叉口、地形控制点标高、变坡点标高、建筑室内外标高、建筑屋面坡向等信息；表达场地雨水径流组织情况、室外雨水管道布设情况以及室外雨水口 / 溢流口布置情况。

5. 室外雨水排水总平面图

室外雨水排水总平面图应表达雨水排水路径，包括市政管道及排口、场地内雨水管道、场地内雨水口、海绵设施内溢流口等信息。

6. 海绵设施大样图

海绵设施大样图包括：下凹式绿地详图、透水铺装详图、雨水花园详图、绿色屋顶详图等。大样图应涵盖项目所采用的各海绵设施（如绿色屋顶、透水铺装、下凹式绿地、雨水花园、植草沟、调蓄池等海绵设施），应结合场地实际且符合规范要求。

6.5.3 案例详解海绵城市专项图纸绘制

海绵城市专项图纸绘制是一项整合信息、统计数据和多维展示的复杂工作，与建筑设计、管线综合设计以及景观设计相近，有科学的绘制顺序和合理的制图逻辑。通过图、文、表综合表达海绵城市专项设计内容的过程。

海绵城市专项图纸绘制可分为两大阶段：第一阶段为方案策划阶段，通过信息整理、数据统计、海绵测算等内容，初步明确汇水分区、海绵设施等内容；第二阶段为图纸绘制阶段，通过与各专业对接，进一步细化和明确海绵方案，包括汇水分区划分、海绵设施布局等内容。

1. 制图前准备

海绵城市专项图纸的绘制，应重视制图前的准备工作，通过信息整理、数据统计等，绘制海绵城市专项设计“底图”。其他图纸在“海绵底图”的基础上进行绘制，提高绘图效率与质量。

（1）信息整理。在 CAD 中将相关图纸进行梳理，提取主要信息，并转化成“海绵语言”，形成由“海绵基础元素”组成的、清晰明了的“海绵城市绘制底图”。

问：什么是“海绵底图”，“海绵底图”包括哪些信息和元素？

海绵底图（图 6-23），包括两方面信息：可直接利用的基础信息，包括场地红线、指北针和比例尺等；需要分析梳理的海绵信息，主要指场地下垫面分布情况，包括建筑屋顶、道路场地、绿地及水体等分布情况。这两部分信息一般可从总图、建筑以及景观图纸中获取。

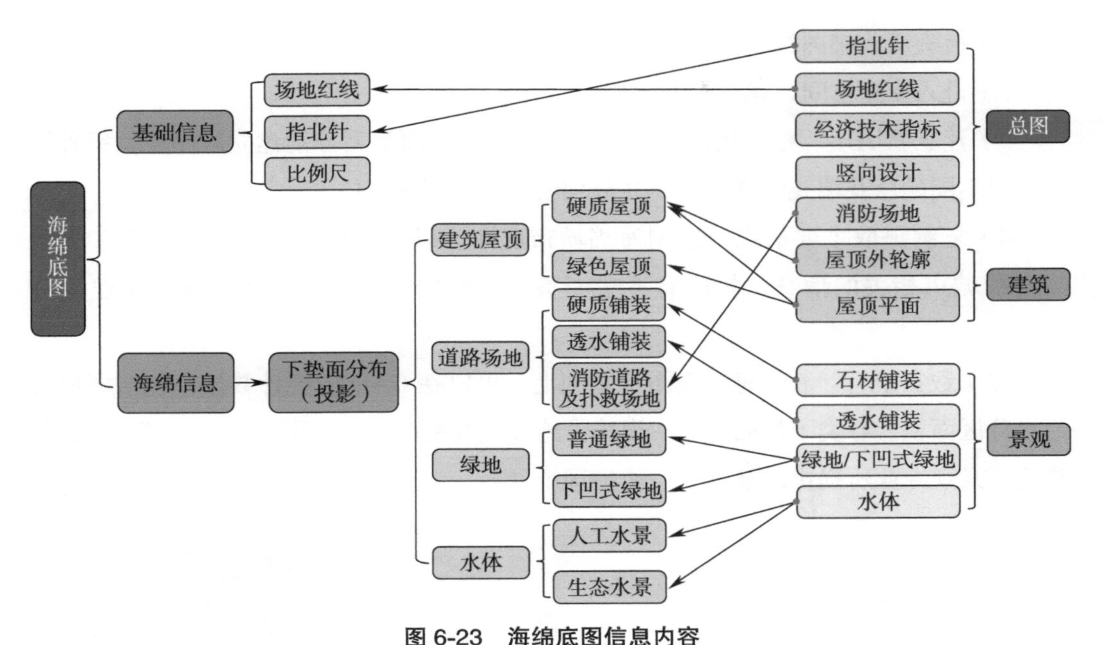

图 6-23 海绵底图信息内容

问：该怎样快速准确地提取和整理这些信息呢？

根据建筑工程制图习惯，我们所获取的图纸信息格式为 DWG 格式，需要使用 CAD 等制图工具来整理图纸。步骤大致分为四部分（图 6-24）：

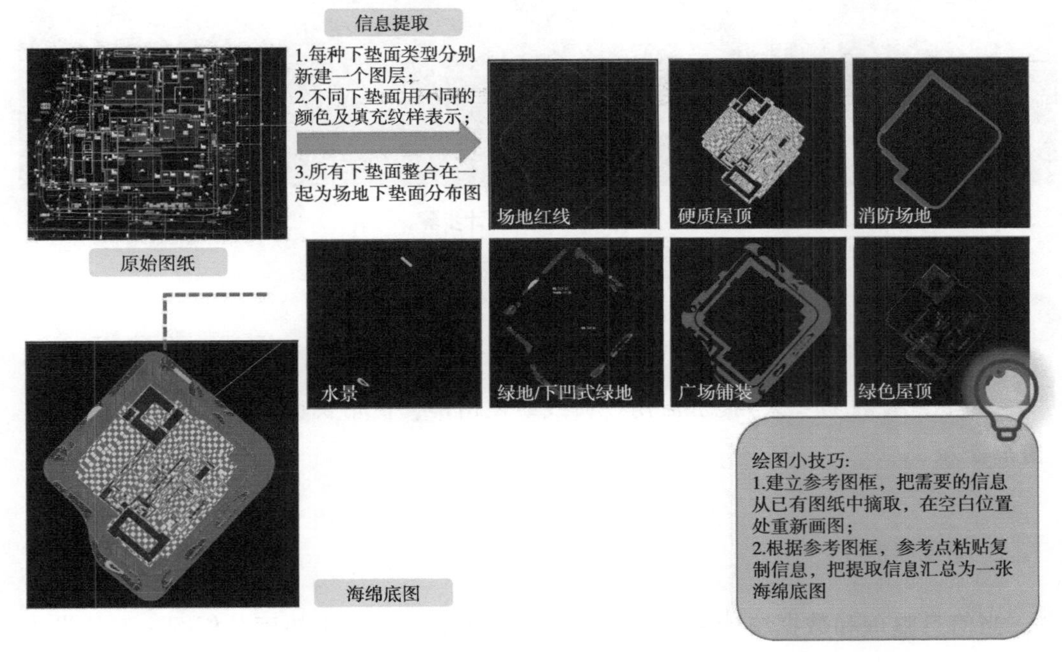

图 6-24 信息整理步骤

1）梳理所收集图纸，统一图纸比例。

2）进入模型空间，建立参考图框。

3）建立新图层。根据场地设计情况，按照下垫面类型分别建立新图层，每种下垫面以不同颜色及填充纹样表示，并分别绘制在所属图层中。

4）复制提取主要信息，绘制海绵城市底图。以参考图框为复制参考点，提取与海绵城市相关的信息，将所有下垫面整合，形成海绵城市底图（场地下垫面分布图）。

（2）数据统计。在“海绵底图”基础上，可以在CAD中统计数据，包括场地各汇水分区面积、各类下垫面面积、海绵设施设置规模等信息（图6-25）；或根据总图、建筑或景观专业所提供的数据进一步整理统计。

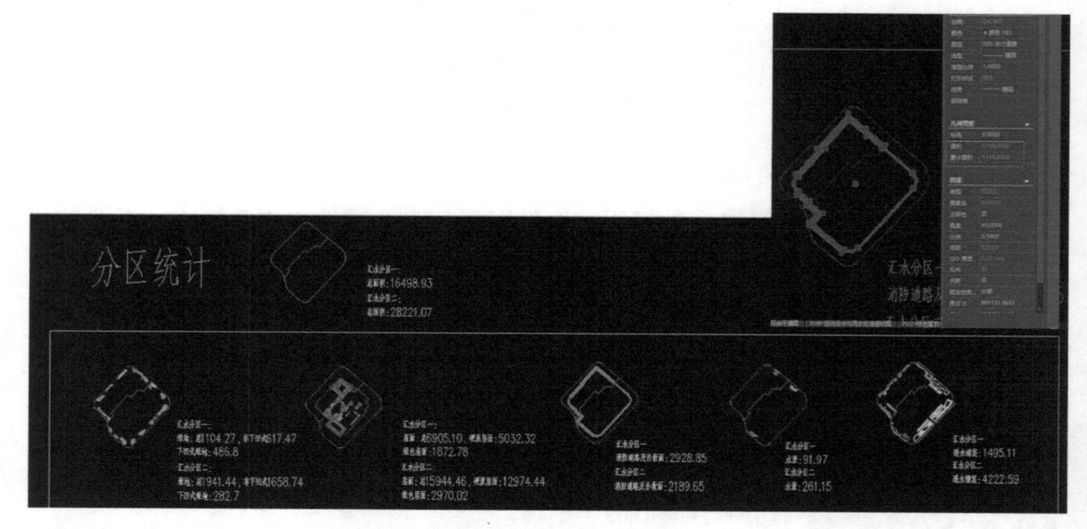

图6-25　数据统计步骤

统计小技巧

面积统计技巧：采用Pline闭合曲线绘制图形，使用快捷键“Ctrl+1”可显示图形面积。

2. 图纸绘制

当信息整理和数据统计完成后，可按照汇水分区图→下垫面分析图→海绵设施布局总平面图→竖向设计与雨水径流组织图→室外雨水排水总平面图→海绵设施大样图的绘图顺序进行绘制。

（1）汇水分区图。汇水分区图需表达项目设计的基本信息和海绵信息，同时，以图纸、文字和表格相结合的方式进行绘制（表 6-16、图 6-26）。

表 6-16　汇水分区图信息一览表

汇水分区图		
基本信息	指北针	
	场地红线	
	周边情况	
	场地面积	
	图纸名称	
海绵信息	图示	汇水分区线
		汇水分区编号
		汇水分区名称
	文字	汇水分区划分依据
	表格	汇水分区名称及编号
		汇水分区面积
		各汇水分区设计雨量及实际控制雨量

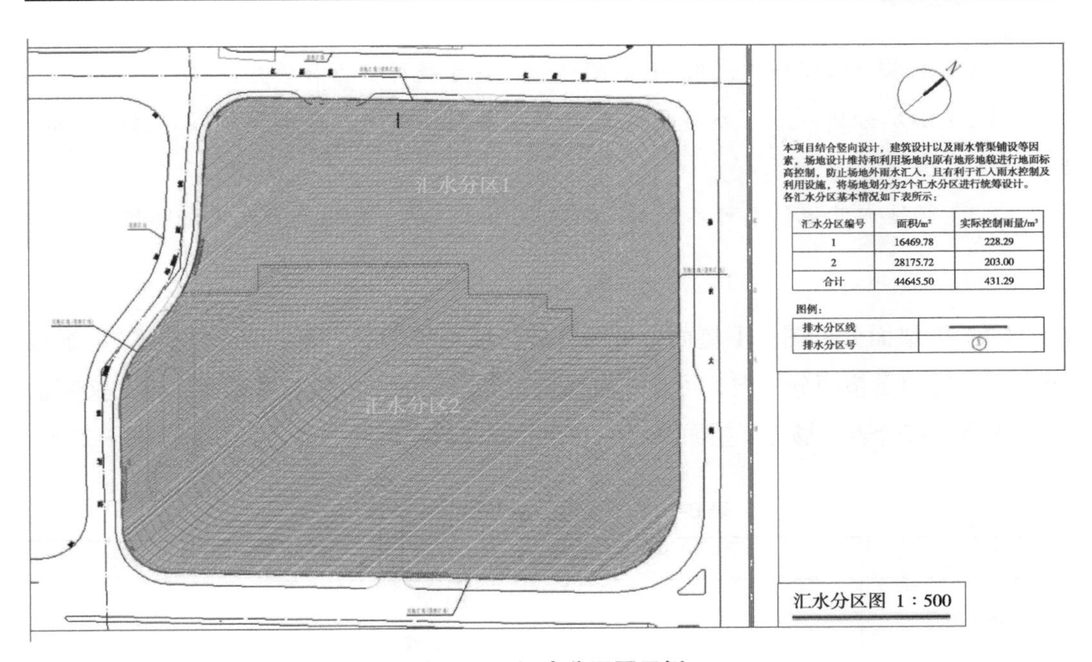

图 6-26　汇水分区图示例

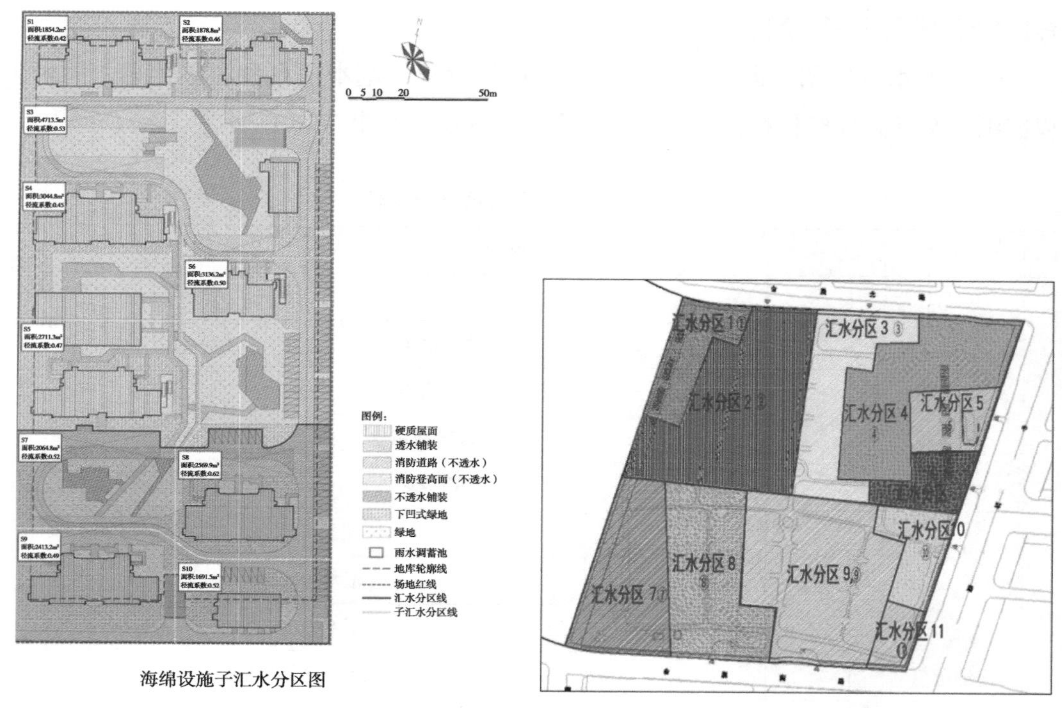

海绵设施子汇水分区图

图 6-26 汇水分区图示例（续）

绘图小技巧

（1）汇水分区线条建议用 Pline 闭合线，便于统计数据和填充图样。

（2）汇水分区线和汇水分区填充设置在不同图层上，后续图纸按需显示，清晰明了。

（3）场地内其他信息可不显示或用淡显显示，使主要信息表达更加明显。

（2）下垫面分析图。下垫面分析图应表达项目各类下垫面的分布情况，“海绵城市底图”即为下垫面分析图，可在“海绵城市底图”的图纸信息基础上，增加文字描述和表格，综合表达场地下垫面及场地综合径流系数情况等信息（表 6-17、图 6-27）。

表 6-17 下垫面分析图信息一览表

下垫面分析图	
基本信息	指北针
	场地红线

（续）

下垫面分析图		
基本信息	周边情况	
	场地面积	
	图纸名称	
海绵信息	图示	硬质屋面
		绿色屋面
		消防道路及扑救面
		硬质铺装
		透水铺装
		普通绿地
		下凹式绿地
		景观水体
	文字	下垫面分布情况
	表格	各类下垫面名称及面积
		综合雨量径流系数
		峰值流量径流系数

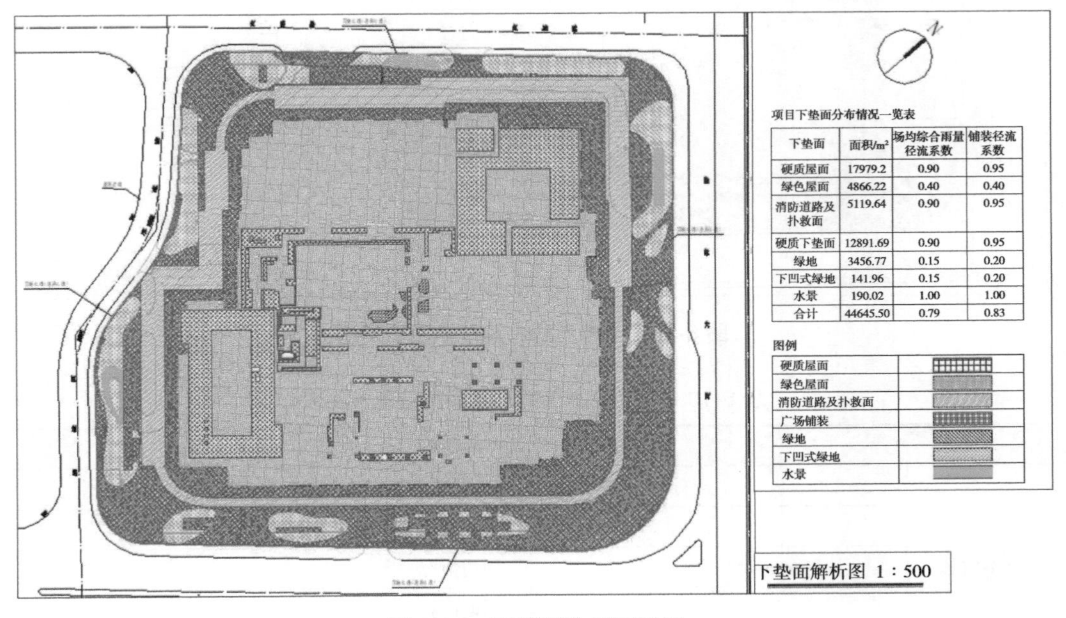

下垫面	面积/m²	场均综合雨量径流系数	铺装径流系数
硬质屋面	17979.2	0.90	0.95
绿色屋面	4866.22	0.40	0.40
消防道路及扑救面	5119.64	0.90	0.95
硬质下垫面	12891.69	0.90	0.95
绿地	3456.77	0.15	0.20
下凹式绿地	141.96	0.15	0.20
水景	190.02	1.00	1.00
合计	44645.50	0.79	0.83

图 6-27 下垫面分析图示例

绘图小技巧

（1）各类下垫面绘制于不同图层，便于图纸可按需显示，使图纸内容更加简洁明了。

（2）不同下垫面采用不同颜色和填充图案显示，清晰直接。

（3）图纸中只表达与本图相关的信息，无关内容不做表达。

（3）海绵设施布局总平面图。海绵设施布局总平面图应表达场地内设置的所有海绵设施，包括绿色、灰色和蓝色海绵设施，并结合文字描述及表格表达各类海绵设施的规模（图 6-28）。

海绵设施布局总平面图由基础信息和海绵信息两部分组成，主要内容见表 6-18。

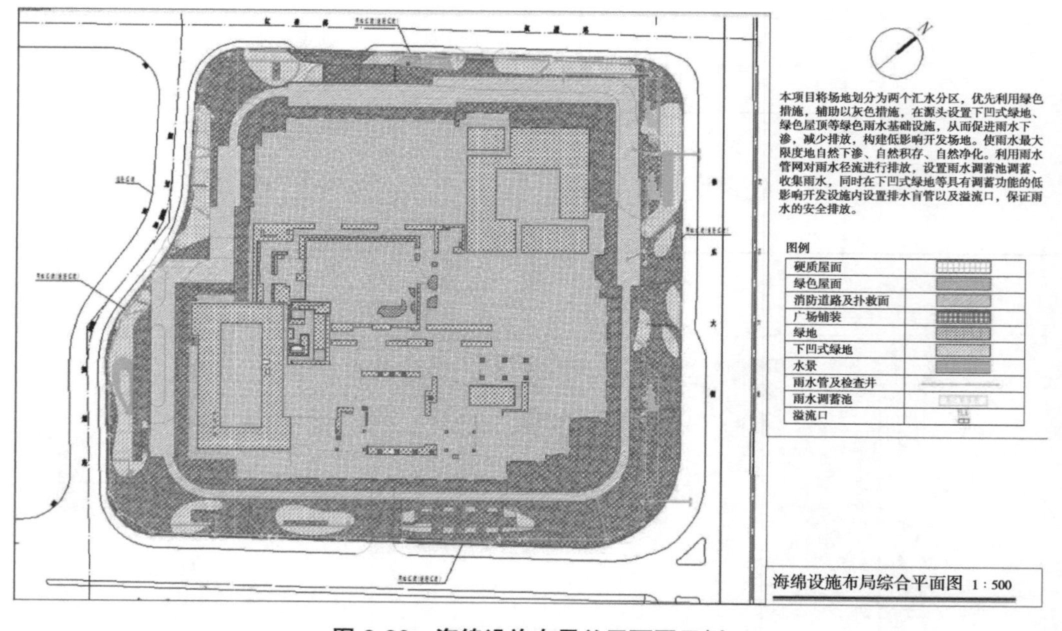

图 6-28　海绵设施布局总平面图示例

表 6-18　海绵设施布局总平面图信息一览表

海绵设施布局总平面图	
基本信息	指北针
	场地红线
	周边情况
	场地面积
	图纸名称

（续）

海绵设施布局总平面图			
海绵信息	图示	绿色海绵设施	下凹式绿地
			雨水花园
			透水铺装
			绿色屋顶
		灰色海绵设施	雨水管网分布情况
			雨水调蓄池
			雨水口 / 溢流口
		蓝色海绵设施	景观水体
	文字	简要描述海绵城市方案，包括场地汇水分区划分	
	表格	海绵设施类型	
		各类海绵设施规模	
		各类海绵设施调蓄容积	
		实际控制径流总量	

问：绿色、灰色和蓝色海绵设施信息该如何获取呢？

根据海绵方案中与景观，建筑，给水排水协同确定的海绵设施布局，将绿色、灰色以及蓝色海绵设施落实于图纸中（图 6-29、图 6-30）。

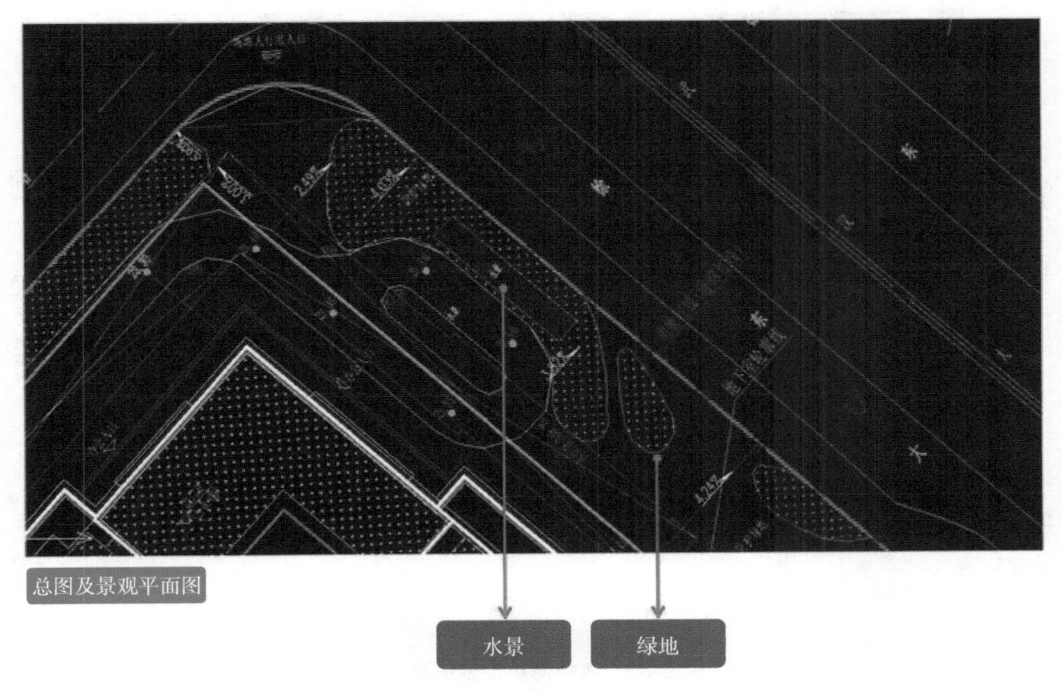

图 6-29　绿色、蓝色海绵设施信息示例

图 6-29 绿色、蓝色海绵设施信息示例（续）

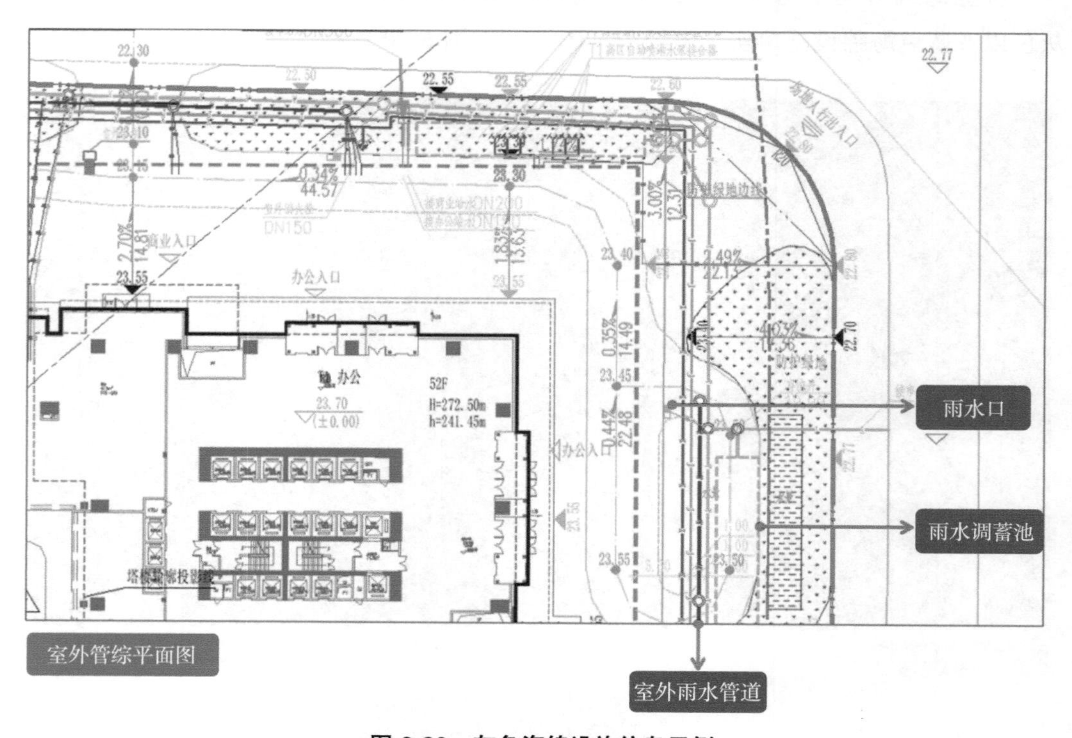

图 6-30 灰色海绵设施信息示例

（4）竖向设计与雨水径流组织图。竖向设计与雨水径流组织图，即在“海绵设施布局总平面图”的基础上，增加场地竖向及雨水径流组织等信息。竖向设计与雨水径流组织图，包括基础信息和海绵信息两部分，主要内容见表 6-19。

表 6-19 竖向设计与雨水径流组织图信息一览表

<table>
<tr><th colspan="5">竖向设计与雨水径流组织图</th></tr>
<tr><td rowspan="5">基本信息</td><td colspan="4">指北针</td></tr>
<tr><td colspan="4">场地红线</td></tr>
<tr><td colspan="4">周边情况</td></tr>
<tr><td colspan="4">场地面积</td></tr>
<tr><td colspan="4">图纸名称</td></tr>
<tr><td rowspan="13">海绵信息</td><td rowspan="12">图示</td><td rowspan="8">海绵设施</td><td rowspan="4">绿色海绵设施</td><td>下凹式绿地</td></tr>
<tr><td>雨水花园</td></tr>
<tr><td>透水铺装</td></tr>
<tr><td>绿色屋顶</td></tr>
<tr><td rowspan="3">灰色海绵设施</td><td>雨水管网分布情况</td></tr>
<tr><td>雨水调蓄池</td></tr>
<tr><td>雨水口 / 溢流口</td></tr>
<tr><td>蓝色海绵设施</td><td>景观水体</td></tr>
<tr><td colspan="3">雨水径流箭头</td></tr>
<tr><td rowspan="3">竖向标高</td><td colspan="2">场地竖向标高</td></tr>
<tr><td colspan="2">道路竖向标高</td></tr>
<tr><td colspan="2">海绵设施标高（下凹式绿地、雨水花园标高）</td></tr>
<tr><td>文字</td><td colspan="3">简单描述场地整体地势走向为“东高西低”，雨水径流方向</td></tr>
</table>

问：场地竖向信息如何获取？

场地竖向信息包括场地周边环境（市政道路、市政绿地等）区域的总体竖向高程；场地内道路、室外场地、建（构）筑物等主要节点的具体高程，包括场地道路交叉口、地形控制点标高、变坡点标高、建筑室内外标高、建筑屋面坡向等信息。相关信息可从总图设计或景观竖向设计图纸中获取（图 6-31）。

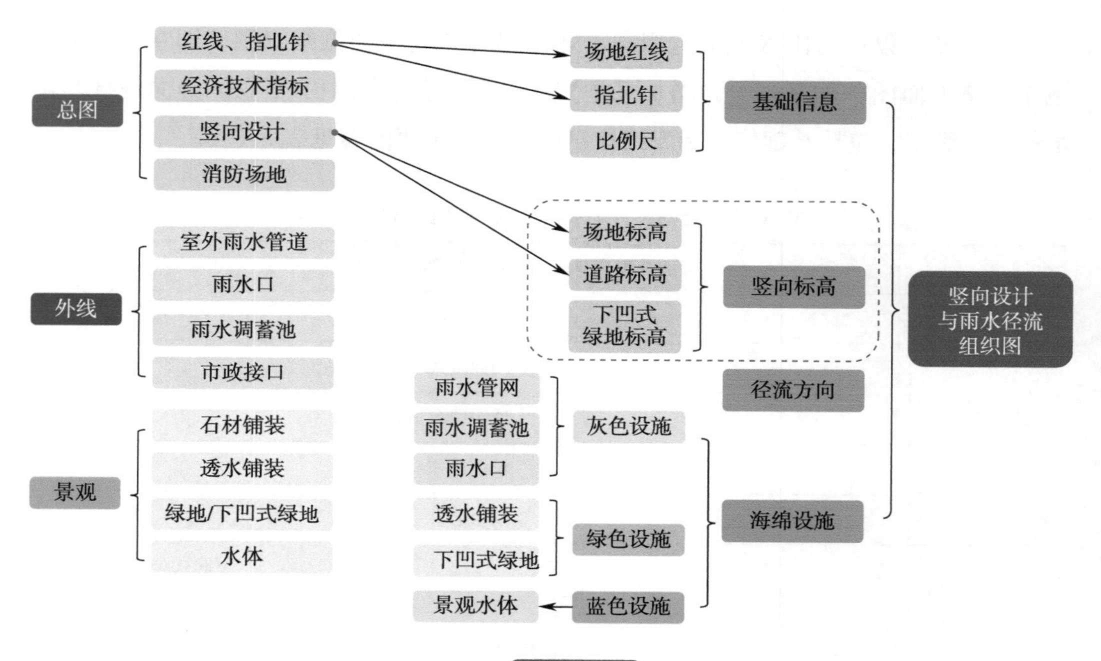

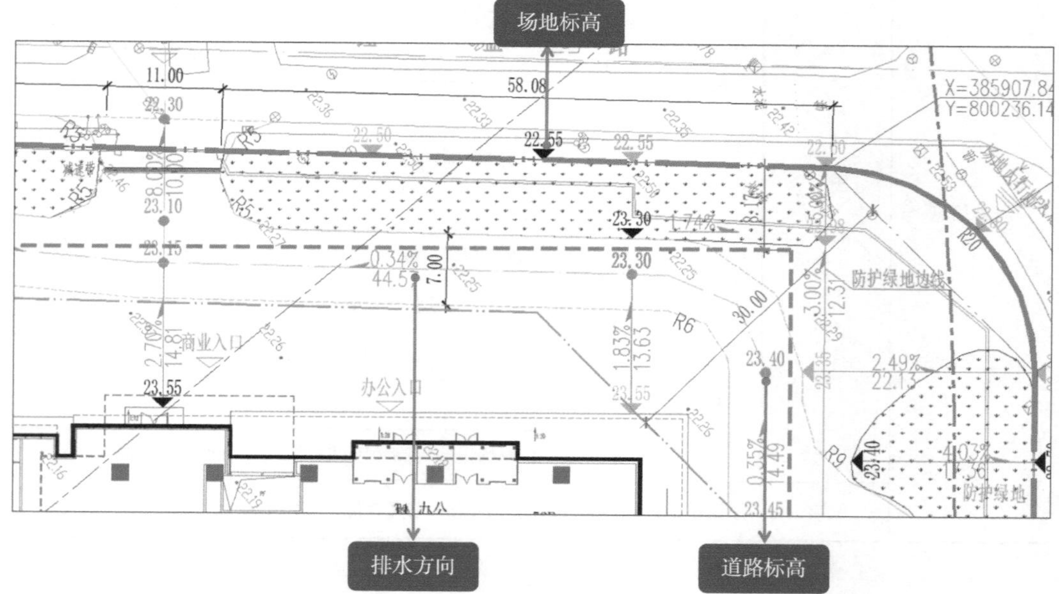

图 6-31 竖向及排水信息示例

绘图小技巧

（1）场地竖向、道路竖向、下凹式绿地竖向均要表达。

（2）下凹式绿地底标高要根据其周边道路广场标高及下凹深度所确定。

（3）场地周界出入口附近场地标高应高于周围市政道路标高，防止客水汇入。

（4）雨水口优先布置于绿地内，溢流口应布置于下凹式绿地、雨水花园内的最低点。

（5）室外雨水排水总平面图。室外雨水排水总平面图即在“竖向设计与雨水径流组织图”的基础上，“删掉”项目竖向信息，表达场地雨水径流组织情况、室外雨水管线、坡向布置情况等关键信息（表 6-20、图 6-32）。

表 6-20　室外雨水排水总平面图信息一览表

<table>
<tr><th colspan="5">室外雨水排水总平面图</th></tr>
<tr><td rowspan="5">基本信息</td><td colspan="4">指北针</td></tr>
<tr><td colspan="4">场地红线</td></tr>
<tr><td colspan="4">周边情况</td></tr>
<tr><td colspan="4">场地面积</td></tr>
<tr><td colspan="4">图纸名称</td></tr>
<tr><td rowspan="10">海绵信息</td><td rowspan="9">图示</td><td rowspan="8">海绵设施</td><td rowspan="4">绿色海绵设施</td><td>下凹式绿地</td></tr>
<tr><td>雨水花园</td></tr>
<tr><td>透水铺装</td></tr>
<tr><td>绿色屋顶</td></tr>
<tr><td rowspan="3">灰色海绵设施</td><td>雨水管网分布情况</td></tr>
<tr><td>雨水调蓄池</td></tr>
<tr><td>雨水口 / 溢流口</td></tr>
<tr><td>蓝色海绵设施</td><td>景观水体</td></tr>
<tr><td colspan="3">雨水径流箭头</td></tr>
<tr><td>文字</td><td colspan="3">简单描述场地整体地势走向为“东高西低”，雨水径流方向为由场地、道路流进绿地或下凹式绿地，超标雨水通过溢流口排至雨水管网安全排放等</td></tr>
</table>

（6）海绵设施大样图。海绵设施大样图一般包括：下凹式绿地详图、透水铺装详图、绿色屋顶详图等。大样图应涵盖项目所采用的各海绵设施（如绿色屋顶、透水铺装、下凹式绿地、雨水花园、植草沟、调蓄池等海绵设施），设计要求必须结合场地实际且符合规范要求。

下面以常见的海绵设施为例，明确各类海绵设施大样图纸绘制要点。

1）下凹式绿地详图。在绘制下凹式绿地详图时，应注意的问题如图 6-33 所示。

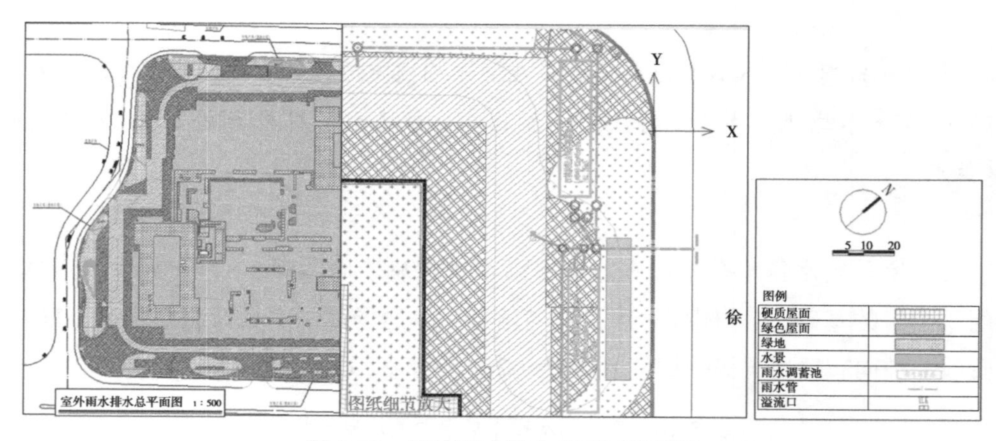

图 6-32　室外雨水排水总平面图示例

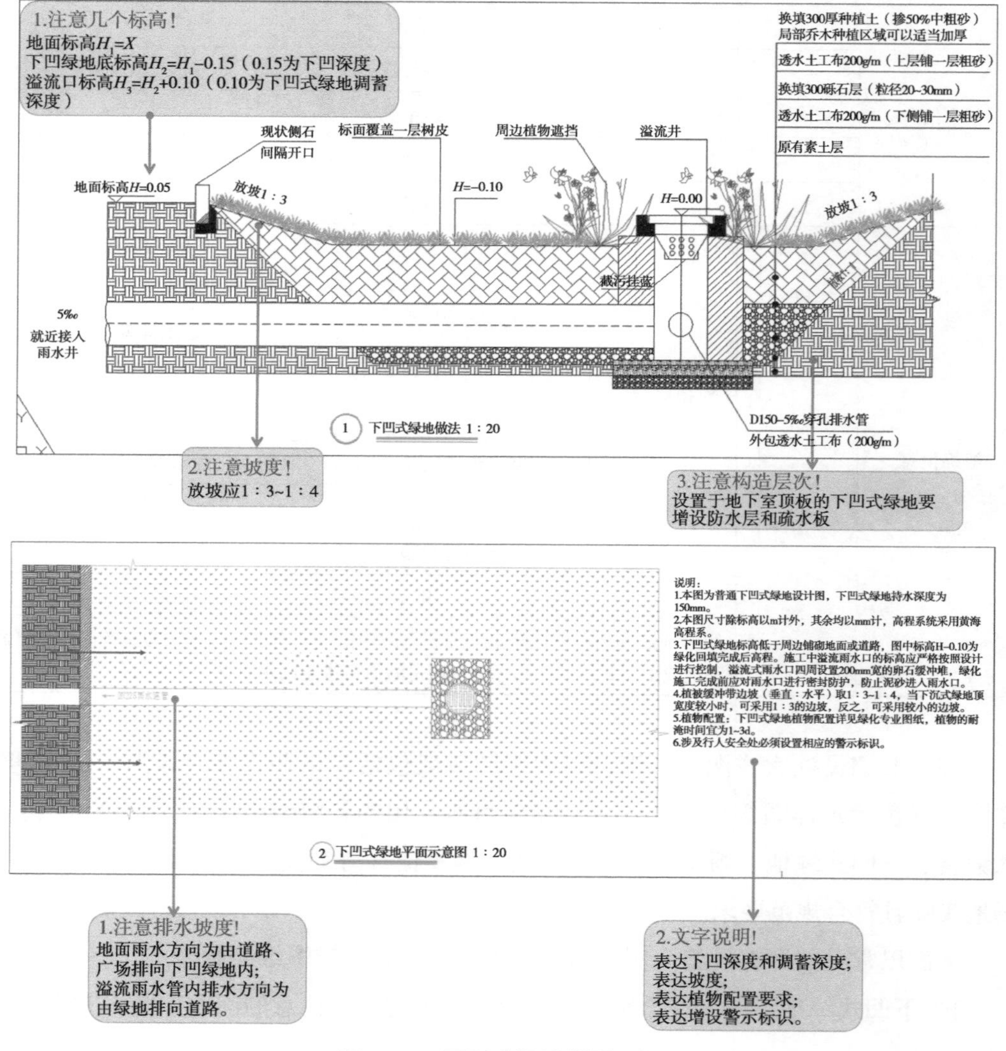

图 6-33　下凹式绿地详图示例

2）透水铺装详图。在绘制透水铺装详图时，应根据方案中所设置的透水铺装类型分别进行绘制，包括车行透水砖、人行透水砖、透水混凝土等，并应确保面层透水基层也透水，错误示例如图 6-34 所示。

3）绿色屋顶详图。绿色屋顶做法需根据建筑及景观相关内容进行绘制，且在构造做法中应增加防水层和防根穿刺层（图 6-35）。

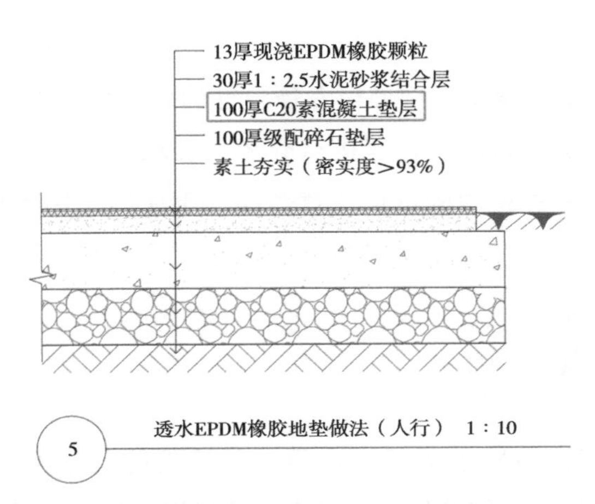

图 6-34 透水铺装详图错误示例

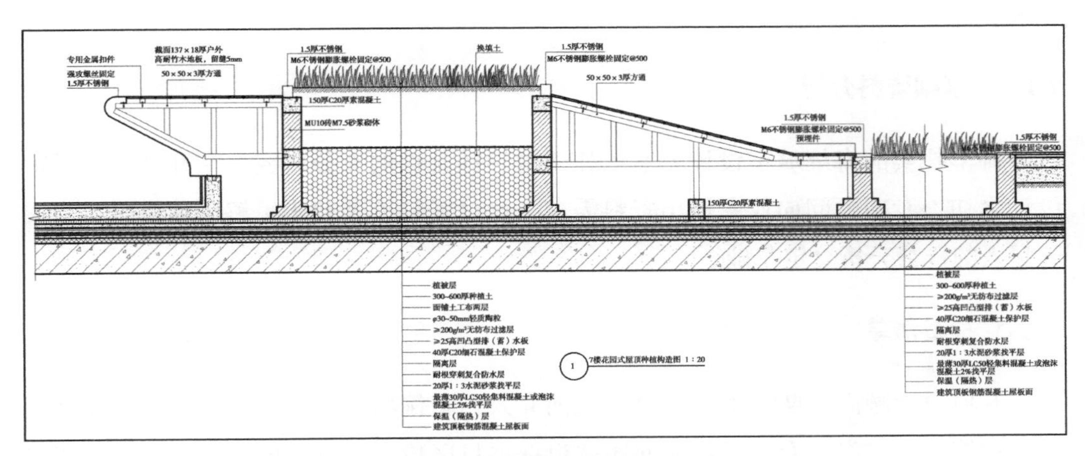

图 6-35 绿色屋顶详图示例

4）海绵设施相关内容可参考以下图集。

- 《工程做法》（12BJ1-1）P17 ~ 25。
- 《环境景观——室外工程细部构造》（15J012-1）。
- 《雨水控制与利用工程（建筑与小区）》（15BS14）。
- 钢筋混凝土水池做法可参考《矩形钢筋混凝土蓄水池》（05S804）相关做法 。
- 塑料模块组合水池可参考《雨水综合利用》（10SS705）相关做法。

第7章 案 例

本章将通过典型案例展示海绵城市专项设计的全过程，并对协同工作典型问题、政府审查沟通、施工交底及验收情况进行介绍，展示建设项目海绵城市设计的全过程，深入解析项目推进过程中的重点注意事项，更加形象具体且全面地展示海绵城市的实际工作内容。

7.1 典型案例全过程介绍

项目位于深圳市，为城市更新类项目，建筑功能包括商业及住宅，绿地率为35.01%，容积率为8.69，整体开发强度较大。项目海绵城市设计由专项设计顾问团队完成。

7.1.1 基础资料分析

科学扎实的海绵城市设计方案依托于对设计条件的充分研究。在开展海绵城市设计之初，专项顾问向业主提出资料需求，通过资料梳理初步了解项目情况，为展开深入的资料分析奠定基础。

1. 提资清单

专项设计顾问团队于案例项目报规前介入，案例项目已具备相对全面的场地设计、建筑设计方案。专项设计顾问团队根据项目区位、项目进度等条件拟定提资清单递交业主，明确本项目进行海绵城市专项设计所需的各项资料。

案例项目的提资清单主要包括上位规划文件、设计文件、其他文件三部分。上位规划文件有助于专项设计顾问团队快速了解项目规划要求、应达成的建设目标以及项目所在地审查要求等。设计文件为海绵城市方案设计的依托，视项目设计进度而定，一般要求提供最新建筑设计、小市政设计、景观设计等文件。本项目景观设计滞后于建筑设计，根据具体进度后续补充提供景观专业相关设计文件。其他文件视项目具体情况而定，案例项目进行绿色建筑认证，其中部分条款要求与海绵城市设计相关，故要求业主提供绿色建筑专项报告等相关文件。

提资清单

一、上位规划文件

1. 建设用地规划条件书

本项目海绵城市相关指标要求：年径流总量控制率、污染物削减率、透水铺装率、下凹式绿地率等。

2. 当地海绵城市专项审查细则

当地政府审批部门下发的海绵城市专项审查模板。

3. 当地海绵城市专项规划

当地政府发布的海绵城市专项规划或导则等。

二、设计文件

1. 建筑设计

（1）总平面图：含地下室轮廓线、建筑基底、消防道路及扑救面、经济技术指标（绿地率、绿化面积）等，文件需与报规图纸一致。

（2）建筑单体：含屋顶绿化、排水系统等，文件需与报规图纸一致。

（3）场地剖面图或证明覆土情况的图纸。

2. 小市政设计

（1）地下综合管线。

（2）周边市政排口。

3. 景观设计

（1）总平面布局图（含绿地、铺装等）。

（2）竖向设计图。

三、其他文件（如有）

1. 地质勘查文件。

2. 地下水勘查文件。

3. 绿色建筑专项报告。

经沟通，业主提供了案例项目现阶段的CAD版本设计图纸，所在地海绵城市规划要点和审查细则，以及建设用地规划许可证。

如图7-1所示，经初步梳理获取案例项目用地面积、建筑面积等经济技术指标，地下室开发情况，市政排口，下垫面情况，场地竖向等信息。应注意的是，案例项目的建设用地规划许可证中无海绵城市具体指标要求，需进一步与当地的海绵城市主管部门沟通确认，以便于海绵城市专项设计工作的开展。

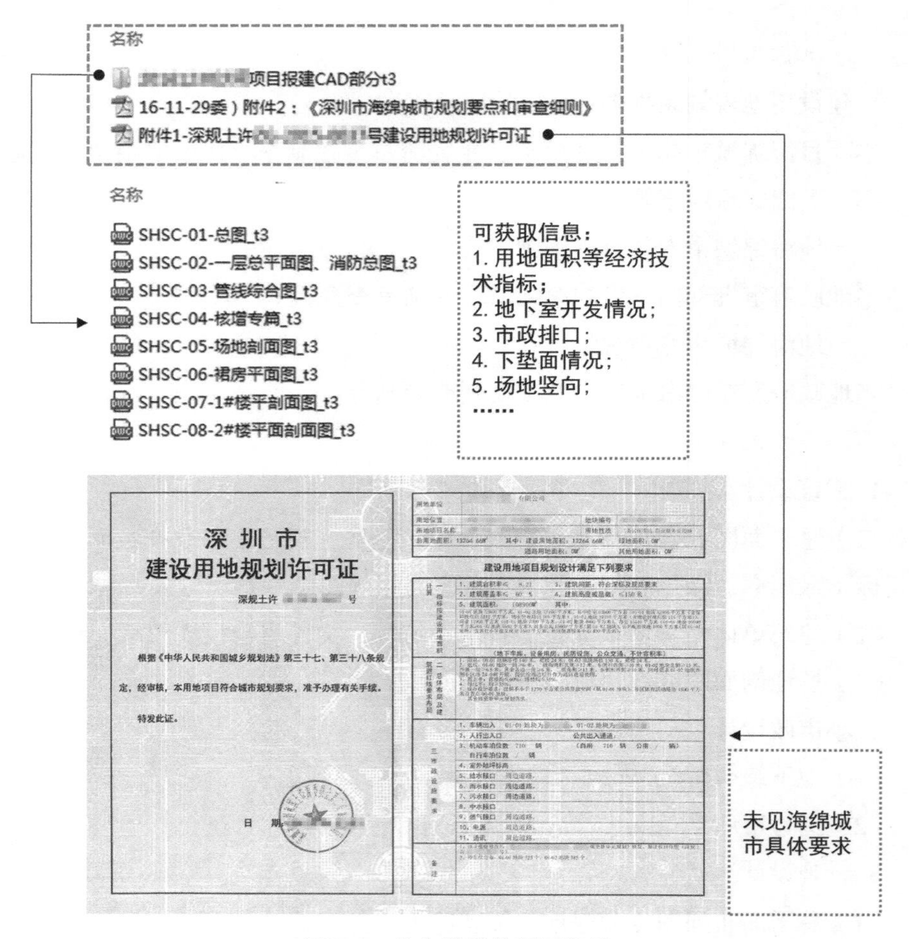

图 7-1　业主提供的项目资料

2. 项目概况

项目概况主要包括项目区位、周边环境、功能定位及经济技术指标等内容。基于项目建设用地规划许可证、总设计说明、总图，结合卫星地图、街景地图、网络检索等充分获取项目相关信息。

如图 7-2、图 7-3 所示，本项目位于深圳市，某市政道路将其分为南北两个地块，南侧为地块 01，北侧为地块 02。场地周边建筑品质一般，且道路狭窄。本项目涵盖住宅、办公、商业、保障房、商务公寓等多种建筑功能，旨在通过旧城改造及城市更新，打造城市新名片。

图 7-2　项目鸟瞰图

图 7-3　项目信息梳理

3. 要求解读

根据《深圳市海绵城市规划要点和审查细则》的具体内容，结合本项目所在区位以及土质等建设条件，明确案例项目的海绵城市控制性指标要求及引导性指标要求。

根据案例项目所在地区雨型可以快速明确深圳市相关指标要求（表 7-1）。案例项目位于深圳市西部雨型区，属于建筑与小区项目类型，结合地质勘查文件可知其土质主要为壤土，则可明确其控制性指标年径流总量控制率目标值为 70%。

除控制性指标外，深圳市同时明确了绿色屋顶比例，绿地下沉比例，人行道、停车场、广场透水铺装比例，不透水下垫面径流控制比例等引导性指标。

表 7-1 新建类目标和管控指标速查表

年径流总量控制率			建筑与小区	道路与广场	公园绿地
控制目标 /（%）	东部雨型	壤土	72	60 ~ 70	80
		软土（黏土）	70	55 ~ 65	—
	中部雨型	壤土	65	55 ~ 65	75
		软土（黏土）	55	50 ~ 55	—
	西部雨型	壤土	70	60 ~ 65	75
		软土（黏土）	60	55 ~ 60	—
引导性指标		绿色屋顶比例 /（%）①	见注 1	—	—
		绿地下沉比例 /（%）②	60	80	30
		人行道、停车场、广场透水铺装比例 /（%）③	90	90	90
		不透水下垫面径流控制比例 /（%）④	70	85	95

① 绿色屋顶比例是指进行屋顶绿化具有雨水蓄滞净化功能的屋顶面积占全部屋顶面积的比例，建筑类 / 工业类建筑要求绿色屋顶比例不低于 50%，其他类型根据总体需求合理布置。

② 绿地下沉比例是指包括简易式生物滞留设施（使用时必须考虑土壤下渗性能等因素）、复杂生物滞留设施等，低于场地的绿地面积占全部绿地面积的比例，其中复杂生物滞留设施不低于下凹式绿地总量的 50%。

③ 人行道、停车场、广场透水铺装比例是指人行道、停车场、广场具有渗透功能铺装面积占除机动车道以外全部铺装面积的比例。

④ 不透水下垫面径流控制比例是指受控制的硬化下垫面（产生的径流雨水流入生物滞留设施等海绵设施的）面积占硬化下垫面总面积的比例。

由案例项目的类型可以进一步明确深圳市相关引导性指标要求，详见表 7-2。案例项目为新建类项目，较综合整治类项目要求更高。表 7-2 在表 7-1 的基础上对于引导性指标给出了更为详细的指标要求说明。如要求绿地下沉比例达到 60%，并进一步明确其中简易生物滞留设施（下凹式绿地）及生物滞留设施比例各为 30%；要求透水铺装比例达到 90%，并进一步明确其中透水铺装（透水基础）及透水铺装（不透水基础）比例各为 45%。

表 7-2 新建类地块低影响开发设施比例（引导性指标表）

类型	低影响开发控制指标	比例	LID 设施	比例
新建	绿地下沉比例	60%	简易生物滞留设施（下凹式绿地）	30%
			生物滞留设施	30%
	绿色屋顶比例（公共建筑类要求）	不低于 50%	绿色屋顶（公共建筑类要求）	不低于 50%
	透水铺装比例	90%	透水铺装（透水基础）	45%
			透水铺装（不透水基础）	45%
	不透水下垫面径流控制比例	70%	—	—

（续）

类型	低影响开发控制指标	比例	LID 设施	比例
综合整治类	绿地下沉比例	40%	简易生物滞留设施（下凹式绿地）	20%
			生物滞留设施	20%
	绿色屋顶覆盖比例	—	绿色屋顶	—
	透水铺装比例	50%	透水铺装（透水基础）	25%
			透水铺装（不透水基础）	25%
	不透水下垫面径流控制比例	50%	—	—

4. 建设条件分析

以海绵城市建设目标为导向，对本项目进行建设条件诊断评估，主要包括降雨条件分析、地下空间开发条件分析、竖向条件分析、排水条件分析、交通流线分析、下垫面分析等方面。

（1）降雨条件分析。根据《深圳市海绵城市规划要点和审查细则》可以获得本项目的降雨条件。本项目年径流总量控制率为70%（表7-3），则设计降雨量为31.3mm（图7-4、图7-5）。

表7-3 深圳市年径流总量控制率与设计降雨量之间的关系

年径流总量控制率 /（%）	50	60	70	75	80	85
设计降雨量 /mm	16.9	23.1	31.3	36.4	43.3	52.2

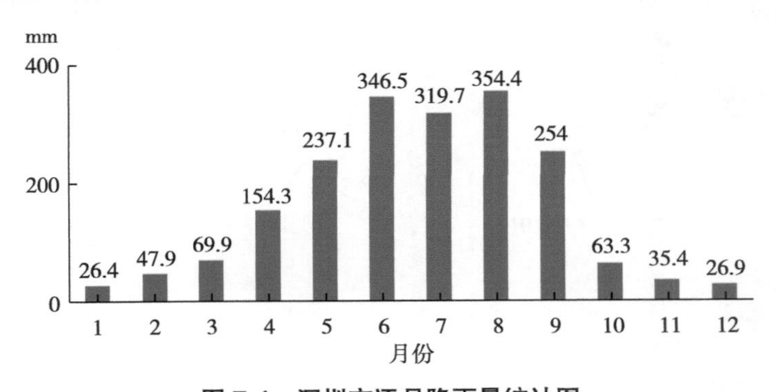

图7-4 深圳市逐月降雨量统计图

（2）地下空间开发条件分析。根据现有设计方案可知，案例项目地下空间开放强度较大。如图7-6所示，场地总平面图显示场地红线范围内的非地下室范围较小。北侧地块02的北部主要为消防场地，出于荷载考虑，不建议设置雨水调蓄池。场地整体调蓄池设置条件较为有限。

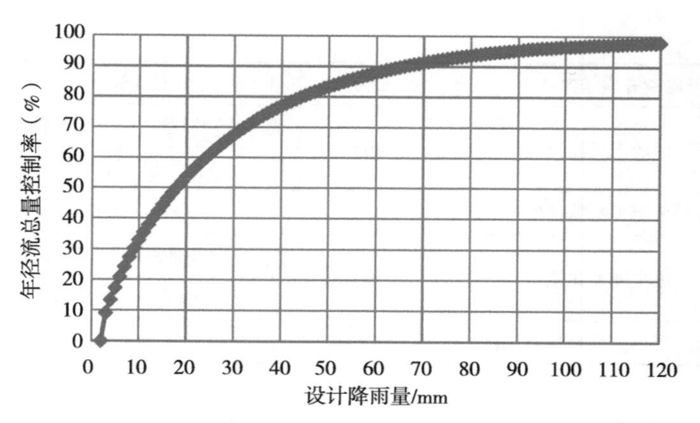

图 7-5　深圳市年径流总量控制率与设计降雨量之间的关系

（3）竖向条件分析。如图 7-7 所示，场地整体地势东高西低、南高北低，室外场地竖向最大高差约为 3m。场地内北侧地块 02 的径流在地块的西侧、东北侧两处地势最低处形成汇流；南侧地块 01 的径流在地块西北处形成汇流。

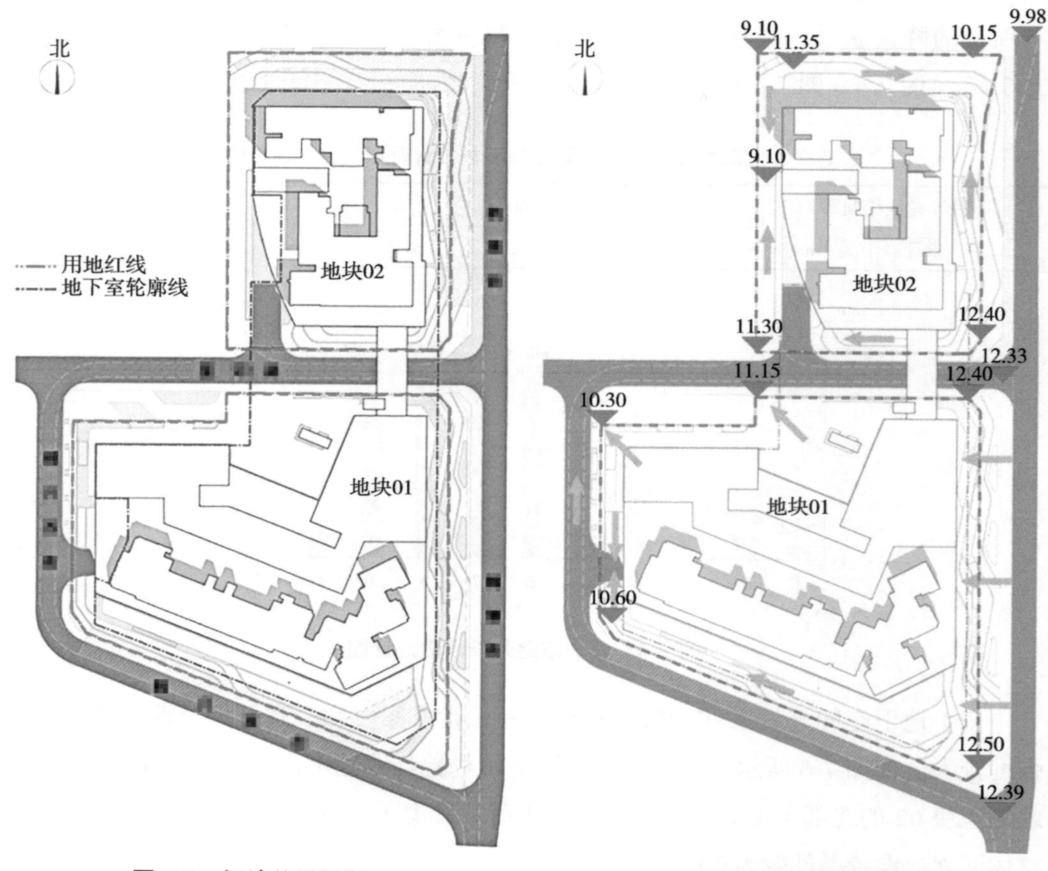

图 7-6　场地总平面图　　　**图 7-7　场地竖向组织平面图**

（4）排水条件分析。如图 7-8 所示，场地排水组织与场地竖向组织相契合，共有三个雨水排口。地块 01 的雨水干管流向西北角星河路与鹤月西街交汇处，即流向地块 01 地势最低点，雨水管径为 DN400 到 DN500 不等；地块 02 的雨水干管分为两条，其一，西侧雨水干管由南北两侧流向中部的地块 02 地势最低点；其二，南、北、东侧的雨水干管流向东北角，雨水管径为 DN400 到 DN600 不等。

（5）交通流线分析。如图 7-9 所示，场地内的交通组织实现了人车分流，消防流线借用部分市政道路，机动车分别经由地块 01 和 02 西南角的地下车库出入小区，主要的人流动线及建筑出入口集中在各地块的北、东、南三个方向。

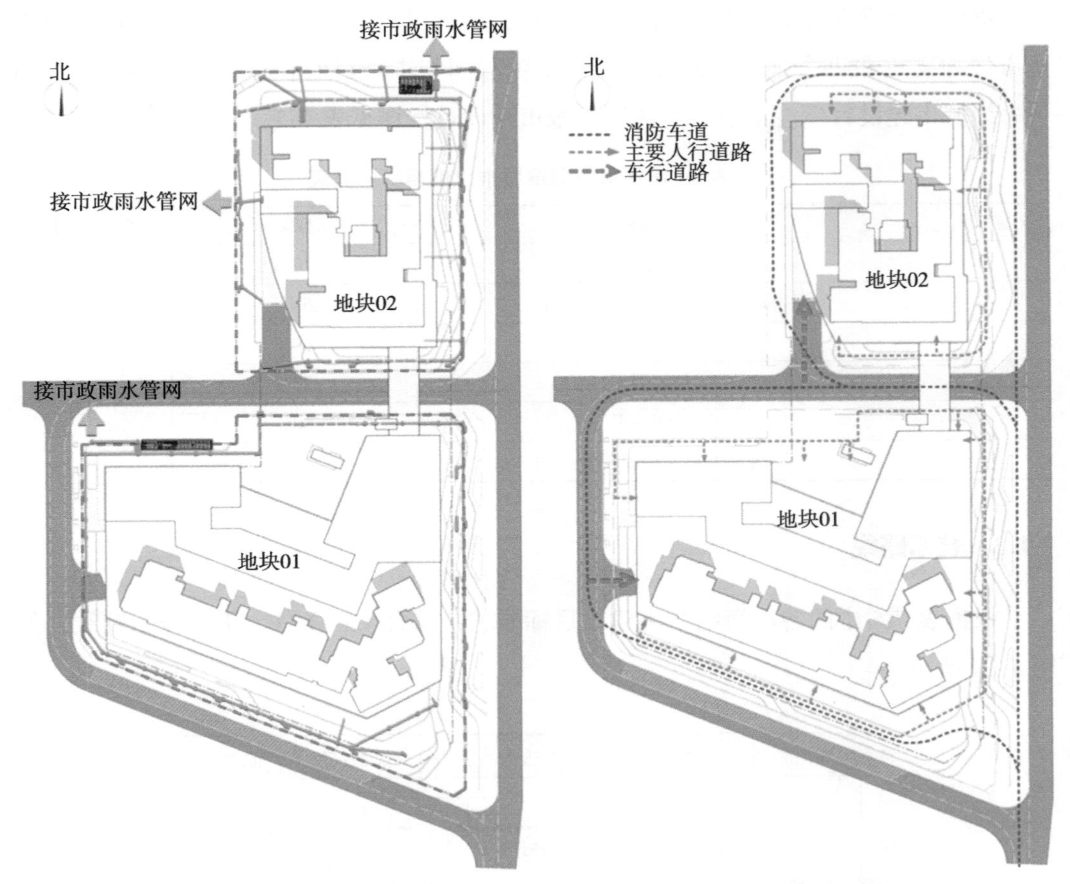

图 7-8　场地雨水管网分布图　　图 7-9　场地交通组织平面图

（6）下垫面分析。本项目地下室范围较大，实土覆盖率较低，场地内下垫面的类型主要为建筑屋面、地下建筑覆土以及实土区。根据项目总图，可得知场地内下垫面具体构成，详见表 7-4。

表 7-4　下垫面分析表

序号	下垫面类型	面积 /m²	比例 / (%)
1	建筑屋面	7356.45	55.46
2	地下建筑覆土区	3720.69	28.05
3	实土区	2102.68	15.85
4	水体	84.83	0.64
合计		13264.65	100.00

7.1.2　建设目标确定

案例项目建设用地规划许可证中无海绵城市具体指标要求，结合《深圳市海绵城市规划要点和审查细则》的要求，经专项顾问与本项目所在地区海绵办沟通，确认海绵城市建设目标。本项目具体海绵城市建设目标详见表 7-5。

表 7-5　案例项目海绵城市建设目标一览表

序号	指标名称	指标要求	管控程度
1	年径流总量控制率	70%	控制性
2	雨水管网设计暴雨重现期	5 年	
3	绿地下沉率	60%	引导性
4	绿色屋顶率	50%	
5	透水铺装率	90%	
6	不透水下垫面径流控制比例	70%	

7.1.3　技术路线

根据表 7-5 中的各项海绵城市建设目标要求，结合项目条件，形成技术路线，如图 7-10 所示。

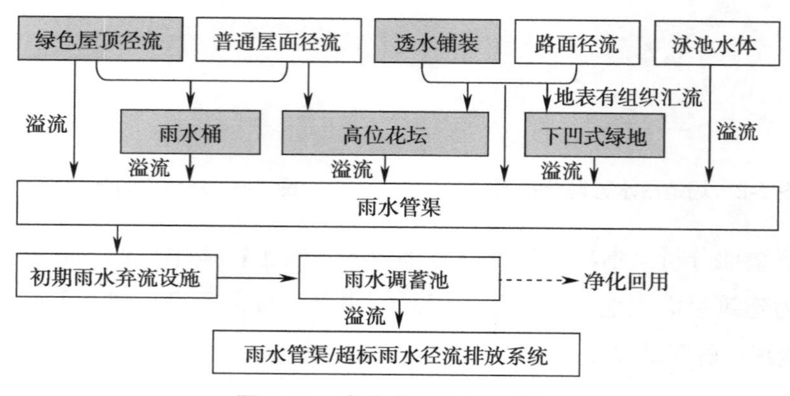

图 7-10　海绵城市技术路线图

如图 7-11 所示，此海绵城市技术路线主要采用灰绿结合的方式。利用裙房设置绿色屋顶弥补场地绿地不足的问题，同时设置高位花坛消解场地高差，局部设置雨水桶进行绿色示范，利用人行道设置透水铺装，根据场地绿地布置下凹式绿地。

在源头通过设置“绿色”的海绵措施，如绿色屋顶、透水铺装、下凹式绿地、高位花坛等处置源头雨水径流，从而促进雨水下渗，减少排放；并通过初期雨水弃流设施，对雨水进行过滤和净化；溢流雨水通过雨水管灌排至“灰色”的雨水调蓄池，以应对中大降雨事件，同时增加雨水的集蓄利用；超标雨水则通过雨水管渠安全溢流。从而构建可持续、健康的水循环系统，有力促进绿色生态城市的建设。

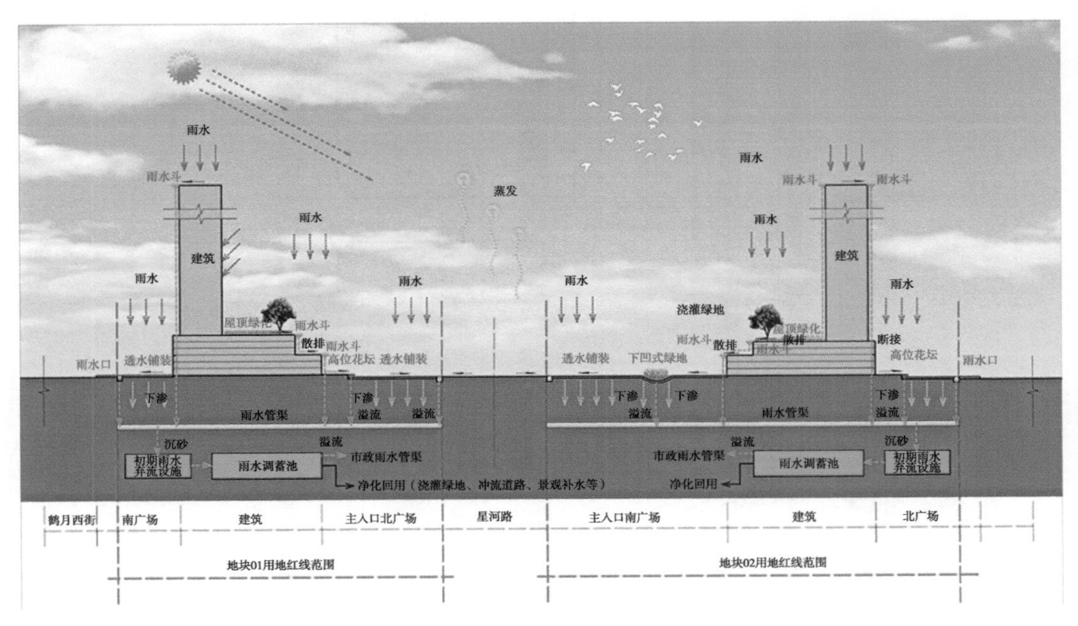

图 7-11　海绵城市技术路线示意图

7.1.4　海绵方案设计

基于资料分析与海绵城市建设条件评估，开展海绵城市方案设计工作。主要包括汇水分区划分、设施布局、设计计算、达标复核等部分。

1. 汇水分区划分

案例项目场地条件较为明晰，咨询方根据场地条件评估结果划分汇水分区。汇水分区与地块划分相契合，汇水分区 1 对应地块 01，汇水分区 2 对应地块 02（表 7-6、图 7-12）。

表 7-6　汇水分区统计表

汇水分区编号	面积 /m^2
1	8258.12
2	5006.53
合计	13264.65

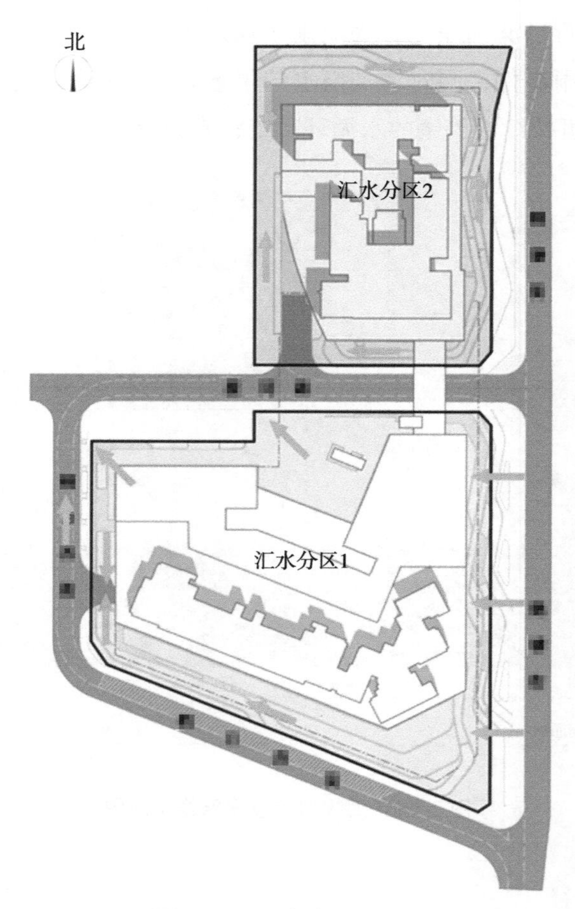

图 7-12　汇水分区平面图

2. 设施布局

通过与各专业沟通，形成初步的海绵设施布局方案（图 7-13）。根据案例项目设计方案，因地制宜地布置屋顶绿化、透水铺装、高位花坛、下凹式绿地、雨水桶及雨水调蓄池。由于本项目场地空间较为紧凑，当海绵设施与其他设施产生矛盾时，需要进行充分的协调，如雨水调蓄池与化粪池位置冲突，经沟通达成一致方案；而出于对雨水桶的造价与选型、后期物业管理等方面的考虑，取消了雨水桶的设置。

经过多方反复沟通，形成设施布局终版方案，并落实到景观设计方案中。

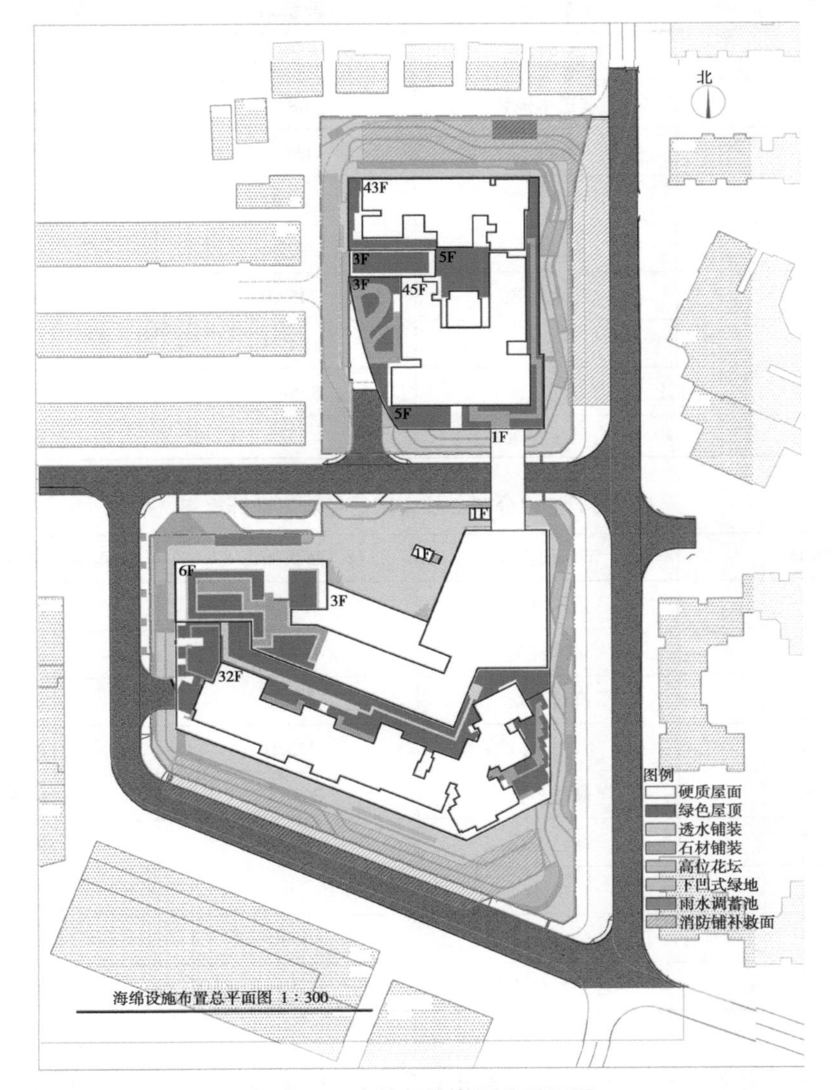

图 7-13 海绵设施布局总平面图

3. 设计计算

根据海绵设施布置总平面图等进行设计计算，以确定海绵方案可达到表 7-5 中所要求的各项海绵城市建设目标。

（1）综合雨量径流系数计算。根据场地下垫面构成，分别计算汇水分区 1 及汇水分区 2 的综合雨量径流系数。可得汇水分区 1 的综合雨量径流系数为 0.55（表 7-7），汇水分区 2 的综合雨量径流系数为 0.64（表 7-8）。

表 7-7　汇水分区 1 综合雨量径流系数计算表

编号	下垫面类型	面积 /m²	雨量径流系数取值
1	透水铺装	2027.71	0.30
2	非透水铺装	1083.85	0.85
3	绿化	164.27	0.15
4	透水沥青	45.91	0.30
5	屋面	2399.46	0.85
6	绿色屋顶	2452.09	0.35
7	水体	84.83	1
合计		8258.12	—
综合雨量径流系数			0.55

表 7-8　汇水分区 2 综合雨量径流系数计算表

编号	下垫面类型	面积 /m²	雨量径流系数取值
1	透水铺装	1092.33	0.30
2	透水铺装	1078.29	0.85
3	高位花坛	197.85	0.15
4	下凹式绿地	133.16	0.30
5	硬质屋面	2043.13	0.85
6	绿色屋顶	461.77	0.35
7	水体	0	1
合计		5006.53	—
综合雨量径流系数			0.64

（2）设计调蓄容积计算。采用容积计算法，根据设计降雨厚度 H、汇水面积 F 以及综合雨量径流系数 φ，进一步计算各汇水分区的设计调蓄容积，见式（7-1），场地各汇水分区设计调蓄容积总计 242.97m³（表 7-9）。计算方法详见第 4 章。

$$V=10HF\varphi \tag{7-1}$$

式中　H——设计降雨厚度（m）；

F——汇水面积（m²）；

φ——雨量综合径流系数。

表 7-9 各汇水分区设计调蓄容积计算统计表

汇水分区编号	总面积 /m^2	径流系数	年径流总量控制率	设计降雨量 /m	设计调蓄容积 /m^3
1	8258.12	0.55	70%	31.30×10^{-3}	142.43
2	5006.53	0.64	70%	31.30×10^{-3}	100.54
总计					242.97

汇水分区 1 内，绿色海绵措施的调蓄容积总计 8.21m^3（表 7-10），未达到本汇水分区海绵城市的年径流总量控制目标所要求的 142.43m^3。根据场地特征，选择在场地的西北角与化粪池相邻的实土区域设置调蓄容积为 140.00m^3 的雨水调蓄池，综合达到该汇水分区年径流 70% 的控制性目标。

表 7-10 汇水分区 1 绿色海绵设施面积及调蓄容积汇总表

序号	设施类型	占地面积 /m^2	调蓄容积 /m^3
1	绿色屋顶	2452.09	—
2	透水铺装	2027.71	—
3	透水沥青	45.91	—
4	高位花坛	164.27	8.21
5	下凹式绿地	0	—
总计			8.21

注：高位花坛的有效调蓄深度为 50mm。

汇水分区 2 内，绿色海绵措施的调蓄容积总计 7.85m^3（表 7-11），未达到本汇水分区海绵城市的年径流总量控制目标要求的 100.54 m^3，根据场地特征，选择在场地的东北角的实土区域设置调蓄容积为 95.00 m^3 的雨水调蓄池，可达到该汇水分区年径流 70% 的控制性目标。

表 7-11 汇水分区 2 绿色海绵设施面积及调蓄容积汇总表

序号	设施类型	占地面积 /m^2	调蓄容积 /m^3
1	绿色屋顶	461.77	—
2	透水铺装	1092.33	—
3	透水沥青	133.16	—
4	高位花坛	157.02	7.85
5	下凹式绿地	40.83	—
总计			7.85

注：高位花坛的有效调蓄深度为 50mm。

4. 达标复核

根据海绵城市设计方案中各设施设计调蓄容积的计算，进一步进行目标达成情况复核。经计算可得，实际年径流总量控制率达到了71%（表7-12），大于70%的目标要求；同时本项目对下凹式绿地率、绿色屋顶率、透水铺装率、不透水下垫面径流控制比例等各项引导性指标也分别进行了核算，详见表7-13。

表7-12　海绵城市控制性指标统计表

汇水分区	绿色屋顶/m^2	透水铺装/m^2	下凹式绿地/m^2	高位花坛/m^2	雨水调蓄池/m^3	综合雨量径流系数	降雨厚度/mm	可调蓄的容积/m^3	需要调蓄的容积/m^3	总面积/m^2
1	2452.09	2073.62	—	164.27	140.00	0.55	31.30	148.21	142.43	8258.12
2	461.77	1225.49	40.83	157.02	95.00	0.64	31.30	102.85	100.54	5006.53
汇总	2913.86	3299.11	40.83	321.29	235.00	0.59	31.30	251.06	242.97	13264.65
目标	年径流总量控制率达到71%									

表7-13　海绵城市引导性指标统计表

类型	引导性指标	完成值
新建	下凹式绿地率	11%
	绿色屋顶率	40%
	透水铺装率	60%
	不透水下垫面径流控制比例	78%

7.1.5　各专项协同

本项目建筑设计方案以及海绵城市设计方案相对稳定后，景观专项介入开展景观设计工作。为落实海绵城市设计方案中的各项技术措施，海绵城市专项与景观专项开展了密切的配合协同工作。

由海绵城市专项向景观专项提供如海绵城市总平面图或设施布局图、下垫面分析图、竖向设计图、雨水径流组织和溢流排放图等相关资料，并针对海绵城市设计方案中的屋顶绿化、下凹式绿地、透水铺装等海绵设施的选型、布局及规模进行仔细沟通，以便于景观专项更好地理解海绵城市设计方案。同时，对于景观专项的各设计阶段及相应的设计文件，海绵城市专项也进行持续的复核及跟进，保障海绵设施在景观设计中更好落实。

7.1.6 种植策略

根据深圳市的自然条件，针对绿色屋顶、下凹式绿地、高位花坛等不同的低影响开发设施提出适宜的种植建议，以供景观专项参考，提高景观种植适宜性、存活率及整体品质（表 7-14）。

表 7-14 建议植物名录

低影响开发设施	植物分类	植物名称
绿色屋顶	草坪植物	细叶结缕草、吊竹梅、吉祥草、山麦冬
	地被植物	佛甲草、韭兰、忽地笑、紫露草、鸢尾、白三叶、红花酢浆草、萱草
	攀缘灌木	三角梅、凌霄、中华常春藤、木香、多花紫藤、爬山虎、金银花、扶芳藤、鸡血藤、三叶木通、爬行卫矛、球兰、大花老鸦嘴、炮仗花、绿萝、麒麟尾、南五味子、地锦、薜荔
	观赏灌木	木槿、笑靥花、现代月季、枸橘、苏铁、米仔兰、山茶花、栀子花、金丝桃石榴、紫珠、茶梅、矮棕竹、虎刺梅
	小乔木	碧桃、鸡蛋花、日本晚樱、白玉兰、紫叶李、山楂、桧柏、桂花、沙梨、鹅掌楸、广玉兰
	绿篱植物	大叶黄杨、假连翘、紫叶小檗、华南黄杨、大叶黄杨、金森女贞、南天竹、红叶石楠、海桐、构骨、华南珊瑚树
	水生植物	荷花、睡莲、眼子菜、苦草、狸藻、菹草、黑藻、荇菜、狐尾藻、鸭舌草、竹叶眼子菜、海菜花、蕹菜、水禾
下凹式绿地 / 高位花坛	湿地植物	沿阶草、芦苇、芦竹、美人蕉、慈姑、千屈菜、石菖蒲、黄菖蒲、再力花、香蒲、梭鱼草、灯芯草、旱伞草、细叶芒、泽泻、水葱、血草、水芹、莎草、薏苡、三白草
	耐湿乔木	湿地松、水杉、池杉、落羽杉、垂柳、全缘叶栾树、喜树、乌桕、枫杨、桤木、白栎、榄仁、水松、黄槐、刺桐、香樟、女贞、台湾相思、长叶刺葵、盆架子、人面子、董棕、波萝蜜、朴树、皂荚、苦楝
	耐湿灌木	郁李、金银木、木本绣球、蝴蝶树、小蜡、苏铁、米仔兰、变叶木、紫金牛、海桐、南天竹、朱槿
	草本植物	地毯草、结缕草、黑麦草、狗牙根、吉祥草、麦冬、红花酢浆草、过路黄、二月兰、白三叶、剪股颖、葱兰、鸢尾、萱草、马蹄金、吉祥草

7.1.7 增量估算

以常规景观方案为基准，估算低影响开发设施的增量成本。见表7-15，案例项目绿地不足，屋顶绿化为景观设计的一部分，非海绵城市专项额外要求，故屋顶绿化无增量。原场地设计方案拟采用花岗石铺装，调整为透水铺装后也无增量。综合高位花坛、下凹式绿地、雨水调蓄池等设施的增量成本，可得场地整体增量约为41.88万元，综合单价为31.57元/m^2。

表7-15 低影响开发设施增量成本估算表

序号	技术措施	运用范围	单价成本/（元/m^2）	数量（暂估）/m^2	成本/万元
1	屋顶绿化	裙房屋面	0	2913.86	0
2	透水铺装	室外场地	0	3299.11	0
3	高位花坛	室外场地	200	321.29	6.43
4	下凹式绿地	室外场地	50	40.83	0.20
6	雨水调蓄池	室外地下	1500	235.00	35.25
合计					41.88
场地面积约为：13264.65m^2，造价约为：31.57元/m^2					

7.1.8 设施维护

案例项目为业主自持，为保障后期运营效果，降低运维难度，咨询方应业主要求，针对下凹式绿地等设施，提出维护建议并编制维护手册。维护手册具体内容与编制方法详见第6章。

7.1.9 编制并提交审查文件

（1）附图（图7-14～图7-16）。

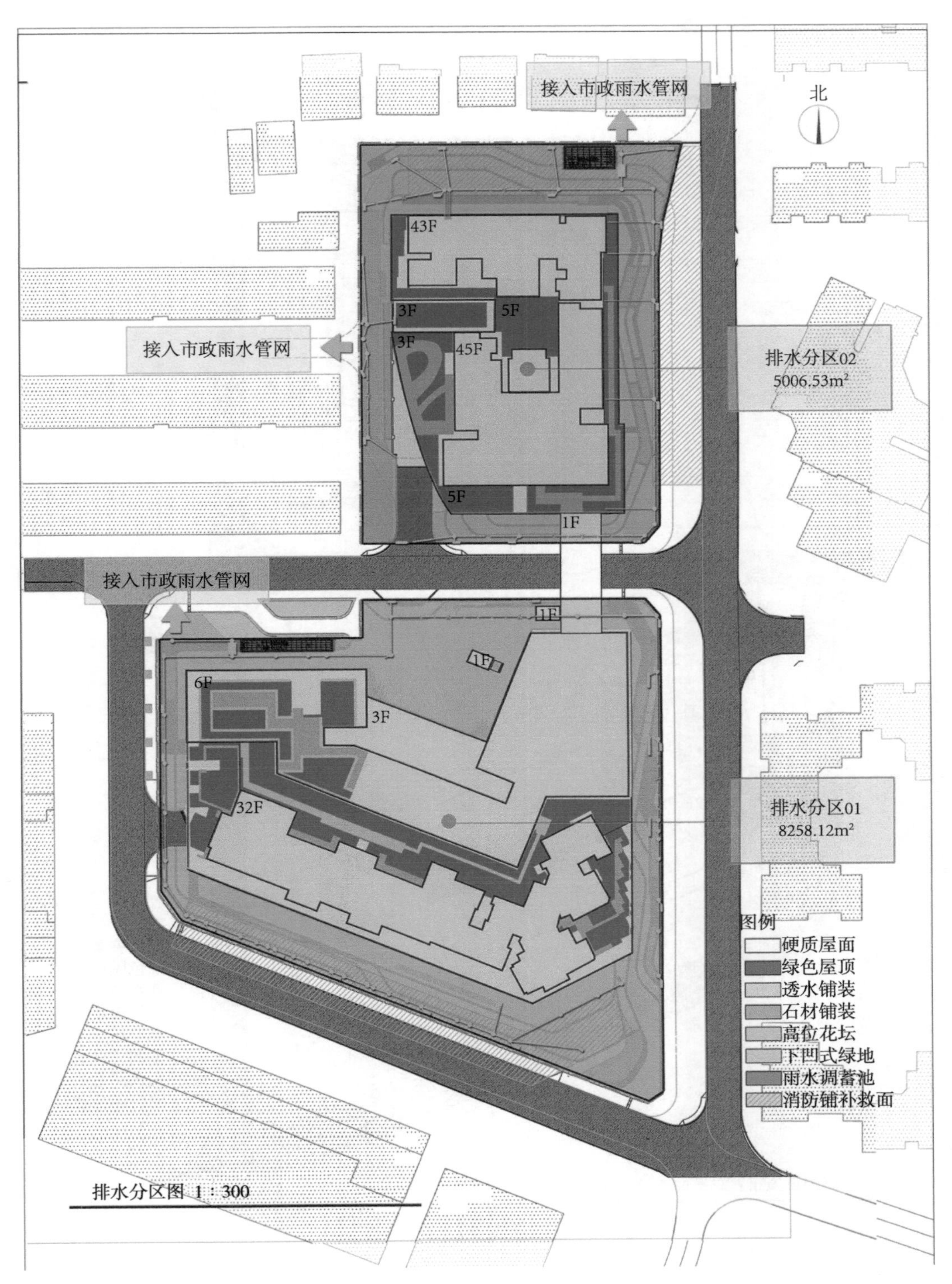

图 7-14 附图 1——排水分区图

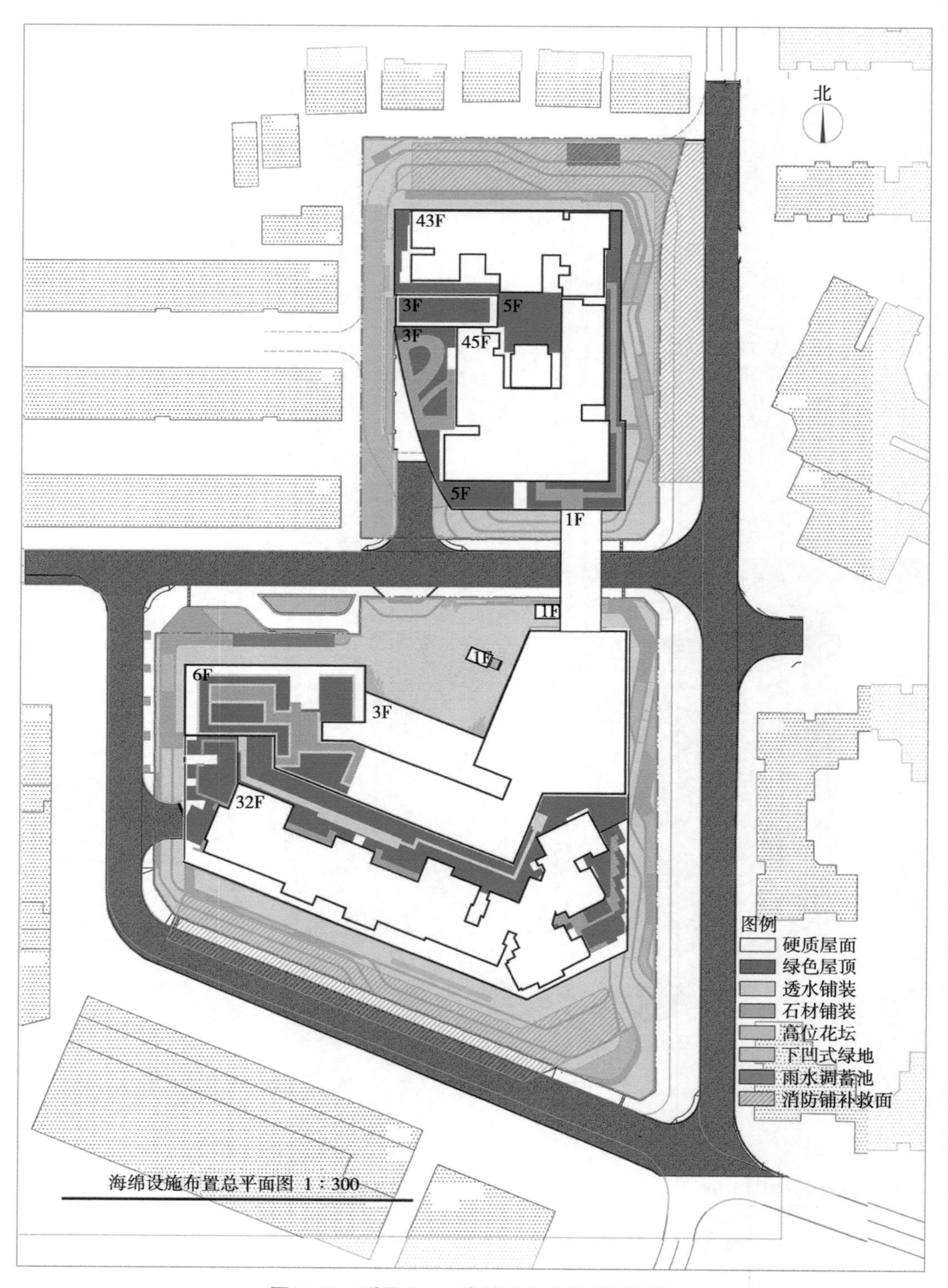

图 7-15 附图 2——海绵设施布置总平面图

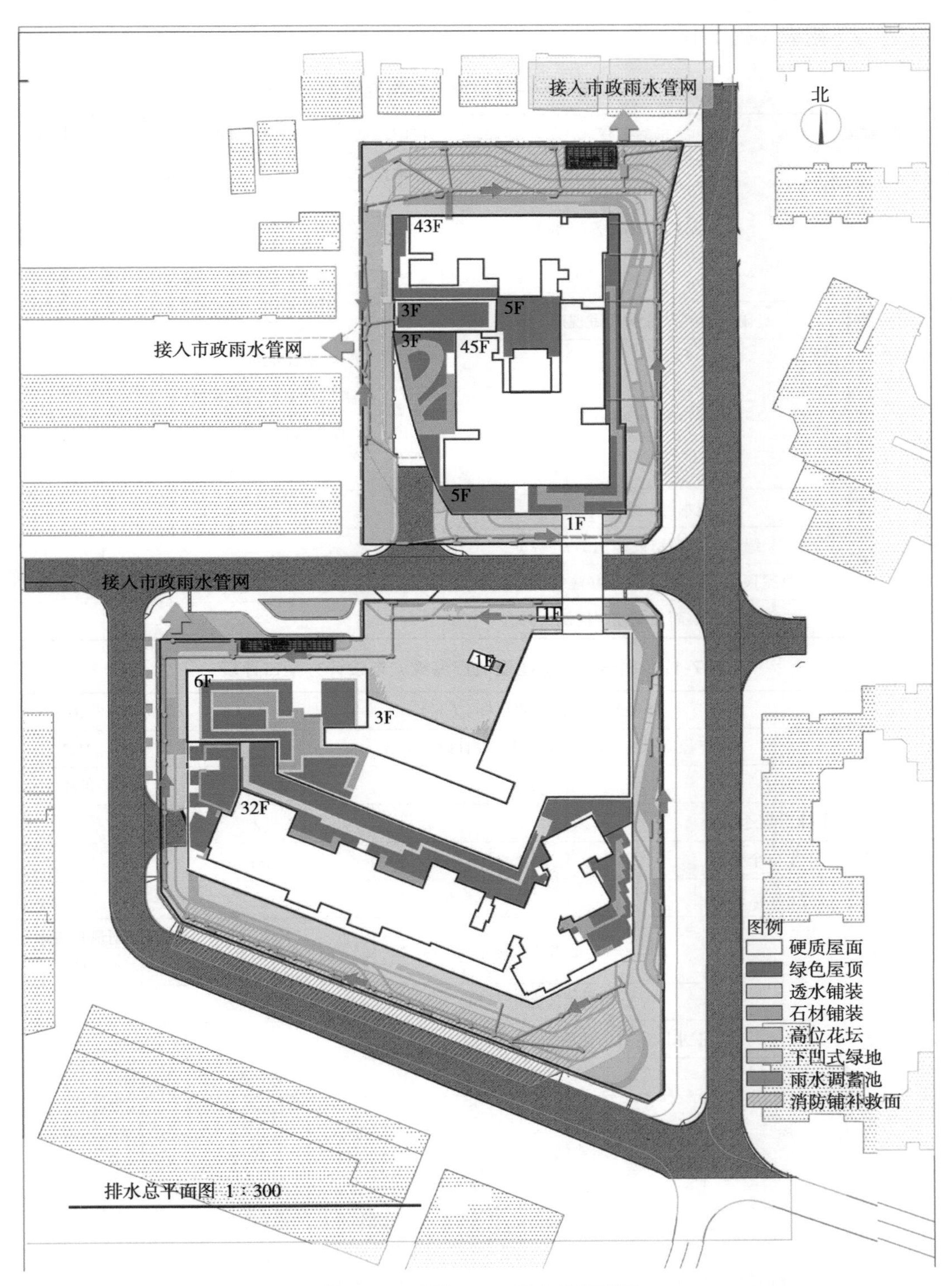

图 7-16　附图 3——排水总平面图

（2）附表（表 7-16，表 7-17）

表 7-16　附表 1——建设项目海绵设施建设目标表

<table>
<tr><th>指标类型</th><th>指标名称</th><th>影响因素</th><th colspan="2">影响因素</th><th>目标值</th></tr>
<tr><td rowspan="9">控制目标</td><td rowspan="4">年径流总量控制率 /（%）</td><td>用地性质</td><td>排水分区</td><td>内涝风险等级</td><td rowspan="4">70%</td></tr>
<tr><td rowspan="3"></td><td rowspan="3"></td><td>高 □</td></tr>
<tr><td>中 □</td></tr>
<tr><td>低 □</td></tr>
<tr><td>雨水管网设计暴雨重现期 / 年</td><td colspan="3">—</td><td>5</td></tr>
<tr><td rowspan="4">面源污染削减率 /（%）</td><td colspan="3">所在汇水区</td><td></td></tr>
<tr><td colspan="3">Ⅱ类、Ⅲ类水体汇水区□</td><td></td></tr>
<tr><td colspan="3">Ⅳ类水体汇水区 □</td><td></td></tr>
<tr><td colspan="3">其他汇水区 □</td><td></td></tr>
<tr><td rowspan="4">引导性</td><td>透水铺装率 /（%）</td><td colspan="3"></td><td>—</td></tr>
<tr><td>绿地生物滞留设施比例 /（%）</td><td colspan="3"></td><td>—</td></tr>
<tr><td>绿色屋顶率 /（%）（仅公共建筑项目需要）</td><td colspan="3"></td><td>—</td></tr>
<tr><td>不透水下垫面径流控制比例 /（%）</td><td colspan="3"></td><td>—</td></tr>
</table>

表 7-17　附表 2——建设项目海绵城市设计方案自评表

<table>
<tr><td colspan="4">年径流总量控制率目标 /（%）</td><td>70</td></tr>
<tr><td colspan="4">年径流总量控制率目标对应设计降雨量 /mm</td><td>31.3</td></tr>
<tr><td colspan="4">指标</td><td>备注</td></tr>
<tr><td rowspan="2">排水分区划分</td><td>排水分区个数</td><td></td><td>2</td><td></td></tr>
<tr><td>排水口个数</td><td></td><td>81</td><td></td></tr>
<tr><td colspan="5">第一汇水分区</td></tr>
<tr><td rowspan="12">下垫面解析</td><td rowspan="2">汇水区</td><td>汇水区名称</td><td>汇水分区 1</td><td>雨量径流取值</td></tr>
<tr><td>汇水区面积 /m²</td><td>8258.12</td><td></td></tr>
<tr><td colspan="2">汇水区项目用地面积 /m²</td><td>8258.12</td><td></td></tr>
<tr><td rowspan="4">屋顶</td><td>总面积 /m²</td><td>4851.55</td><td></td></tr>
<tr><td>屋顶绿化面积 /m²</td><td>2452.09</td><td>0.35</td></tr>
<tr><td>其他软化屋顶面积 /m²</td><td>0</td><td></td></tr>
<tr><td>屋顶水体面积 /m²</td><td>0</td><td>1.00</td></tr>
<tr><td rowspan="4">铺装面积</td><td>总面积 /m²</td><td>2073.62</td><td></td></tr>
<tr><td>渗透铺装面积 /m²</td><td>2027.71</td><td>0.30</td></tr>
<tr><td>不渗透铺装面积 /m²</td><td>1083.85</td><td>0.85</td></tr>
<tr><td>渗透沥青面积 /m²</td><td>45.91</td><td>0.30</td></tr>
</table>

（续）

第一汇水分区				
下垫面解析	绿化	总面积 /m^2	164.27	
		绿化面积 /m^2	164.27	0.15
	综合雨量径流系数	0.55		
	需要控制容积 /m^3	142.43		
专门设施核算	具有控制容积的设施	总容积 /m^3	148.21	
		地表水体（景）调蓄容积 /m^3	0 .00	
		生物滞留设施蓄水容积 /m^3	8.21	
		地下蓄水设施蓄水容积 /m^3	140.00	
		雨水桶蓄水容积 /m^3	0.00	
	排水设施	污水管网收集率 /（%）	100	
竖向用地控制	地下建筑	户外出入口挡水设施高度 /m	0.30	
	内部厂平	高出相邻城市道路高度 /m	−1.20 ~ 0.57	
	地面建筑	室内外正负零高差 /m	0.10 ~ 1.45	
第二汇水分区				
下垫面解析	汇水区	汇水区名称	汇水分区 2	雨量径流取值
		汇水区面积 /m^2	5006.53	
	汇水区项目用地面积 /m^2		5006.53	
	屋顶	总面积 /m^2	2504.90	
		屋顶绿化面积 /m^2	461.77	0.35
		其他软化屋顶面积 /m^2	0.00	
	铺装面积	总面积 /m^2	1225.49	
		渗透铺装面积 /m^2	1092.33	0.3
		渗透沥青面积 /m^2	133.16	0.3
		不渗透铺装面积 /m^2	1078.29	0.85
	绿化	总面积 /m^2	197.85	
		绿化面积 /m^2	197.85	0.15
	综合雨量径流系数	0.64		
	需要控制容积 /m^3	100.54		

（续）

第二汇水分区				
专门设施核算	具有控制容积的设施	总容积 /m³	102.85	
		地表水体（景）调蓄容积 /m³	0.00	
		生物滞留设施蓄水容积 /m³	7.85	
		地下蓄水设施蓄水容积 /m³	95.00	
		雨水桶蓄水容积 /m³	0.00	
	排水设施	污水管网收集率 /（%）	100	
竖向用地控制	地下建筑	户外出入口挡水设施高度 /m	0.30	
	内部厂平	高出相邻城市道路高度 /m	–0.2 ~ 0.45	
	地面建筑	室内外正负零高差 /m	0.1 ~ 1.15	
综合自评		控制目标评价	目标值	完成值
		年径流总量控制率 /（%）	70	71
		污染物削减率（以 TSS 计）/（%）	—	—
		雨水管网设计重现期 / 年	5	5
		引导性指标	要求值	完成值
		绿色屋顶率 /（%）	—	40
		绿地生物滞留设施比例 /（%）	—	11
		透水铺装率 /（%）	—	60
		不透水下垫面径流控制比例 /（%）	—	78
		结论	1. 本项目目标达标、引导性指标达标	
			2. 本项目目标达标，部分引导性指标不达标，详见计算书	

设计单位签章：　　　　　　　　　建设单位签章：

7.2 协同工作典型问题

海绵城市专项涉及总图、建筑、结构、给水排水、景观等各个专业，贯穿方案设计、初步设计、施工图设计等各个阶段，应充分了解协同工作的内容，针对典型问题早做准备，以更好地将海绵城市设计理念及设计方案落到实处。

7.2.1 协同工作

如图 7-17 所示，项目的海绵城市设计涉及建设方、建筑设计院、景观设计院、海绵城市专项设计顾问、施工方以及政府审查部门等。海绵城市专项设计主要负责项目海绵城市设计方案的制订，并根据项目需求与各方展开协同工作，保障海绵城市设计方案的落实。与建设方的协同工作主要围绕海绵城市建设需求以及项目规划建设的各阶段节点展开，以便于按时、按需地完成海绵城市设计。与建筑设计、景观设计等设计方的协同工作主要围绕海绵城市设计方案的具体设施布局、范围及规模展开，以促进建筑设计、景观设计相关设计内容与海绵城市专项保持一致。与施工方的协同工作主要涉及施工交底，促进施工方对于海绵城市设计方案的理解。与政府审查部门的协同工作主要围绕海绵城市建设目标、具体审查节点及要求等方面展开，以便于项目更好地完成海绵城市建设目标。

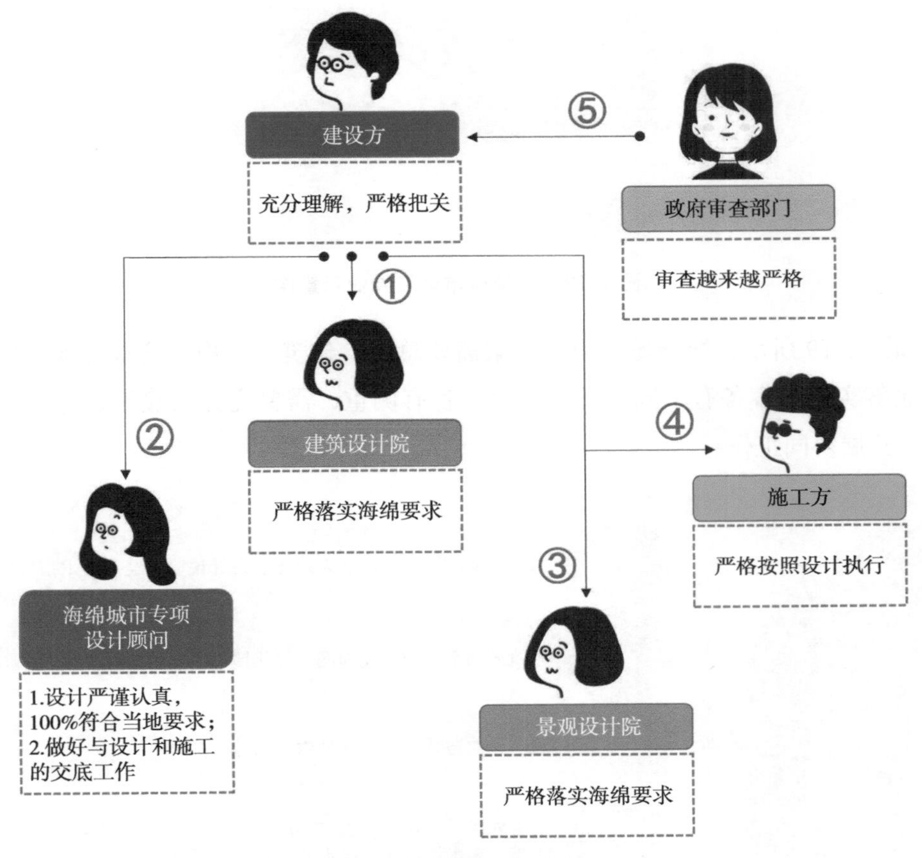

图 7-17　协同工作示意图

7.2.2　典型问题

在协同工作过程中，会出现以下四个典型问题。

1. 海绵城市设计主要涉及的专业

如图 7-18 所示，就海绵城市专项设计团队本身而言，实际项目中可能由总图、建筑、给水排水、景观等多个专业的人员组成。

就海绵城市专项设计团队与其他各方的协同工作而言，为将海绵城市设计方案落实到各个专业设计方案及图纸中，需要与总图、建筑、结构、给水排水、景观等专业开展协同工作。

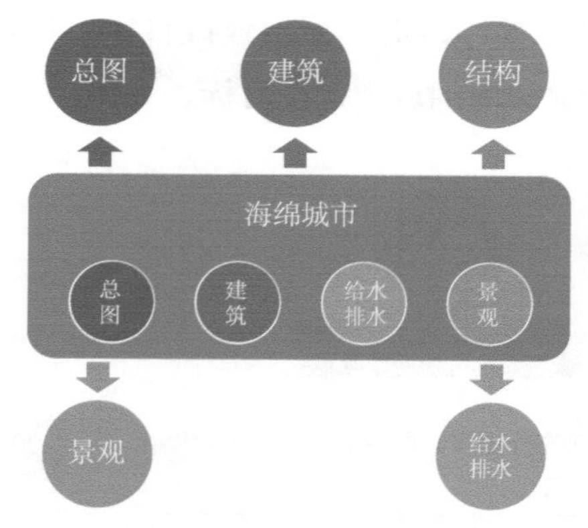

图 7-18　海绵城市涉及专业示意图

如图 7-19 所示，海绵城市设计方案需要总图、建筑、结构、给水排水、景观等各专业落实的内容各有不同，各专业分工各有侧重，需要充分与建筑设计方、景观设计方开展协同工作。

图 7-19　各专业分工示意图

2. 海绵城市设计与土建设计之间的工作界面

如图 7-20 所示，海绵城市专项主要负责方案设计，配合完成相关审查，同时土建设计应将海绵城市设计方案落实到各专业图纸中以保障方案落地。

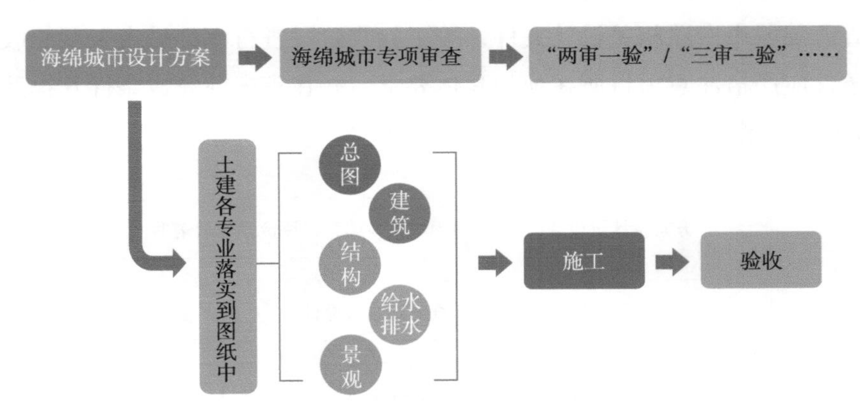

图 7-20　工作分割示意图

3. 专业间互提条件的时序

如图 7-21 所示，各专业与海绵城市专项互提条件的时序，主要根据海绵城市专项介入项目的先后、项目整体的时序安排结合审查部门的审查阶段等确定。

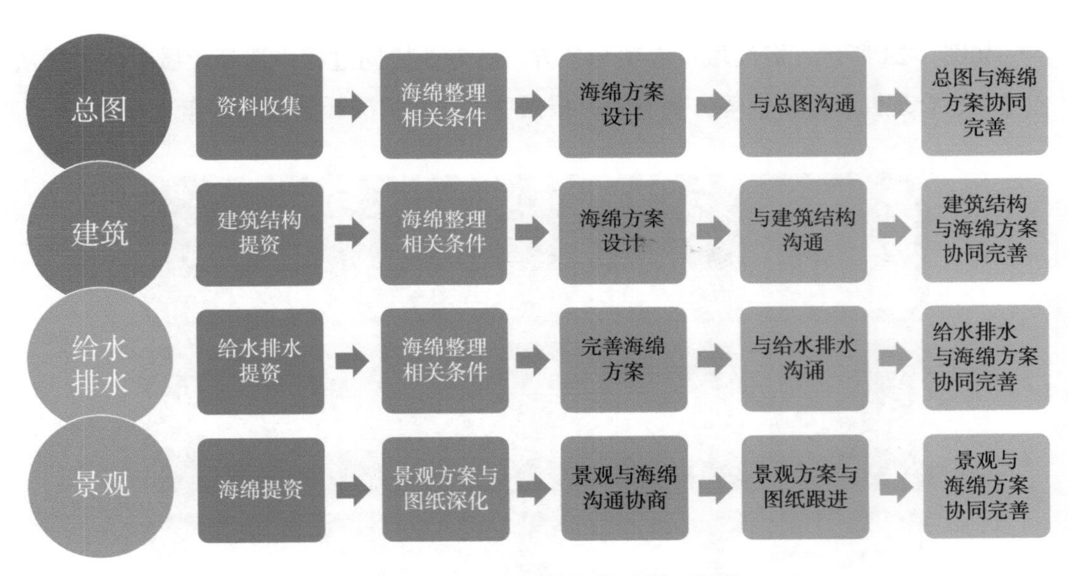

图 7-21　专业间互提条件时序示意图

案例项目的总图、建筑专业设计工作的开展早于海绵城市专项，在海绵城市专项设计开始后向海绵城市专项提条件。景观专项相关工作较晚启动，由海绵城市专项向景观专业提条件。专业间的互提条件工作需要反复、持续进行，以确保各专业设计信息的同步更新。

各地对于海绵城市专项审查的阶段各有不同。如图 7-22 所示，案例项目所在地深圳，要求“三审一验”，即方案设计阶段、初步设计阶段、施工图设计阶段这三个阶段审查海绵城市专项相关设计文件，竣工验收阶段进行海绵城市专项验收。专业间互提条件应严格注意项目所在地的具体要求，并在审查前完成条件互提及相关设计内容的落实工作。

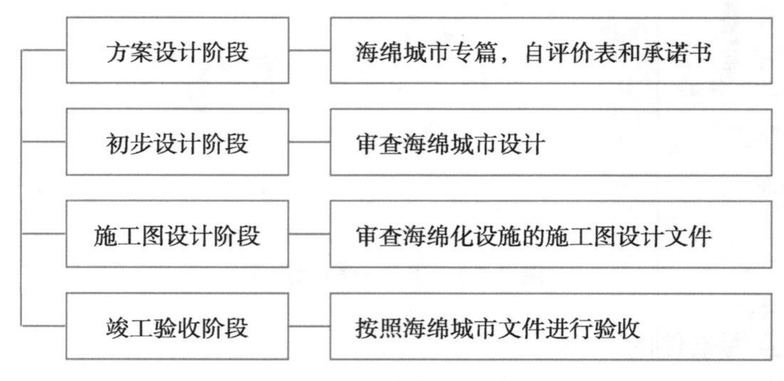

图 7-22　审验内容示意图

4. 各方、各专业间的矛盾解决

如图 7-23 所示，海绵城市专项与各方、各专业协同过程中遇到矛盾时，主要从合规性、合理性、经济性等方面着手，根据项目实际情况开展协同工作。

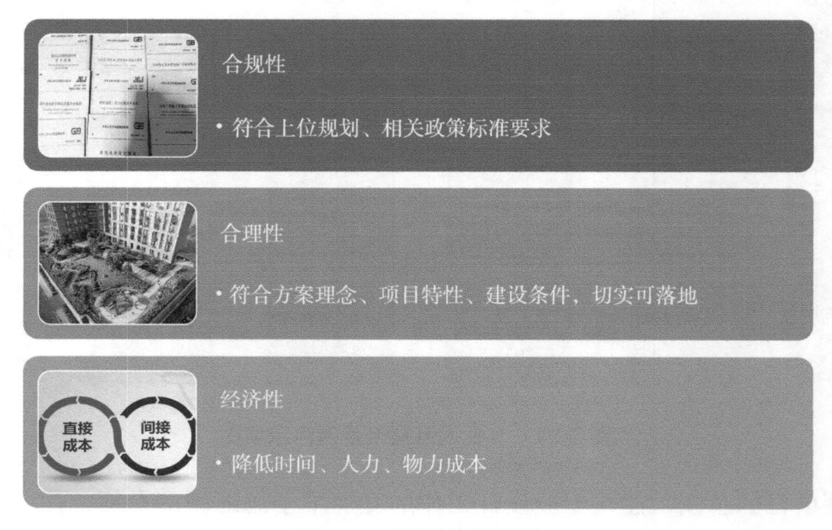

图 7-23　矛盾协调原则

首先，解决矛盾应考虑合规性。例如，当景观设计中因堆土造景导致下凹式绿地率无法满足海绵城市建设目标要求时，应优先满足下凹式绿地率的要求，以达成建设目标。

其次，解决矛盾应考虑合理性。例如，当项目因为施工现场建设条件的变化导致绿色屋面的建设面积无法达成海绵城市建设方案要求时，考虑到绿色屋面并非项目所在地海绵城市建设的控制性指标要求，且该建筑其他屋面结构不具备相应的荷载能力，综合考虑降低绿色屋面的面积，提高其他调蓄设施的调蓄容积以达成调蓄目标要求。

同时，解决矛盾应考虑经济性。例如，绿色屋面（基质层厚度≥ 300mm）与地下室覆土绿地的（＜ 500mm）的径流系数均为 0.30 ~ 0.40，但绿色屋面的造价增量约为 300 ~ 600 元不等，绿色屋面的经济性远不如地下室覆土绿地或者普通绿地。

7.2.3 施工交底

为保障施工人员充分理解海绵城市设计方案，咨询方在施工前开展施工交底工作，阐明场地的汇水分区、径流组织、各海绵设施的分布及规模等，并明确海绵方案在施工中需要注意的要点，便于施工单位理解图纸并按图施工，在施工过程中不擅自去除、降低设计图纸中海绵化设施的具体功能、标准等。

7.3 政府审查

根据项目所在地要求，案例项目各方协同完成方案阶段、施工图阶段、竣工验收阶段、巡查整改阶段等各阶段上报政府审查工作。不同地区的审查要求各不相同，具体内容可参考第 6 章。

7.3.1 方案设计阶段

如图 7-24 所示，项目的报规工作由建设方、设计院及海绵城市专项设计顾问共同协作完成。由设计院完成相关设计图纸文件，由海绵城市专项设计顾问配合业主完成海绵城市专项文件，最终统一递交政府审查部门。

经主管部门审批，下发项目规划条件书，其中明确了本项目年径流总量控制率目标为 70%（图 7-25）。

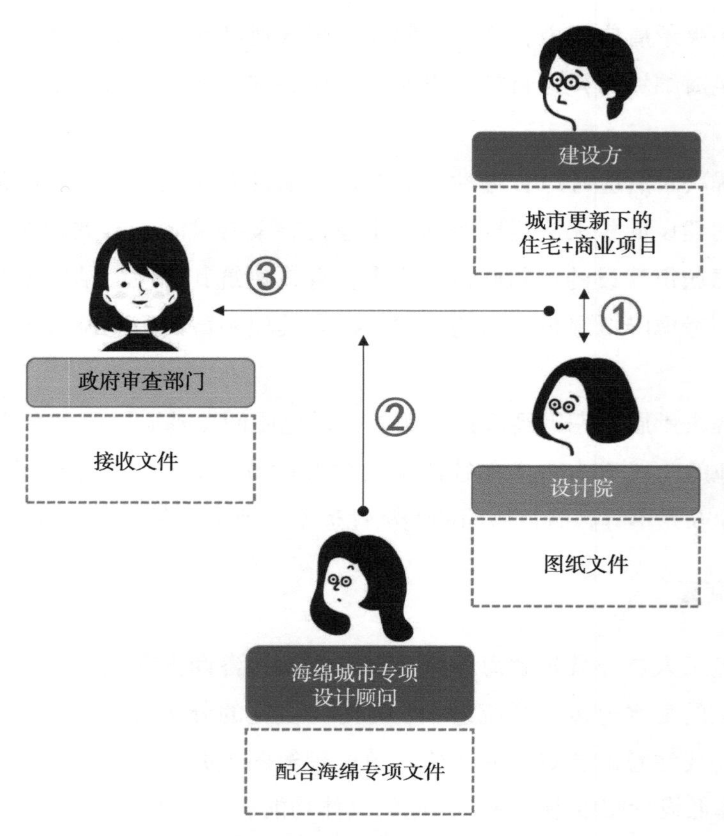

图 7-24　项目报规各方协同示意图

业管理用房 105 平方米、01-02 地块物业管理用房 115 平方米），办公建筑面积 15490 平方米（含消防控制室 63 平方米、人防报警间 13 平方米、地下风井 89 平方米、地下一层垃圾房 45 平方米），商业建筑面积 11960 平方米（含空中连廊电梯 19 平方米），商务公寓建筑面积 15600 平方米，社区健康服务中心 448 平方米，居住小区级文化室 1502 平方米；地上核增建筑面积 4571 平方米，其中架空绿化休闲 3320 平方米，骑楼 310 平方米，城市公共通道 331 平方米（含星河路上方空中连廊 96 平方米），消防避难空间 610 平方米。不计容积率建筑面积 45035 平方米，为地下核增，其中公用设备房 4285 平方米，共用停车库 40750 平方米。

2. 项目提供了 1270 平方米的公共开放空间（属 01-01 地块）及 1500 平方米的社区体育活动场地（属 01-01 地块）。3. 本项目住宅建筑除保障性住房及还迁房外，其余商品住房满足套内 90 平方米以下的普通住宅的建筑面积和套数占比不低于商品住房建筑面积的 70%限制。4. 根据海绵城市相关要求，本项目年径流总量控制率目标为 70%。5. 项目新建住宅停车位充电桩配置比例不低于 30%，商业类停车位充电桩配置比例不低于 10%，其余车位应 100%预留建设安装条件。6. 原建设工程规划许可证(NG-2018-0005)作废，但保留原已核准图纸。此次修改共 75 张图纸，修改部分仅限云线圈示范围，版本号：4，修改时间：[illegible]月。7. 原建设工程规划许可证[illegible]验线记录一栏标明："所验点位与核准图纸相符，详见《开工验线测量报告》'深测工（验）-[illegible]' [illegible]日"，"验线合格[illegible]日"。并加盖深圳市[illegible]业务专用章及深圳市规划和国土资源委员会[illegible]城市更新专用章。8. 核增建筑中除 24 小时免费向所有市民开放部分外，其他核增建筑供宗地业主共用。9. 01-02 地块西侧小区路 24 小时开放，提供给周边项目作为消防通道使用。10. 应将本《建设工程规划许可证》（复印件）及审定的总平面图（复印件）在该用地现场对外开放位置张贴公告。

记录	
提示	1. 本建设工程必须按我局批准的设计文件进行施工。施工场地内如遇有测量标志或电缆、煤气管道等市政设施，必须报告主管机关处理。 2. 基础放线后经我局验线，符合要求方可继续施工。 3. 本证自核发之日起壹年内未开工者，即自动作废，有效期至[illegible]；如因特殊原因需要延期开工，须经核发机关批准。 4. 本证是建设工程的法律[illegible]，应妥善保管，并按规定归档。

图 7-25　规划条件书

7.3.2 初步设计阶段

初步设计阶段配合项目报审获取建设工程规划许可证（图 7-26）。

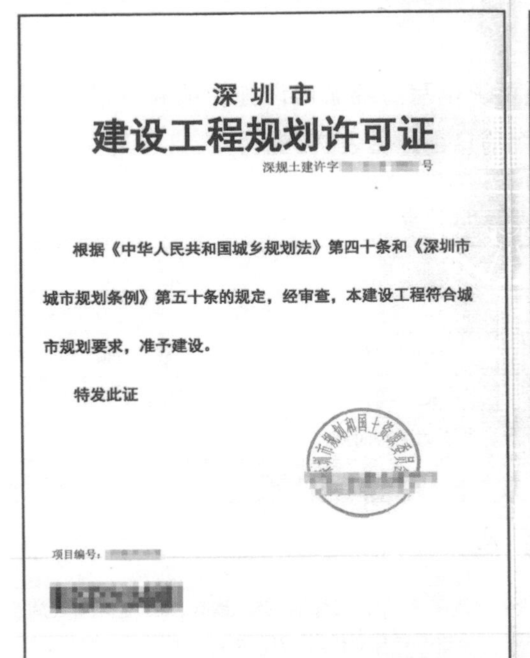
深 圳 市
建设工程规划许可证
深规土建许字 号

根据《中华人民共和国城乡规划法》第四十条和《深圳市城市规划条例》第五十条的规定，经审查，本建设工程符合城市规划要求，准予建设。

特发此证

项目编号：

用地单位	有限公司		
项目名称		用地位置	以北、以东
宗地编码		宗地号	
土地使用权出让合同书		建设用地规划许可证	
分期建设项目子项名称			
施工图设计单位		设计号	
施工图审查机构		出图时间	月
审查合格书编号		审查时间	月

计容积率建筑面积m²	不计容积率建筑面积m²	建筑覆盖率(一/二级)	绿化覆盖率	建筑高度m	最大层数(地上/下)	栋数	停车位数(地上/下)
113281	44910	59/30		149.9	45/4	2	/710

分项指标	规定功能	建筑面积m²		核增功能	核增建筑面积m²
		规定	核减		
计容积率建筑面积中（地上）	住宅建筑	63900	0	城市公共通道	213
	商业建筑	11960	0	骑楼	298
	公寓式办公建筑（商务公寓）	15600	0	架空休闲	2004
				消防避难空间	1866
	办公建筑	15490	0		
	社区健康服务中心	448	0		
	文化活动室	1502	0		
	合计	108900		合计	4381
不计容积率建筑面积中（地下）				共用停车库	40678.98
				公用设备用房	4231.02
	合计			合计	44910

附件：1. 总平面图　2. 各层建筑平面图（包括地下室、屋面平面）　3. 各向立面图　4. 剖面图　5. 核增建筑面积专篇

备注：
1. 1栋1座高99.9米32层
2. 2栋1座高149.9米45层
1. 项目计容面积113281平方米；规定建筑面积108900平方米，其中住宅建筑面积63900平方米（含保障性住房5112平方米、含物业管理用房115平方米），办公建筑面积15490平方米（含消防控制室63平方米、人防报警间13平方米、地下风井120平方米、地下一层垃圾房45平方米），商业建筑面积11960平方米，商务公寓15600平方米，社区健康服务中心448平方米，居住小区级文化室1502平方米；地上核增建筑面积4381平方米，其中架空休闲建筑面积2004平方米、骑楼建筑面积298平方米、城市公共通道建筑面积213平方米、避难空间建筑面积1866平方米；地下核增建筑面积44910平方米，其中公用设备房建筑面积4231.02平方米、地下车库建筑面积40678.98平方米。
2. 项目提供了1270平方米的公共开放空间（属01-01地块）及1500平方米的社区体育活动场地（属01-01地块）。
3. 施工图经 有限公司审查合格。
4. 本项目住宅建筑除保障性住房外，其余商品住房满足套内90平方米以下的普通住宅的建筑面积和套数占比不低于商品住房建筑面积的70%限制。
5. 根据海绵城市相关要求，本项目年径流总量控制率目标为70%。
6. 项目新建住宅停车位充电桩配置比例不低于30%，商业类停车位充电桩配置比例不低于10%，其余车位应100%预留建设安装条件。
7. 应将本《建设工程规划许可证》（复印件）及审定的总平面图（复印件）在该用地现场对外开放位置张贴公告。

验线记录：

重要提示：
1. 本建设工程必须按我委员会批准的设计文件进行施工。施工场地内如遇有测量标志或电缆、煤气管道等市政设施，必须报告主管机关处理。
2. 基础放线后经我委员会验线，符合要求方可继续施工。
3. 本证自核发之日起壹年内未开工者，即自动作废，有效期至 日；如因特殊原因需要延期开工，须经核发机关批准。
4. 本证是建设工程的法律凭证，应妥善保管，并按规定归档。
5. 本证附件与本证具有同等法律效力。

图 7-26　建设工程规划许可证

7.3.3 施工图设计阶段

根据审查要求及海绵城市设计方案编制海绵城市专项文件，完成各附表的填写及附图的绘制。

1. 附表

根据审查要求填写各附表。建设项目海绵设施建设目标表见表 7-16，建设项目海绵城市设计方案自评表见表 7-17。

2. 附图

根据审查要求绘制各附图，附图显示相应的海绵城市设计方案信息。

附图排水分区图中明确显示有各分区的数据，排水分区图详见图 7-14。

附图设施布局图中以明确的图例显示了各海绵设施的布局，并以附表的形式标

注了各海绵设施的规模，海绵设施布置总平面图详见图 7-15。

附图排水总平面图中明确显示场地的市政排口分布、管网布置以及场地径流组织情况，排水总平面图详见图 7-16。

7.3.4 竣工验收阶段

配合项目验收，根据案例项目所在地要求填写海绵城市设施专项验收报告，清晰明了地表述项目海绵城市设计方案的重要信息，详见表 7-18。

表 7-18 专项验收报告

某工程海绵城市设施专项验收报告			
一、项目概况			
建设单位	某有限公司	设计单位	某设计院
监理单位	深圳市某有限公司	施工单位	某有限公司
分包单位	深圳市某有限公司	实体抽查时间	
二、验收人员			
三、验收报告			
本项目遵循因地制宜、生态优先的原则，通过在源头设置绿色屋顶、下凹式绿地、透水铺装、高位花坛等设施，降低场地径流系数，促进雨水的滞蓄、下渗和净化，其中，绿色屋顶总面积为 2913.86m²，下凹式绿地总面积为 40.83m²，高位花坛总面积为 321.29m²，透水铺装总面积为 3299.11m²。溢流雨水通过溢流雨水口汇入雨水管网，经过初期雨水弃流进入到雨水调蓄池中。两个地块各设有一个 PP 模块化的雨水调蓄水池，其中 01 地块调蓄水池容积 140m³，02 地块调蓄水池容积 95m³。超标雨水则通过雨水管渠安全溢流至市政雨水管网。本项目实现年径流总量控制率≥ 70% 的目标，并以此构建安全、弹性、生态的海绵场地，有力促进绿色生态城市的建设。			
四、验收结论			
验收合格			
建设单位项目负责人签名： （盖章） 年 月 日	监理单位总监理工程师签名： （盖章） 年 月 日	设计单位项目负责人签名： （盖章） 年 月 日	施工单位项目负责人签名： （盖章） 年 月 日

7.3.5 巡查阶段

项目建设阶段及运维阶段均应将海绵城市设计方案落实到位。建设阶段若存在落实不当的问题，则无法通过海绵城市专项验收。同时，深圳市作为第二批 14 个海绵试点建设城市之一，海绵城市主管部门会到项目现场进行巡查。主管部门一旦发现场地内存在海绵城市设计方案落实及维护不当的问题，会针对现场巡查问题提出整改意见，此时设计顾问应进一步配合协同各方进行项目整改。

1. 配合巡查

审查部门在巡查项目现场的过程中，发现地块 02 地下车库出入口东侧未按照海绵城市设计方案进行建设。原方案中，此处绿地为下凹式绿地，可收集周边场地径流雨水。实际建设中，此绿地为立道牙，无法收集西侧道路径流雨水，未达到设计的滞蓄效果。

2. 配合整改

审查部门根据巡查结果形成了整改通知下发到建设方。应整改要求，专项设计顾问团队进一步配合协同各方进行项目整改工作。海绵城市专项顾问对项目现状重新进行测算，确认已建设的雨水调蓄池可分担下凹式绿地的设计调蓄容积。基于重新测算的结果，专项顾问根据巡查意见更新了报告及自评表。

参考文献

[1] 住房和城乡建设部 . 海绵城市建设技术指南——低影响开发雨水系统构建（试行）[M]. 北京：中国建筑工业出版社，2015.

[2] 中国建筑标准设计研究院 . 给水排水实践教学及见习工程师图册：05SS905 [S]. 北京：中国建筑标准设计研究院，2005.

[3] 中国建筑设计研究院，中国建筑标准设计研究院 . 民用建筑工程总平面初步设计、施工图设计深度图样：05J804 [S]. 北京：中国建筑标准设计研究院，2005.

[4] 深圳市规划和国土资源委员会 . 深圳市海绵城市建设专项规划及实施方案 [EB/OL].2016[2024].https：//pnr.sz.gov.cn/ywzy/ghzs/content/post_5841617.html.

[5] 深圳市规划和自然资源局 . 深圳市海绵城市规划要点和审查细则（2019 年修订版）[EB/OL].2019[2024].http：//pnr.sz.gov.cn/ywzy/ghzs/content/post_5841595.html.

[6] 北京市规划和自然资源委员会 . 海绵城市雨水控制与利用工程设计规范：DB11/685—2021 [S].2021.

[7] 中国建筑标准设计研究院，中国建筑设计研究院环艺院景观所，北京北林地景园林规划设计院有限责任公司 . 建筑场地园林景观设计深度及图样：06SJ805 [S]. 北京：中国建筑标准设计研究院，2006.

[8] 闾邱杰 . 海绵城市设计图解 [M]. 南京：江苏凤凰科学技术出版社，2017.

[9] 全红 . 海绵城市建设与雨水资源综合利用 [M]. 重庆：重庆大学出版社，2020.

[10] 住房和城乡建设部标准定额研究所，上海市政工程设计研究总院（集团）有限公司 . 城市公共设施造价指标案例：海绵城市建设工程 [M]. 北京：中国计划出版社，2021.

[11] 上海市建筑建材业市场管理总站 . 上海市海绵城市建设工程投资估算指标 [M]. 上海：同济大学出版社，2019.

[12] 黄欣，曾捷，李建琳 . 既有居住建筑小区海绵化改造关键技术指南 [M]. 北京：中国建筑工业出版社，2020.

[13] 曹磊，杨冬冬，王焱，等 . 走向海绵城市的景观规划设计实践探索 [M]. 天津：

天津大学出版社，2016.
[14] 庞伟 . 海绵城市理论与实践 [M]. 李婵，杨莉，译 . 沈阳：辽宁科学技术出版社，2017.
[15] 卫超 . 海绵城市从理念到实践 [M]. 南京：江苏科学技术出版社，2018.
[16] 朱亚楠 . 城市规划设计与海绵城市建设研究 [M]. 北京：北京工业大学出版社，2022.
[17] 郭天鹏 . 海绵城市低影响开发设计与施工管理 [M]. 苏州：苏州大学出版社，2023.
[18] 许浩 . 生态中国海绵城市设计 [M]. 沈阳：辽宁科学技术出版社，2019.
[19] 于开红 . 海绵城市建设与水环境治理研究 [M]. 成都：四川大学出版社，2020.
[20] 正和恒基 . 海绵城市 + 水环境治理的可持续实践 [M]. 南京：江苏凤凰科学技术出版社，2019.
[21] 李俊奇，王文亮，车伍，等 . 海绵城市建设指南解读之降雨径流总量控制目标区域划分 [J]. 中国给水排水，2015，31（8）：6-11.
[22] 北京市规划和国土资源管理委员会 . 城镇雨水系统规划设计暴雨径流计算标准：DB11/T 969—2016 [S]. 2006.
[23] 中国建筑设计研究院有限公司 . 建筑给水排水设计手册 [M].3 版 . 北京：中国建筑工业出版社，2015.
[24] 住房和城乡建设部 . 建筑与小区雨水控制及利用工程技术规范：GB50400—2016 [S]. 北京：中国建筑工业出版社，2017.
[25] 鹏贵，吴连丰，黄黛诗 . 厦门市海绵城市建设径流控制指标的探索与实践 [J]. 给水排水，2019，55（8）：36-41.
[26] 车武，李俊奇，章北平，等 . 生态住宅小区雨水利用与水景观系统案例分析 [J]. 城市环境与城市生态，2002，15（5）：3.
[27] 车伍，程文静，李海燕 . 雨水利用与水量平衡分析在城市园区水景设计中的应用 [J]. 中国园林，2006，22（12）：4.
[28] 曾捷 . 新版《绿色建筑评价标准》中给排水要求简析 [J]. 给水排水，2014，40（12）：1-3.
[29] 中国市政工程协会 . 海绵城市建设实用技术手册 [M]. 北京：中国建材工业出版社，2017.
[30] 曾思育，董欣，刘毅 . 城市降雨径流污染控制技术 [M]. 北京：中国建筑工业出版社，2016.

[31] 俞孔坚．海绵城市——理念与方法 [J]. 建设科技，2019，377（3）：10-11.
[32] 郑克白．海绵城市建设的体会 [J]. 建设科技，2019，377（3）：12-13.
[33] 蔡殿卿，于磊，潘兴瑶，等．北京海绵城市试点区建设实践 [J]. 建设科技，2019，377（3）：92-95.
[34] 罗红梅，车伍，李俊奇，等．雨水花园在雨洪控制与利用中的应用 [J]. 中国给水排水，2008（6）：49-52.
[35] 龚应安，陈建刚，张书函，等．透水性铺装在城市雨水下渗收集中的应用 [J]. 水资源保护，2009（6）：65-68.
[36] 周赛军，任伯帜，邓仁健．蓄水绿化屋面对雨水径流中污染物的去除效果 [J]. 中国给水排水，2010，26（5）：38-41.
[37] 顾韫辉，郑涛，程炜，等．城市居住社区雨水径流面源污染控制潜力评价 [J]. 给水排水，2019，45（7）：102-106.
[38] 住房和城乡建设部．民用建筑节水设计标准：GB50555—2010 [S]. 北京：中国建筑工业出版社，2010.
[39] 朱玲，由阳，周鑫杨．排水分区尺度的海绵设计及径流协调方法探讨 [J]. 给水排水，2018，54（1）：56-60.
[40] 杨正，李俊奇，王文亮，等．对海绵城市建设中排水分区相关问题的思考 [J]. 中国给水排水，2018，34（22）：1-7.
[41] 徐海顺，高景．基于全生命周期的海绵设施雨洪管理成本与效益模拟研究 [J]. 水资源与水工程学报，2022，33（3）：12-19.
[42] 李萌萌，陈亮，郭祺忠，等．海绵城市及不同设施建设效益的专家问卷调查研究 [J]. 中国给水排水，2021，37（17）：107-114.